# 群雄之战

# 移动互联网的战国时代

马继华 编著

化学工业出版社

·北京·

中国互联网在经历了20年的发展之后，先行者有的已经作古，后来者有的已经长大，格局日渐成型。在移动互联网的大潮中，还会有新生力量挑战现有格局，但至少在一两年之内仍难见江山撼动。BAT（百度、阿里巴巴、腾讯）持续强大，京东、360、小米等也站稳了脚跟，中国的互联网已经从小国林立、大国争霸的春秋时代过渡到了七雄并起的战国时代。

在这个大变革的时代，传统行业将面临着巨大的挑战，当社交、资讯、娱乐、支付、商家等全都与互联网接轨，它们的未来将何去何从？本书将为您勾勒一幅当下中国移动互联网的业务版图，带您置身于这场没有硝烟的战争，看看这两年来巨头们是怎样上演了一幕幕惊心动魄的业务争斗活话剧。

当我们细心地把它们梳理在一起的时候，眼前的世界将变得豁然开朗。

**图书在版编目（CIP）数据**

群雄之战：移动互联网的战国时代/马继华编著.
北京：化学工业出版社，2016.6
ISBN 978-7-122-26902-7

Ⅰ.①群… Ⅱ.①马… Ⅲ.①移动通信-互联
网络 Ⅳ.①TN929.5

中国版本图书馆CIP数据核字（2016）第087492号

---

责任编辑：耍利娜　　　　　　　　　　　　　装帧设计：王晓宇
责任校对：王　静

---

出版发行：化学工业出版社（北京市东城区青年湖南街13号　邮政编码100011）
印　　装：高教社（天津）印务有限公司
710mm×1000mm　1/16　印张13$\frac{1}{4}$　字数247千字　　2016年8月北京第1版第1次印刷

---

购书咨询：010-64518888（传真：010-64519686）　　售后服务：010-64518899
网　　址：http://www.cip.com.cn
凡购买本书，如有缺损质量问题，本社销售中心负责调换。

---

定　　价：48.00元

# 前 言

　　中国互联网在经历了20年的发展之后，先行者有的已经作古，后来者有的已经长大，格局日渐成型。在移动互联网的大潮中，还会有新生力量挑战现有格局，但至少在一两年之内仍难见江山撼动。BAT（百度、阿里巴巴、腾讯）持续强大，京东、360、小米等也站稳了脚跟，中国的互联网已经从小国林立、大国争霸的春秋时代过渡到了七雄并起的战国时代。

　　我们可以预见，在未来的三五年中，腾讯、百度、阿里巴巴的圈地轮廓会更加稳固，在重点领域将进入到深耕细作阶段，因为用户上网使用习惯的形成和使用差异性的减弱，使新兴的力量很难在短期内有出头之日，中国的移动互联网时代将会更加集中化和寡头化。

　　网上流传着中国互联网六大巨头的业务版图，真实清晰地描述出了当前中国互联网的格局，教派清晰，界限分明。这些年来，这些巨头上演了一幕幕惊心动魄的业务争斗活话剧，当我们细心地把它们梳理在一起的时候，眼前的世界也就变得豁然开朗。

　　如今的阿里巴巴已经在美国上市，创造了历史性的IPO纪录，俨然是中国信息产业的象征，再加上不久也会上市的蚂蚁金服，一个市值至少5000亿美元的商业帝国基本打造完成。这等伟业即使不能和已经成神的乔布斯苹果相比，也可以在中国封神。更重要的是，马云作为这个帝国的精神领袖，战略布局和市场实施都已经达到了出神入化的程度，对错留待后人评说，至少在现在已经是神气十足。对于中国其他的互联网公司来说，有一个神一样的对手或许并不是坏事，至少随着阿里巴巴上市，腾讯与百度的股票也相应被拉高，估值更加合理。

　　腾讯好似中国互联网界里的仙。之所以说腾讯，而非马化腾，是因为，在二马相争中，马化腾显然不是靠个人魅力来取胜，腾讯更重视公司整体的影响。腾讯是靠修炼而来的，各种产品在不断的修炼之中逐渐打造出精品，就如同潜心修行的人通过自身的努力最后成仙一样。仙家是虚无缥缈的，仙家是为所欲为的，腾讯利用自己的得道而不断向周边扩展产品，法力越来越大。

百度是个精明的人，但产品中规中矩，战略发展也是平稳进行，就如同苦练修行的人。在互联网江湖中，百度拥有很强的地位，各路凡人站主都需要顶礼膜拜，可面对神仙的打压，人也只能忍气吞声。在互联网金融、电子商务、社交网络，甚至像打车这样的局部冲突中，百度被神仙拉开差距。人是没有法力的，只能靠一身正气和刻苦努力。人定胜天，你信吗？

小米更像是个妖精。说是妖精，因为小米是大自然的化身，会愚弄人类，但没有恶意。小米在成长过程中充满了妖气，连那个风口理论也是带着妖风。在这个互联网宇宙已经被神仙统治的时代，也只有像小米这样的妖才能有出头的机会。神仙会有点嫉恨，可总是会接受，有人说人妖会组合，我们倒觉得很难。

说到360，很多人把其看作魔。魔，听起来就非常恐怖，魔界向来与人不共戴天，甚至以吃人为乐趣。魔敢于和人斗，也敢于和妖斗，在与仙的斗争中却总是得不到便宜。魔看起来很吓人，实际上，魔的产生是人的定力不够，慧根不净，至少气定神闲，魔力就无法施展。魔也有另一面，是元始天尊创造出来试验学道者的黑脸角色，是互联网公司成色的试金石。2016年的360已经开启了私有化的新时代，如果顺利，很可能在一年之后转回到国内资本市场，在A股掀起新的风浪。

在中国互联网江湖中，京东也许可以算得上是个怪物，大多数互联网公司都是轻公司，重心在网络上，可京东偏偏将核心竞争力放到了物流线下，却奇怪地成长为强者，或许也是其他公司无法模仿的。京东的怪异成长路径，也造就了独特的发展战略，在神仙统治的电子商务领域中异军突起，即便长期亏损，却一直被看好，这真的是只有怪物才能做到。

时至今日，腾讯、百度、阿里巴巴、小米、京东、360等形成了争霸的格局，互相进入对方的优势业务领域，在边缘业务上也针尖对麦芒地搏击，无论是电商上的厮杀，还是互联网金融上的角力，或者在新媒体上的布局，都是寸步不让。

与此同时，我们也应该看到，虽然BAT坚不可摧，但各细分领域也在不断地涌现出新的创业军团。这些创业力量深受先行者的资本影响和能力控制，各路诸侯为了自己的核心竞争力会合纵连横，资本控制越来越多。当然，我们也没有理由担心垄断太严重。一些基础设施性的互联网应用领域在一定程度上的大平台对整体互联网的发展利大于弊。而在社会各个方面，创新的活力不会缺乏，整个社会的价值也在不断做大，随着新的强大的竞争者的加入，中国的互联网产业将带动中国弯道超车西方。在国家大力发展互联网+的过程中将率先拥有与实体经济结合的资本能力，发展的疆域将更加宽广。由此，强者之间也将展开更加激烈的竞争。

本书由马继华编著，杨国芳、王宁为编著提供帮助，在此表示感谢。

编著者

# 目录

# 八、面向未来 ………………………………………… 191

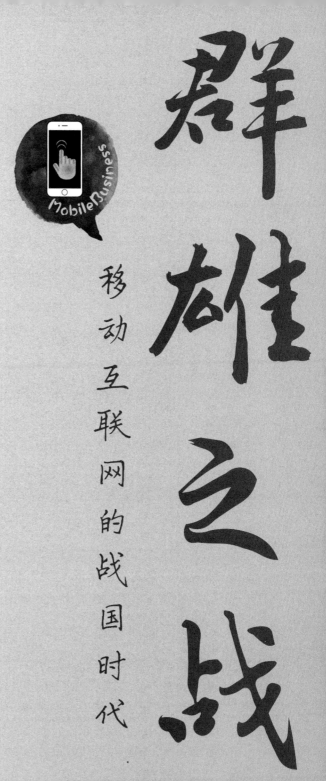

群雄之战

移动互联网的战国时代

MobileBusiness

一、开疆拓土

## 1. 并吞

# 大平台有大智慧，生态圈成互联网公司命门

在武林中，学会了葵花宝典并不是最厉害的，如果将易筋经学会才可以笑傲江湖；在草原上，只有牛羊对草场也许会带来毁灭性破坏，保有一定数量的狼才可以让草场健康长久。人们都知道，拥有一个完整全面的生态环境，使平台具备健康有机的生存环境，是任何一个系统成功的关键。

面对移动互联网的发展，互联网公司们也毫无例外地开始了打造生态圈的进程。不管以前是做什么的，现在都已经是在产业链上下游广泛布局，在平行的应用环节全面延伸，一个一个的生态圈正在形成。

在这个方面，苹果无疑是最成功的。苹果之所以能在如今的科技领域一枝独秀，就是得益于其开创的软硬结合的商业模式，APP与手机形成了互相推动、循环发展的密不可分的闭环，就如同以前微软与英特尔的同盟一样，差别只是这种组合已经局限于公司之内。

大多数互联网公司并非从硬件起家，如谷歌，所以谷歌在一方面完善和拓展其互联网应用及推广操作系统之时，也在智能硬件上不断延伸，触角已经达到上天入地的境界。

国内，以BAT为首的企业们也不敢怠慢，包括小米、乐视等，纷纷跑马圈地或另起炉灶，其业务已经遍及网络上的社交、电商、支付、团购、视频、音乐……，而在硬件方面，智能手机、可穿戴设备、智能家庭终端等一个也不能少，如今又在进军汽车领域。

几乎所有的公司都认识到，平台的建设和生态圈的打造至关重要。以往的平台还仅仅局限在提纲挈领，通过联合更多的合作伙伴、开拓更多的应用范围来使得平台更加具有价值，而所谓的生态圈也可能只是联盟关系，就如同"闪联"一样。可现在，人们已经理解，拥有自己控制能力，能够主导产业运营，必须在平台之中具有强有力的资本或业务核心，甚至为此不惜亲自操刀。

在此背景下，格力、乐视做起了智能手机，阿里巴巴、百度、乐视做起了智能汽车，小米做起了空气净化器，更多的企业早就开发了形形色色的智能路由器。在这之中，引起极大关注的就是乐视，去年还纷扰不断的这家公司如今好像已经脱胎换骨，从乐视网出发，不仅仅开发生产乐视超级电视，也宣布进入汽车

领域，还要发布超级智能手机，目的都是为了建造一个大平台，然后拥有完整的生态圈，而这也是保持公司生命力和竞争力的重要环节。

生态圈的建设对每家互联网公司都很重要，但各家公司的核心能力和资源却并不相同，任何的平台都必须建筑在自己的核心能力之上，这也是生态圈生命力的支撑点。如果失去了这个支撑点，生态圈就会变成一盘散沙，平台也会东倒西歪，公司就会在业务上失去方向，从而被生态圈拖累，在漫长的产品线上到下来。

谷歌成功打造了安卓操作系统，依托这个操作系统将整个移动互联网世界沟通串联了起来，自己居于核心位置；对于腾讯来说，核心能力是社交，所以连接生态圈的支柱就是社交功能，无社交不应用；对于百度来说，是搜索，以搜索技术和入口为依托的百度已经进入各行各业，甚至还要推出自动驾驶自行车；对于阿里巴巴来说，是支付，由此，我们看到阿里巴巴所有的业务都以支付为核心出发点。生态圈的大厦不能没有台柱子，所有的互联网公司在发展平台的时候都必须依托和保持核心资源的屹立不倒。

从这一点上看，小米投资视频、做智能硬件，都是依托小米手机，如果小米手机在发展上出现了问题，整个生态圈就会崩塌。乐视进军电视、手机甚至汽车，都是在乐视网的基础上来进行。乐视网始终扮演着引擎的角色，作为核心驱动力为整个生态提供源源不断的能量，乐视网的好坏是其战略成败的关键。

大平台才有大智慧，完善的生态圈和系列的产品应用可以让客户具有更稳定的使用习惯和更高的忠诚度，增强公司核心产品抵御外来冲击的能力，还会由此形成大数据分析和应用的基础，为公司提供源源不断的发展资源。但这种生态圈的建设也不会是一帆风顺的，腾讯以社交进军电商总是不成功，阿里巴巴的社交应用和终端领域也并不顺利，大家都还任重而道远。

## 跨界，不是任性就可以闹着玩的

移动互联网时代，行业流行跨界，产业链的合作变成了产品线的整合。如今，我们已经很难对这些公司进行准确的业务分类，只能看他们的主业和副业的收入比例，而这个比例也在不断地变化中。

互联网公司中跨界的不少。百度是做搜索的，可现在的百度在视频、旅游、网购、金融、智能硬件等方面都全面布局，搜索成了这些业务的锁链而已。阿里巴巴是做电子商务的，以前这个分类可是千真万确，可如今的阿里巴巴集团已经很难用电子商务来归类，也许只能将电子商务的概念进行扩大才可以。不过，BAT们好像都不怎么出声，只是闷声跨界发大财。

在跨界这个概念上玩得最火最出格最大肆渲染的公司要数小米、360以及正在引发热议的乐视等，做手机的卖空气净化器，做杀毒软件的卖手机还有摄像头，做视频的也卖手机卖电视甚至还要卖汽车自行车。

当然，并非只有互联网公司喜欢跨界玩玩，传统企业里的跨界往往更让人出乎意料。格力曾经专注空调，可现在确定要卖手机；中国联通与招商银行合作开了金融信贷公司，做起了钱庄生意；开电影院建商场的万达做起了O2O生意；中石油是探矿采油的，可实际上却已经是传媒大亨；中石化在淘宝开店卖起了土特产，更是将属下数千加油站卖给了阿里巴巴。

原来我们曾经说术业有专攻，可现在却是资本可全攻。在一个领域做到了极致的企业，因为拥有了资本的力量和品牌的强势，就可以挥舞资本大棒杀入陌生的领域，然后靠品牌及品牌的粉丝而打造出一片新天地。

不过，跨界也不是那么好玩的，越来越多的产品线必然会分散企业的注意力，对企业领导层的管理能力也会提出终极挑战，一旦在规模上失控，后果将非常严重。

企业跨界要想成功，必须具备几个基本条件。

## （1）跨界的产品最好与原来的业务能够共享同样的客户群体或渠道

企业跨界进入到一个新的领域，总是希望能够提高生产和经营效率，充分发挥边际成本递减的优势，否则，如果是让企业从头再来或者比新建的企业要花费更大的资源，一定是得不偿失的。

一家跨界的企业，最好是能够充分地利用原来自身的核心资源，特别是原有行业或产品的用户群体。比如，原来是生产口香糖的企业，现在进入到智能手机市场，那一定是要选择经常购买口香糖的用户群体作为市场目标。而一家智能手机企业因为手机品牌被高度认知，从而开始面向这部分人群销售智能电视或者电动平衡车。

还有，即便用户群体上会有很大的差异，但如果能够共享企业多年辛辛苦苦建成的渠道体系，也是不错的选择。比如卖电脑的企业后来生产电视机，就可以在同样的店里进行销售，而原来生产空调的企业也可以在卖场里销售自己生产的手机，电信运营商可以在遍布城乡的营业厅里销售手机、电冰箱甚至理财产品和农业特产。

## （2）主业的品牌保持强势，在跨界创新未成就之前不能倒下

跨界很好玩，但陷阱也不小，如果企业本着玩票的心态去做跨界创新，甚至忽略了本业的发展，往往会导致严重的市场经营灾难。即便企业可以借跨界的成功进行完美的转型，可不管怎样，一家进行跨界经营的企业必须要保证其副业没成功之前不能荒废了主业，也就是不能忘本。

主业是品牌得以形成影响力的源泉，消费者也是因为其主业品牌的知名度而选择了该企业的跨界产品，一旦主业有失，很可能殃及新业务的发展，直至功败垂成。

不仅仅是在跨界经营的时候不能荒废了自己赖以生存的主业，也不能将自身成长壮大而形成的成功的企业文化丢弃。任何一家企业，都会有自己独特的成长灵魂，或者是灵魂人物，或者是灵魂体制，这些都会因为跨界之后行业的不同有所变化，但也只能是外在形式上的和对个别细节的修改，绝不是完全再造或者全盘放弃。

### （3）跨界必须是在企业成熟期进行，衰落期是转型而非跨界创新

跨界不是企业因为原有产业的衰败而不得不进行的转型，而是在成熟期进行的市场边界拓展和业务的递加。也许，一家企业已经预见到自己的核心业务增长不再高速或即将步入衰退，在这个时候开始寻找新的明星产品，但企业这个时候至少也要处在现金牛产品当家的时代。比如，电信运营商虽然现在依然有增长，但增长已经放缓，市场经营压力越来越大，在这种情况下，运营商们集体开始将目光投入互联网金融、媒体、电商等领域。

### （4）跨界莫盲目，一着不慎，满盘皆输，甚至连累主产品

在目前的时代，很多企业之所以跨界，目标是为了所谓的生态圈建设，更往往是为了应对竞争对手的挑战。但是，跨界是大事，不可怒而兴师动众，企业一定是在深思熟虑的基础上采取行动，不可因为竞争对手的行动打乱了自身的部署。实际上，那家号称拥有核心科技的空调企业曾经在竞争对手们全部跨界经营的时候专注于一个产品，相反取得了巨大的成功。

跨界是一场企业化的冒险，必须评估风险的可控程度，一旦跨界产品不成功，很可能危及原来的主业，导致偷鸡不成反蚀把米的后果。

### （5）管理人才至关重要，企业架构也需要不断调整，超越管理极限的跨界是自杀

人的能力是有边界的，企业的经营管理能力也是有边界的，一家成功的企业会在发展中逐步形成自身的管理架构与成功经验。在跨界之后，老的架构与人才都可能不能满足成长需要，新的市场新的业务需要新的管理人才，这种改变往往会带来巨大的潜在风险。

更为严重的是，一家成功的企业往往有非常成功的创业者，当公司进入很多崭新的领域之时，创业者的能力短板就会出现，而任何超越管理极限的跨界都等于自杀。

# 合并非羔羊，但互联网已成资本牧场

最近一段时间，国内外的企业合并案例层出不穷，涉及各行各界，但尤以通信和互联网行业为甚。中国的南车与北车合并，两家通信设备商诺西与阿朗合并，当然，也传出过中国电信与中国联通合并的谣言，而更加被中国网民关注的自然是2015年情人节的滴滴快的合并以及随后宣布的58与赶集的合并，从此前的剑拔弩张到洞房花烛，简直都是一幕幕金庸小说的翻版。

## （1）互联网公司的合并产生的都是怪胎

如同任盈盈与令狐冲走到了一起，但日月神教却没有与五岳剑派合并一样，即便这些互联网公司选择了合并，但两家的业务能否走上一体化之路仍未可知，这样的捆绑婚姻能维持多久也值得观察。

我们已经看到，南车与北车合并，名称可能叫中车，而诺基亚西门子阿尔卡特朗讯的公司名称也只是叫诺基亚，但是，滴滴快的合并之后仍然是滴滴快的，58同城与赶集网合并之后仍然是58同城和赶集网，既没有换汤也没有换药。

更为神奇的是，这种合并都诞生了一种奇怪的管理体制，两家的董事长做联席董事长，两家的CEO做联席CEO，据说以后啥事都好商量。天无二日，国无二主，企业也一样，权力再分散，总归还是要有当家人，当一些决策出现分歧的时候，这些联席董事长和CEO们将怎样决定呢？难道靠拳击或者百米赛跑！

当然，联席CEO等以前也不是不存在，比如那SOHO，可人家是夫妻俩，再加上那位男性可能本来就惧内。这种互联网公司合并之后形成的联席CEO制度，只可能会进一步增大风险投资人们的发言权，公司管理团队独立运营的权威已经被大大削弱，投资集团将充当幕后协调人的角色。

这种合并之后产生的独特的管理体制为公司未来的发展埋下了相当严重的隐患，如果不是权宜之计，那未来也势必有一个人会离开，长期存在是不可能的。当然，如果是长期存在这种管理格局，就意味着这是一种假合并，只是为了保护投资人的利益而进行的一种制度安排而已。

## （2）互联网小巨头之间的合并完全来自资本推动而非市场选择

合并对谁有好处？这个答案不言而喻，当然是资本方。从滴滴与快的、58和赶集合并的声明及创业者、管理团队的反应看，一团和气后面呈现的都是无奈和辛酸。

在以前，资本市场的很多人都嘲笑中国政府主要的一系列企业合并、分拆及重组，特别是中国通信行业的一系列分分合合闹剧，国内外媒体更是对中国政府主导推动的南车北车合并进行嘲讽。其实，如果我们把这些企业整合重组认为是权力推动当然可以，同时，我们更可以把这些重组看成是资本力量的任性，因为，这些国企都是上市公司，有些还是在境外上市，政府行使权力的方式也是通过资本的力量来实现。

由此来看，2014年的聚美优品与乐蜂网，2015年的滴滴快的、58赶集，从本质上与南北车合并并无二致，都是拥有共同股东这种资本安排之下的一场企业游戏，目的是为了壮大所投资企业的实力，让自己得到更有利的回报。

观察最近的一系列合并，多数都是上市的公司占主导的合并同类项，而资本的退出手段已经从上市变成了出售，资本的投资策略也从原来的普遍撒网变成了重点培养。并且，从今年互联网资本市场的行动轨迹看，虽然看起来现在是不差钱的时代，可资本的忧虑却达到了高峰，很多资本已经在进行避险处理。

### （3）不烧自己的钱不心疼的互联网营销方式将愈演愈烈

很多人认为，快的与滴滴之间进行的烧钱大战伤害了共同投资人的利益，而这种烧钱的节奏也已经让投资者们吃不消，合并之后便会让类似营销方式偃旗息鼓。从短期和个案上看，会是这样的结果，事实也已经证明，滴滴与快的的合并确实不再撒钱了，而58和赶集合并之后也肯定会从此"和睦相处"。

可是，如果我们站到互联网江湖这个大视野去看问题，资本的这种合并运作之后，网络上同行竞争者之间的"恶性"竞争不仅不会少，相反，这种资本运作方式会鼓励后来的创业企业采取同样的方式，因为这种烧钱对创业更没有了危险性。只要通过猛烈的烧钱获取了市场领先者地位，即便被掏空，也会有投资继续源源不断地到来，即便没达到目的，也会因为自己的市场地位而有被整合的可能。相反，如果规规矩矩地不烧钱，除了可能被烧钱的企业挤兑死，还可能因为发展太慢而失去被合并的机会。

互联网本来是草莽江湖，大家都希望创业者们能够凭自己的本事进行产品创新，为社会创造更多的价值，同时产生一个一个的创富传奇故事。但是，这种想法可能太过天真，在一个一个的领头羊身后，都有大量的牧羊人，资本挥舞着皮鞭驱赶着向前，互联网已经变成资本的牧场。

## 互联网公司大合并，谁的用户最吃亏？

都说2015年是中国互联网的合并之年，从年初到年底就没有断过，打车的公司合并了，分类信息网站合并了，送餐的团购合并了，旅游网站合并了，连撮合别人结婚的婚恋网站都合并了。

现在我们从另外一个视角来看看，这些合并的受益者和受伤者，看看到底谁最吃亏？

首先我们看滴滴快的合并案，2015年2月14日情人节，滴滴打车与快的打车联合发布声明，宣布两家实现战略合并。两家公司在人员架构上保持不变，业务继续平行发展，并保留各自的品牌和业务独立性。合并之后的滴滴快的经过一年来的融合，从原来综合起来占据市场的80%多已经滑落很多，现在最引人关注的是UBER，连易到、神州等都比以前热闹，合并之后的滴滴快的绝对没有实现1+1=2，现在来看最多维护住了1.5就不错了。

接下来是58同城和赶集的合并。2015年4月17日，58同城发布公告，宣布战略入股赶集网。根据协议，58同城将以现金加股票的方式获得赶集网43.2%的股份，其中包含3400万份普通股(合1700万份ADS)及4.122亿美元现金。合并以后的两家公司几乎没什么变化，只是对打的广告少了，虽然业务量肯定不比合并前多，但费用却一定比以前花得少了，还让人公司欣慰的是，这块市场就这么大，也没什么新进入者挑战，合并与不合并至少不会流失多少客户。

美团和大众点评的合并刚刚开始就开始了一致对外。2015年10月8日，大众点评与美团联合发布声明，宣布达成战略合作，双方已共同成立一家新公司。合并之后，两家公司在人员架构上保持不变，并将保留各自的品牌和业务独立运营，但对外却开始了一致行动，第一枪竟然打响了美团的投资方阿里巴巴的关联官司口碑网。从现在的形势看，美团和大众点评的合并只是让市场上少了一家搅局的，但搅局者还多得很，希望靠合并加大话语权的想法不可能实现。

2015年10月底，携程去哪儿象征性合并，因为背后的操盘者是百度。合并是这样实现的，携程与百度股权置换，百度将拥有携程普通股可代表约25%的携程总投票权，携程将拥有约45%的去哪儿总投票权，从而两家公司变相合并。而在这之前的5月22日，携程以4亿美元已经收购其持有艺龙37.6%股份，成为艺龙最大单一股东。这样合并下来，中国目前在线旅游市场几乎已经一统天下，都成为了百度系，可偏偏还有阿里巴巴极其用心在做的去啊来冲击市场，加上芝麻信用分的助阵，未来的中国在线旅游市场将被百度和阿里瓜分，而趋势一定是携程去哪儿艺龙组团的市场份额会有所下降，这个合并是否成功主要看防守的成果。

2015年12月7日，世纪佳缘宣布与LoveWorld Inc.及其全资子公司FutureWorld Inc.达成合并协议，后两者为百合网的间接全资子公司，这意味着，曾经的婚恋交友老大世纪佳缘成为百合网的子公司，简单地说，百合网与世纪佳缘合并了。有人说，两家公司一家是排名第二，一家是排名第三，一合并，就变成中国排名第一的婚恋网站了，但事实会这样发展吗？

结合以上这些合并，我们可以用"用户数"这个指标来简单地归类分析下，看看合并之后的用户数规模将发生怎样的变化。

有一种情况，用户的使用是可以兼项的，也就是说，用户在使用这个的同时也会使用另外一个，比如，盘子和筷子是可以同时用的，如果盘子厂和筷子厂合并，就可以联合营销，也可以将两家公司的客户整合起来进行交叉营销，往往会让自己的客户群体增加。这种合并往往是对用户数最好的，也都是属于跨界的合并，比如京东投资途牛、阿里巴巴收购优酷。

还有一种情况，用户的使用是可以多次重复或连续选择的，也就是说，用户使用这个的时候就不能使用另外一个，但可以下一次使用另外一个，比如饭店这种业务就是，你在一家饭店吃饭，就不能同时在另外一家，但如果这家饭店的口碑不错，你可以下一次去这家饭店的另外一家口味不同菜系不同的姊妹店，用户数不增加，但会增加用户的使用次数。58同城与赶集网大概属于这个。

当然，即便是可以多次使用，如果本来这家店就是可以多次，而另外一家店的菜品与这家并无二致，合并起来以后并不会让用户的消费次数更多一些，这种合并也许只有联合采购及市场广告方面的费用节约的作用。美团大众点评和携程去哪儿等就是类似。

还有一种情况，用户的使用是不可兼得的，也就是说，用户在使用这个的时候就必然会失去另外一个，比如铁路建设，一般的情况下，一家铁路公司选择了南车，就会放弃北车，两家类似公司只会殊死搏斗从而渔翁得利，这种合并就会提高竞争力，值得合并。对于用户使用手机来说，很多人可以同时用电信和联通的手机，但一旦合并了，用户就会有意识地放弃掉一家的手机，这种合并不仅不会让用户数增加，还会让用户数快速损失掉。世纪佳缘和百合网的合并也是一样的结果，以前很多人为了提高找对象的成功率会在两家公司分别注册使用，而合并之后，很多人就会只选一家，只要是有实质性的合并举措，用户数的减少就是必然的。

## 中国互联网企业为何只能窝里横？

互联网受到了中国政府的高度重视，互联网行业也在世界上获得了响当当的地位，但却改变不了一个尴尬的现实。中国的互联网公司虽然在国内呼风唤雨，可在海外往往却是销声匿迹，至今，中国的互联网企业也没有能够改变窝里横的习惯。

水土不服当然是个理由，而且是很重要的理由，但并非全部理由，任何一个国家的企业想进入其他国家的市场都是困难的，越是成功的经验越会遇到水土不服。

但是，本地化的问题对于任何跨国公司都一样的，可来自中国的海尔、华为等都已经在海外市场取得了佳绩，甚至在相关的产业领域征服了世界，即便是与互联网渊源颇深的联想，也在国际化的舞台上站稳了脚跟。可是，中国最纯正的互联网公司却没有一家有此丰功伟绩。

## （1）互联网公司享受着国内的超国民待遇而娇生惯养

在中国，很多人都痛恨与咒骂国有垄断企业在各个领域的强势，可却很少有人对互联网企业所获得的超国民待遇进行抨击，甚至还有很多人对互联网企业受到的"不公正对待"鸣不平。就经济领域而言，中国的互联网企业一直享受着超国民待遇，这种待遇远远超过了其他行业的民营企业，更超越了国企央企。

比如，互联网公司经常强势地喊出各种各样的"颠覆"口号，将传统行业的格局打乱，而这种所谓的创新却往往是其他企业原来做过却被政府阻拦下来的。在与电信运营商的较量中，Wi-Fi曾经被禁，可互联网企业可以堂而皇之地将其"私下"使用，电信运营商推出的免费网络通话很快就被有关部门封杀，可互联网公司随后推出的免费网络电话却没有任何衙门出来制止。于是，传统企业打擦边球叫违规，互联网企业打擦边球叫创新，很多业务在传统企业被遏制之后让互联网公司后来居上。

中国的互联网企业在国内为所欲为，想合并企业就合并企业，想出售业务就出售业务，想裁员就裁员，想招聘就招聘，而大量的中国国企却无能为力。如此，造成了严重的不公平竞争，以运营商、银行等传统强势企业为主体的央企都成了弱势群体，这样的好环境在境外根本不存在。

此外，因为墙很厚，导致竞争严重不充分，更是给国内互联网公司的模仿式创新提供了独立自主的小花园，成长起来的压力并不大，至少斗得过身边的小兄弟就可以，根本不用考虑外来的干扰。不过，这种娇生惯养也带来了严重的后果，中国的互联网公司只在墙内开花，到了墙外就不香了。

## （2）中国市场庞大，发展机会众多，粗放式经营也可以做大

作为当今世界第一的人口大国，而且还处在人口红利期，加上人类历史上最为壮观的大迁移，互联网的需求空前繁荣。以电子商务为例，中国一个国家的人口消费能力就足以撑得其数家在世界上排上名次的电商企业生存，更不要说社交软件。

正因为中国本土资源太丰富，人口太多，互联网企业随便捡个漏都能用户过亿，关键就是谁在这块市场竞争中做得最好，这就让中国的互联网企业将目光仅仅盯在自家的一亩三分地，也没有走出去的冲动。

中国还处在市场经济发育的初级阶段，传统企业的力量太弱，信息化程度不高，而且全国统一大市场没有形成，互联网公司利用超级资本的力量，可以做到集中兵力突破一个点，然后是另外一个点，将传统势力逐个击破。

也正因为国内的市场空间得天独厚，让这些互联网公司自觉不自觉地都采取了粗放式运营的模式，成本不考虑，未来不考虑，可以随意地扩充人力、募集资

本，高工资高福利高投入，肆无忌惮地烧钱，这些习惯一旦形成就很难改变，可到了国外成熟市场，这些套路就成为了致命伤。

### （3）中国的互联网生存土壤世界独有，营销模式不可复制

看看中国的这些互联网应用，多数都是从国外的拿来主义，在中国本土化运营的成功范例，而这种成功也会成为发展的羁绊。正是因为一些互联网应用在中国市场太成功了，相反成了在海外不会成功的因素，因为对中国人的需求太贴近，就会离其他的市场太远。

中国的国情非常特殊，近20年更是与人类历史上及全世界各国都大相径庭，甚至与中国的过往也差异明显。由于计划生育政策的强制推行，中国的人口结构在短时间内出现了巨变，独生子女的"八零后"和"九零后"成为独具特点的两代人，这部分人群也正是中国互联网发展的主力，在全世界都难以找到类似的社会人口现象。

此外，中国最近20年也处在社会大变革的时代，计划经济彻底转型为市场经济，保守传统的农耕社会瓦解，工业和城市化兴起，人口大面积地流动，导致社会思潮和人们的心理都发生巨大变化。这种社会类型下的互联网社会基础在世界其他地方也是绝无仅有。

也正是在这样的背景下，国内的互联网营销适应了中国的人口结构和社会思潮，水军泛滥，土豪砸钱为所欲为，各种突破道德底线的炒作被誉为经典，而这些成功经验到了国外就不一定适用，而且也不敢拿来用。绝招没有了，新招没找到，自然不会取得好的市场成绩。

当然，一味地强调融入当地社会也会造成部分互联网企业的战略错误。实际上，不同的国家不同的民族不同的人群也有着本质上的同类需求，比如物美价廉的假货，难道欧美东南亚市场就不需要吗？中国的互联网企业要想在海外生存，还是需要发挥自己的特长，充分寻找人类共性，而不是投机取巧地想快速本土化。

## 2. 创业

## 互联网+不是风口，但"猪"却会不少

前段时间，风口论遭到了痛殴，而且出手的还是平时很少发言的李彦宏和马化腾，而联想的杨元庆更是表明自己连做"猪"的胆子都没有。不久前，马云也批过"猪论"，说遇到风口"猪"会飞起来，但不久也会掉下来。一时间，"风口

上的猪"成为了互联网大佬们批驳的对象。

之所以会出现BAT掌门人集体唱衰"猪论",一是依靠"猪论"成长起来的小米已成全网公敌,其450亿股值的卫星放得太大,不成为众矢之的才怪;二是互联网+被写入政府工作报告,全民掀起了一股互联网创业的飓风,大量的年轻人都在削尖了脑袋找风口。

## (1)运气是风口,可运气只会主动帮助那些巧遇的实干者

如果我们把"风口"看作是机遇或者运气,应该是存在的,特别是创业这样的事情上,没有运气是万万不能的。现在的这些互联网公司的成功者们,当初都是站在了互联网大发展的第一波飓风到来的最前沿,这与时势造英雄的历史唯物主义观是一致的。不过,即便这些人被风吹了起来,创业的成功遇到了这样和那样的机遇,但却肯定不是他们在经历了拼命找风口之后飞起来的,而是遇到了运气的垂青。

就运气和努力之间的关系,我们不必去探讨很多,估计所有的成年人都知道,机遇只会给予有准备的人。但是,我们即便明白这个道理,可很多人依然会把找到机遇当成是自己成功的第一要素,甚至为此将所有的努力都押宝在找机遇上。

日前,有人评价中国的互联网是人傻钱多,可从另外一个角度看,中国的互联网也应该是人多钱傻。中国的互联网企业已经在世界上崛起,甚至在世界最大的互联网公司前十名中要和美国人分庭抗礼,虽然我们这些互联网公司依靠的投资主要来自美国,但是,这些公司的主要成功却来自国内市场,而国内市场的核心竞争力来自占世界五分之一的人口基数。

据说,现在北京最繁忙的人是各种创业投资人,各路年轻的创业者们不停地在投资者之间穿梭,西装革履地讲各种各样美丽的故事,而确实也有很多仅仅依靠故事就拿到了大笔资金来烧钱的创业者。这样的钱不是多,而是已经多到了傻,当然,投资者们并不傻,而只是钱傻。

## (2)互联网"+"与普通创业者无太大关系,更不是风口

很多人认为,政府提出的互联网+,成为了一轮互联网创业的风口,只要抓住了这个机会就可以飞黄腾达。可是,互联网+真的能如此化腐朽为神奇吗?

互联网+,我们更愿意将其与当年克林顿提出的信息高速公路计划相提并论,作为应对经济危机的一种手段。中国正处在信息化改造传统制造业的关键时期,将互联网的能量赋予传统产业会提升中国制造业的水平,推动中国经济的转型。从实际意义上,政府所讲的互联网+对于传统制造业巨头是重大的利好,对于为这些企业做好服务的互联网技术及设备公司是实质性的推动,但对于那些盯着利用互联网开店、交友、O2O的创业者们却并无多大实际利益。

如果非要将互联网+当作现代年轻人创造财富的机遇，那去创业的点也应该瞄准为传统制造业和服务业提供互联网化改造的辅助领域，而不是现在野心勃勃地去颠覆传统产业。因为，互联网+的推出，实际上就表明了政府对利用互联网的力量和优势替代传统产业的不支持甚至是反对，这个态度已经十分鲜明。政府只鼓励互补和融合，而不是让互联网公司独享新经济的盛宴。

所以，我们已经看到，像BAT这样的大公司都在努力实现与传统产业和行业的结合，在强强联合的过程中推动产业升级，而不是去独自造车、造电视、造房子、造银行，而这样的风口显然不是处处抓钱的小创业者们可以做到。

在这里，我们不想把等待机会垂青的创业者们比作"猪"，即便使用了"猪"这个名词，也丝毫没有诋毁或贬低的意思，因为这只是这两年互联网上的流行说法而已。如果是"猪"，就应该努力改进品种甚至想方设法进化出翅膀来，或者自己造一架飞机飞起来，而不是一味地等待风投们的飓风吹来，更不会等来政府大手笔的投资。当然，即便现在风已经过去，或者迟迟都不会来，可在那里排队等待的猪却已经排成了长长的队伍。是到了该散散的时候了！

# 互联网创业公司的N种活法

面对国家的经济转型压力，中国上上下下正在掀起一拨创业高潮，而这次被政府积极推动的万众创业很大一部分都集中在了与互联网相关的领域，越来越多的年轻人怀揣梦想开始了自己的创业人生。

不过，创业毕竟是一件困难的事情，即便用最低的标准来衡量成功，也需要付出艰辛的努力，作为互联网行业的创业者，第一步的目标就是活着。对于创业公司，生存下去可能比什么都重要。

以下，总结一些基本的生存方式，供互联网创业者们思考。

### （1）夹缝里面求生存，如刘备

遍观现在的中国互联网格局，能够看得到明确市场前景的大蛋糕都被大公司瓜分或者正在瓜分中，留给创业者的机会少之又少。在一个拥有十几亿"聪明人"的国家里，要想发现和站稳一片蓝海几乎是不可能的，有的只可能是短暂的蓝海和长久的红海，所有的创业者必须要学会在夹缝中求生存。

不过，也正是一个拥有十几亿人口的国家，机会到处都是，如果你的野心不是现在就成为拥有数亿用户的超级公司，那用户数百万级或者千万级往往很容易达到，甚至一个城市一个省区的市场都足以让创业公司非常成功。

夹缝求生需要的是忍耐和坚持，需要在市场的缝隙里找到自己的生存空间，形成独特的吸引力和竞争力，还需要拥有在大平台间游刃有余的合作平衡的能力。

### （2）翻身农奴把歌唱，如刘邦

既然是创业，就很难不对现有的市场格局造成冲击，可能是对原有的商业模式进行颠覆，也可能是让行业里的先行者让出位置或地盘，总之，市场竞争是不可避免的。

当然，最严重的是，你的创业是建立在原来的老大的基础上，或者你本身就是某大公司的代理商，或者你是某大企业的供应商，但时代变了，你的核心能力有了脱颖而出的机会，于是，创业者就独立出来单独发展，有些真的远远超越了此前的老大。

在这种情况下，创业者需要抓住"翻身做主人"的时机，早了有可能被抓回来重新当牛做马甚至直接被处以绞刑，晚了就有可能被别人捷足先登，即便再出来也很难称王。这样的创业，一定要有好的团队，抓住稍纵即逝的机会，如果能获得主家的谅解甚至支持那当然是极好的。

### （3）尾大不掉是成功，如李渊

如果你的创业是挑战实体经济里的某个行业或企业，在商业模式上充分发挥了互联网的特性，这种创业几乎等于是要宣判原来的利益集团死刑，遭受打击的可能性极高。

如此局面，在最初谈和是几乎不可能的。你不触犯他的利益，他们根本瞧不上你，不会和你谈判合作。你触犯了他的利益，他们就会恨死人，不到万不得已也不会和你谈和。创业者应该做的就是迅速做大，既成事实，在对手们轻视你的短时间内就完成了积累，如此，你才能成为他们平起平坐的合作伙伴，甚至开始收编对手。

这种创业需要的是急风暴雨般的快速发展，所以需要资金的投入，创业者必须有足够的原始资本或者有超强的融资能力，创业团队的领头人必须是最好的资本获取者和提供者。

### （4）偷得浮生半日闲，如孙权

即便是老虎，也有打盹的时候，何况是各个产品线漫长的互联网巨头们，由于市场的激烈对抗，巨头们也有巨头们的烦恼。一是巨头们的对手也是巨头，一个巨头的战略中心调整往往都会引发对手们随之调整应对；二是巨头们产品太多不可能全面突击，看似强悍的产品之中一定有阴影存在。

创业者们人数众多，各自看重一个点，都是绝对用心地去做，这是大型互联网巨头做不到的，如果能抓住巨头灯下黑的短暂失明机会，确实可以出其不意地做出一番事业，即便最后又被巨头看中而出售变现，也是创业的成功。

这种创业需要具备的能力是敏锐的洞察力和另辟蹊径的眼光，能够看到创业领域的闪光点并加以发扬，最终抓住偷来的这点江山。

### （5）画个葫芦筹到钱，如苏秦张仪

创业也不都是非要打打杀杀，或者还有一些人根本就是在讲故事，也能获得投资人的青睐，只要是把钱弄到手，折腾个几年，即便最终没成气候也只能怪生不逢时，何况，投入了大钱的资本不会坐视赔本而不理，最终往往会与接地气的成功者们融合捆绑而变现出走，创业者也就成了顺路的成功者。

如此创业好像是一种假创业大忽悠，但拥有忽悠本事的人并不多，真能成功也算是奇才了，古代的苏秦张仪其实也差不多是这样的创业成功范例。当然，这样的成功多数都依托强大的后台势力或者背景，否则单凭动嘴是很难的，还要冒着最后功亏一篑的风险。

### （6）一招鲜，吃遍天，如项羽

创业和走江湖打擂也类似，都存在一招先，吃遍天的现象，只要有一技之长，而且还是其他人或公司很难模仿的核心资源，随便嫁接点什么都可以成功一下，即便一计不成，还能有二技、三技。

很多拥有"核心科技"的专业人才往往走上这样的创业道路，这种方式成功率最高，但也有对手快速模仿的可能性，而且，技术也会过时，将技术实力发挥到极致从而快速成功，或者要持续地进行技术的快速演化都是必不可缺少的动力源。

当然，单纯这样的创业做大的可能性并不大，往往需要在适当规模的时候引入其他能形成互补的人才，在管理上与市场开拓上转变观念，实现公司的转型发展，否则很难持久。这样的创业者古代就有，如项羽，力拔山兮气盖世，可以横勇无敌霸王天下，可不审时度势的成长，最终饮恨乌江。

### （7）大树底下好乘凉，像刘秀

在创业的时候，富二代或者官二代并不是贬义词，或者在羽翼未丰的情况下先找一个干爹也未尝不可，历史上的很多创业成功的名人都是这样做的。

互联网创业的时候，找一家靠谱的大公司寻求合作，让其投资也可以，让其进行管理输出也没问题，只要能引入资源和能力，借鸡生蛋未尝不是好的选择。

通过一段时间的合作，创业者可以积累个人资源，也能够提升自己的相关认识和能力，这个时候逐渐自成一体就顺理成章了。比如，后汉开国皇帝刘秀，就是这个套路。

创业者都是有勇气的，值得尊重与支持，但创业的成功率也并不高，需要

有充分的心理准备和能力准备。创业绝对不是为了体验曾经沧海的刺激，而是真正充满梦想和追求的艰苦奋斗。请记住，活着，应该是所有创业成功的第一追求。

# 出租公司开专车，想切互联网蛋糕没那么简单

媒体报道，作为全国规模最大的出租车企业之一的强生出租公司，宣布将涉足约租车(专车)的计划。按照强生公司的预想，在约租平台下，市民线上预约、支付，驾驶员除了有基本工资，还有绩效考核、奖励提成，通过三方面组合实施分配，可能就完全颠覆了现在所谓份子钱的概念。也就是说，面对互联网约租车的浪潮，出租公司终于主动求变拥抱网络，变革是好的，决心也是对的，但采取的方式却有些匪夷所思。

## （1）巡游车与约租车的市场需求矛盾将更加尖锐

有一句众所周知的话，把恺撒的交给恺撒，把上帝的交给上帝。从现在的社会需求来看，每天在街道上奔跑的所谓巡游出租车也是必不可少的，而且还占有绝对的需求主体，而巡游车和约租车本来就应该是合理分配，各司其职。

试想，如果出租车公司都看中了赢利能力更强的互联网约租车市场，更大的投入偏好必然带来街道上巡游车的进一步减少，市民打车将更不方便，用车矛盾会进一步增加。

实际上，表面看互联网专车对传统的出租车构成了冲击，本质却是出租车行业多年违背市场规律的垄断运营和管理造成的恶果，当拥有了移动互联网这样的工具之后，社会终于找到了破解的方法而已。从逻辑讲，巡游车和约租车没有更强的替代关系，两者都不可能互相替代，只要把自己的事情做好，完全可以将巡游车或者约租车都做得更具有吸引力，更方便人们的出行，也满足了不同消费者不同场景下的不同需求。

如果出租车公司真的想和互联网约租车进行竞争，完全可以在提高服务质量、减少运营管理收费和加强服务能力上下工夫，而不是一头扎进自己不熟悉不擅长的互联网约租车领域去搅局。

## （2）出租公司网络约车只是电话约车的翻版，换汤不换药难言乐观

面对互联网新技术新思维的冲击，传统企业需要的是转变观念彻底变革，而不是邯郸学步的进行模仿，基因不同让这种模仿几乎从来没有成功过。

以前电信运营商也曾经采取针锋相对的业务对抗，但中国移动拼全公司之力

打造的飞信依然无法与QQ抗衡，中国电信联合网易做的易信也无法比肩腾讯的微信。面对互联网金融的挑战，中国的各大银行纷纷做起了移动支付、卖起了理财产品，但是其产品却在市场上几乎可以忽略不计。

强生公司推出的互联网约租车，做的事情将是和现有的互联网约租车平台一样的事情，却不具备这些互联网公司的禀赋，从一开始就注定是难言成功的结局。

互联网约租车是一种共享经济，其司机的来源是社会力量，充分调动了社会积极性，也很大程度上提高了社会资源的利用效率，可出租公司的车辆来自机构内，改成约租车之后不仅不会提高效率，还会让更多的车辆少出车少用车，同时，专职司机的职业化生存特点也难以与社会力量的灵活性相提并论。

互联网约租车是在移动互联网高度发展的基础上诞生的一种全新的商业模式，并非只是用网络APP叫个车那样简单，单纯地模仿网络叫车实际上也只是原来电话叫车的一种翻版，既然电话叫车不能发展起来，换上网络的汤药也一样无法救命。

### （3）分散经营的出租公司没有实力与统一大平台运营的专车公司竞争

据相关资料显示，强生公司拥有约1.3万辆出租车，是上海市规模最大的出租车公司，这样的规模即便是在上海这样的大城市也显得实力充足，甚至比已经上市运营的互联网约租车平台的车辆还要多。这样的实力和规模在上海一个地方运营一个约车平台应该是绰绰有余，但是面对全国甚至全世界一盘棋的互联网平台，依然还是能力太有限。

对于约车的多数乘客来说，需要的是跨区域的大平台，这样可以保证其出行的全面需要，还可以享受到大平台的红利，而这正是现在分城市运营的出租车行业的最大的痛。出租车的运营局限在特定的区域，不仅省与省之间难以跨境运营，就是省内的城市甚至县县之间都泾渭分明，这样的运营格局不改变，出租车公司就不可能构建起好用的约车平台，也就不会在互联网专车市场有所作为。

此外，大型的互联网约租车平台都有着强大的资本后盾，擅长依靠互联网的思维来进行营销操作，动辄数十亿的展开市场争夺，这样的大手笔让即便像强生母公司这样的资产总额4147亿元人民币、员工人数近7万的国有集团也不可能承受。

总结起来看，目前出租车公司和出租行业面临的困局并不是互联网专车带来的，也并不能依靠出租公司开专车就能够解决，出租公司单方面效仿互联网公司的做法也不会有任何的效果，中国的出租行业需要一场内外兼修的大变革。

# 运营商在互联网+中扮演的角色

国家正在实施的互联网战略对整个社会都在产生巨大的影响，不过，在互联网行业欢欣鼓舞的同时，很多传统行业表达了不同的思考，至今为之，已经有很多企业领导在不同的场合表态，互联网+实际上应该是"+互联网"。

## （1）传统企业的担忧不无必要，互联网不能入侵传统经济

在互联网+发展中，很多传统企业有自己的担忧，因为这个互联网+战略等于是将互联网放到了战略主动位置，正好适应了互联网企业颠覆传统行业的目的，由此让一些在传统制造业上有一定优势的企业开始反思。

现在，已经有一些科技业和制造业的企业公开喊出了"互联网+"应该是"+互联网"，互联网只能作为一种技术和能力，成为提升中国制造业的工具。

传统企业的担忧不无道理，毕竟中国的传统产业仍然占据主导，在此前几年的互联网产业发展中，已经有很多产业被轻体量和低成本的互联网公司击倒。在目前互联网公司资本强大的背景下，很多传统企业都难以抵抗住冲击。

正是因为这个原因，自前年开始，很多传统企业都已经在积极谋变，或者自己主动触网而互联网化发展，或者与大的互联网公司合作达成联盟，或者向互联网创业公司进行投资，争取在互联网经济中的地位。

## （2）运营商不是互联网+的另外一极，没有"互联网+运营商"

在这次的互联网+经济发展中，运营商有些迷茫，甚至弄不清楚自己是+号哪一边的？实际上，绝对没有"互联网+运营商"，因为运营商是被包括在"互联网"之中的。

运营商要做的正是互联网+，也就是说，运营商与互联网是一个战壕里的战友，共同负担其改造传统经济的重任。

在市场发展方面，运营商与互联网公司确实存在一定的竞争关系，但运营商与互联网公司之间最主要还是合作关系。即便腾讯公司的微信，号称对运营商的业务构成了多大的杀伤，但依然是依附于运营商的优质网络才能生存，而不久前发生的支付宝光缆被挖断事件更是证明了运营商与互联网公司合作的重要性。

如果简单地把运营商与互联网公司之间看成是竞争与分离的关系，那就太狭隘了，两者对于互联网+都非常重要，而且必须是合作提供服务，缺了谁都不行。

当然，虽然没有"互联网+运营商"，可运营商为了为社会提供互联网+的服务，自己还是要适应社会发展而进行改变，也就是互联网化的变革。这里面既

包括业务方面的互联网化，也包括公司管理组织结构、服务方式和营销方法，甚至还要在系统集成和业务支撑方面做出很大的调整。

### （3）运营商做互联网＋绝不能仅仅做网络支撑，而是要去做互联网

互联网＋需要运营商的网络支撑，运营商是互联网＋的基础，可如果运营商仅仅是做好网络支撑，那无疑也是错误的。网络只是互联网＋的基础部分，运营商可以做的还太多。拥有丰富资源和能力的运营商如果仅仅提供基础网络服务就是暴殄天物。

很多互联网人士就希望运营商成为管道，为互联网的发展提供好基础网络服务，这样才会有互联网的健康发展，以为这样会有利于国内互联网公司的生存环境。实际上，互联网公司与运营商各有秉赋，不能互相替代，运营商在业务方面也是互联网公司的无法取代的。

运营商拥有遍布全国的营业网点和建设维护人员，多年长期稳定运营的支撑系统，还拥有数十年的客户行为数据积累，此外，运营商们掌握着互联网公司远远无法具备的很多独特的大数据资源，可以开发出大量的为社会服务的新型业务，有些是互联网公司做不到的。

在传统企业互联网＋发展中，运营商的信息化建设更是必不可少，政企集团客户的很多业务都是运营商专门提供的产品，新兴的智能工厂和智能产品都离不开运营商的业务支撑。

运营商是中国互联网＋战略的重要参与者，甚至是关键性的参与者，不仅仅要提速降价来促进信息化的发展，更要勇于创新为社会提供独具特色的互联网业务，这才是运营商的社会历史使命和必须完成的任务。

## 3. 突围

# 互联网＋渗透农业，农产品电商和农业金融首当其冲

互联网与农业好像离得很远，一个是信息经济的领头羊，一个是人类最古老的传统行业，但是，两者又如此之近，在电商的催化剂之下，互联网农业正在蓬勃兴起。

在国家推动互联网＋战略的背景下，农产品电商已经迎来了发展的春天，未来必将从深层次上改变中国农业的大环境，旧的农业生产模式和利益格局都将被打破。

### （1）互联网农业离不开电商，农产品电商是互联网＋农业的关键

如果说农业缺什么，那非常合适，互联网恰好有什么，拾遗补缺的典范。农业缺资本投入，可互联网行业如今财大气粗，资本极其强势，花不尽的钱足可以让农产品的境遇改天换地。

互联网公司个个都是技术上的极客，善于利用现有的任何科技手段进行创新，而农业方面恰好是人才上的劣势，创新的头脑、领先的技术一旦运用到农业和农产品中，一定会发挥巨大的作用。

互联网公司都很重视品牌的建设，产品口碑好且粉丝众多，农产品多数都是原产地识别，且假冒伪劣盛行，大多数的农民或者农业企业都缺乏品牌意识，互联网公司可以提高农产品的品牌建设速度，还能够培养更多的识货的粉丝用户。

从互联网和农业的不同特点，我们已经可以看到互联网＋农业将发生怎样的巨大变革。在现在的社会条件下，互联网对农业的渗透将是多方面的，农业理念、生产技术、管理水平等都将发生天翻地覆的改变，但是，不管多好的发展方向，将生产出来的农产品卖出去才是根本，因为只有这样才能提高农业的产出和农民的收入，也才能真正地获得农民的支持。

实际上，最早介入农业互联网的，应该是丁磊。这位大神很多年之前就高调下地养猪，虽说很多人并没有见过丁氏猪跑，却有人真的吃过网易的猪肉。最近一段时间以来，丁磊养猪、联想的吃货、云南的褚橙、潘石屹的苹果、北京的农夫市集、各地兴起的农家乐和有机蔬菜采摘园，甚至还包括北京昌平连续几年举办的农业嘉年华，互联网农业正在蓬勃兴起。

互联网在农业的应用上样式会很多，但农业电商肯定将是重中之重。因为联产承包责任制的原因，传统的农业多是一家一户的小农经济，即便是经过土地流转发展起来的合作社等，在社会经济中仍然都体量太小，难以形成规模经济效益，更重要的是，这样导致农产品的流通环节拥有巨大的话语权，而农产品的生产者却利润微薄。农业电商的兴起，将彻底改变这样不合理的产业布局，大量省略中间环节，让农民和农产品的生产者成为真正的最大受益人。因此，只有把农业电商搞好，互联网农业才算真正发挥了作用。阿里巴巴在上市的时候将西北卖小米的农民电商代表人物推上了敲钟的第一线，而阿里巴巴和京东等在各地走马灯一样的农村电商布局争夺战更是愈演愈烈。

### （2）互联网＋农业的四种模式都与电商密不可分

农业正在成为移动互联网的下一个风口，在这场农业发展大潮中，大概可以归纳为五种互联网＋农业的主要流派，各自进行着不同的探索。

① 资本注入，强势打造新型农产品品牌和影响力

产品的附加值一直是国内农业发展中的痼疾，而农业企业多数都被成本与管

理压得抬不起头来，很少有资源和能力去探索品牌化的成长道路。不过，随着互联网向农业领域的延伸，这些问题都开始得到解决，也出现了如褚橙、潘苹果、柳桃这样的高端农产品品牌，还有三只松鼠、獐子岛等果品海鲜电商品牌。

更重要的是，一批有实力的互联网企业也大力布局农业，比如网易、联想等，有钱能使鬼推磨，何况是既有钱又有想法的互联网巨头。

以联想为例，资料显示，联想控股于2010年开始涉足现代农业投资领域，并于2010年7月正式成立农业投资事业部，2012年8月9日佳沃集团正式成立。公司当前聚焦于水果、茶叶等细分领域进行投资，"佳沃"蓝莓每公斤定价超过500元。目前，佳沃已经成为国内最大的蓝莓全产业链企业和最大的猕猴桃种植企业。

联想目前采取的方式未来肯定是很多互联网公司的道路，通过资本注入和品牌塑造，互联网企业与农产品结合起来，走上农业产业化的新道路。不过，这样的道路也许只适合大型的互联网公司，特别是屈指可数的这些国内IT业巨头，而且风险系数很大，需要有足够的抗风险能力和渠道布局水平，否则易功亏一篑。

② 改造传统，用互联网思维创造农业经济的线小体验

互联网技术让农产品实现从"田间"到"餐桌"的全程透明化，让农业公司从中看到广阔的"钱景"。比如，一些农业大棚通过物联网实时监测，应用大数据进行分析和预测，就能够实现精准农业，降低单位成本，提高单位产量。与此同时，还可以将大棚种植与农业体验经济结合，推出类似"偷菜"一样的采摘体验，如果再将社区经济和社交应用结合起来，必然具有很好的未来前景。

在移动互联网O2O的发展中，类似北京出现的农夫市集等从农户到餐桌的农产品销售日渐兴起，而在去年获得"全国移动互联网创新创业大赛总决赛银奖"的青年菜君，其以半成品生鲜电商为发展方向，用户可以通过线上预订、线下地铁口自提的方式来购买半成品生鲜。

当然，如今大红大紫的互联网金融也会对农业的发展起到极大的推动作用。媒体报道，苏宁众筹频道正式开卖汉源樱桃，上线145分钟就越过5万元的门槛，当天认筹超过11万元，相当于帮助果农卖出至少500棵树的樱桃。而蚂蚁金服发布的数据也显示，过去一年，新增的农村余额宝用户超过2000万，增收7亿元。

互联网思维不是空的，在具体的地方会有具体的应用，在农业上更会有广阔的前途，移动互联网O2O和互联网金融等都会在未来的互联网+中发挥巨大的作用。

③ 全面下乡，涉农企业将渠道网络借助互联网进行升级

互联网本质上属于一种渠道，传统企业可以借助这种渠道将原来难以组织的农村渠道组织起来，充分发挥互动性和高效率，这将让很多传统的涉农企业受益。

比如，新希望是国内最大的农牧企业之一，2015年1月29日，公司同南方希望、北京首望共同出资设立慧农科技，将做强农业互联网金融上升为企业的未来战略之一。公司在已有的养殖担保和普惠担保金融创新模式基础上，挖掘和整合各渠道资源，打造千企万家互联互通的农村金融服务网络，未来将业务延伸至农资服务需求、农村消费需求等。公司推出的福达计划立志打造智能服务体系，目前一期已经覆盖3.9万客户，在掌握相关养殖场位置、栏舍状况、养殖状况、成本、营销服务情况等基础数据的基础上，为公司提供针对性的营销服务。公司即将开展的福达二期，将为养殖户提供针对性的技术服务，提升养殖户的养殖效率，打造智能化营销服务体系。

④ 网络下沉，电商巨头抢滩农村市场"第二战场"

在互联网+农业大潮中，电子商务企业自然是排头兵。数据显示，2016年农村电商市场规模将达到4600亿元，谁也不想掉队。

资料显示，去年以来，商务部已会同财政部在河北、河南、湖北等8省56县开展了综合示范工作，推动阿里、京东、苏宁等大型电商和许多快递企业布局农村市场，鼓励传统的供销、邮政等实体企业在农村积极尝试线上线下融合发展。

目前，有24个省市31个地县在阿里平台设立了"特设馆"，在淘宝网正常经营的注册地为乡镇和行政村的网店更是达到163万家，其中经营农产品的网店已经接近40万个。阿里现已启动"千县万村计划"农村战略，未来三至五年内将投资100亿元，建立1000个县级运营中心和10万个村级服务站。截至目前，京东已开业26家县级服务中心，招募了近2000名乡村推广员。目前"村淘"已进驻全国8个省区市，覆盖13个县、295个村。2015年，京东电商下乡的总目标是新开业500家县级服务中心，招募数万名乡村推广员。

电子商务企业在农村的发展是互联网+农业的重要内容，但如何将农产品卖出去让农民增收一直是难以解决的大问题，谁率先找到出路谁就能获得农民的喜爱。

⑤ 扎根基层，细织渠道打造农村营销根据地

从全国来看，中国移动很早就开始的农信通借助运营商的渠道曾取得不错的市场结果，中国电信的信息化农村建设也在很多地方获得农民的欢迎。现在，各种各样的农村网站也在兴起，全国涉农的网站已经超过了3000个，村村乐、万村网、三农网、新农网、村村通网等逐渐形成了自己的核心资源。据报道，村村乐网站的估值已经超过10亿元。

农村营销最主要的资源，可以说是村官、能人和小卖部，而这些资源也构成了农村信息网站争夺的最核心资源。据报道，村村乐的模式是，先是招募20余万网络村官、能人，然后利用农村的骨干力量在线下做农村市场的推进。推广模式主要是进行路演巡展、电影下乡、文化下乡，占据村委广播、农家店、农村旅

游、农村供求等主根据地，甚至还会提供农村贷款与农村保险理财。村村乐还整合农村的1万余家小卖部，通过为小卖部提供免费Wi-Fi和在电脑上安装一套管理系统，收集数据，几乎就等于进驻了1万个乡村，农村包围城市战略取得了初步成功。

农村市场非常广阔而分散，需要长期扎实的工作来稳步推进，而且，农村市场的渠道具有很强的排他性，谁先站住了就会拥有先发优势，后来者的成本会很高，所以，拥有互联网上的农村渠道网络资源，就等于掌握了农村互联网发展的关键点，未来可以大展拳脚。

我们已经看到，以上五种模式实际上都与农村电商相结合，打通农村物流和商品流动，无疑是互联网＋农业的重中之重。

### （3）做好农产品电商需要从三个方面下手，打网络基础，促农民积极性和O2O融合

农产品电商是农村和农民发家致富的新机会，也是新农村建设的重要推动力。要想把农产品电商做起来，就必须帮助农民把更多的产品卖出去，而且要卖个好价钱。通过一些大的电商平台或者有组织的上网，分散经营的农产品将得到集中化品牌化的销售，从而不仅减少了中间环节的盘剥，还可以优质优价地享受高附加值带来的利润。让农民多买东西不如帮农民多卖东西，让农民从农业电商中得到实惠才是根本，这样的农产品电商才能铺开。

农产品电商要从基础做起，完善的互联网基础设施，网络、人才、资金等一个也不能少。农产品电商的基础是网络，如果没有好的网络，电商便不复存在，而在网络建设中，不仅仅是固定宽带，还需要移动宽带网络的支撑，在电信运营商大规模建设的光纤宽带与4G中，农产品电商将获得发展机遇。农产品要上网，还要组织整个销售和服务流程，人才队伍的建设刻不容缓，需要组织培训班、甚至还要派驻流动性的辅导员进行及时的指导。

农产品电商不是互联网公司下乡，调动农民的积极性和参与感才是根本。在一些电商看来，自己人多资源丰富，只要农民将产品放到网上就可以搞定一切，但这种模式注定不会长久，只有真正地调动起亿万农民的积极性，并且让大量的农民主动参与其中，农产品电商才能普遍发展起来，星星之火形成燎原之势，也才是农产品电商的真正繁荣。

农产品电商需要高度重视物流体系的建设，将实体渠道和电商渠道融为一体，也就是O2O的道路。农产品电商将是互联网电商（网购）与移动互联网O2O的集成，因为其生产与销售的渠道天然具有融合特征，建设将生产与销售联系在一起的体验农业将大大促进电商事业的发展。广大农村的物流非常落后，而一旦将农产品的向外物流建设好，同时也就解决了工业产品下乡的难题，整个中

国电商大市场将进入崭新的阶段。数据显示，2014年，中国农村网购市场总额超过1800亿元，2016年将突破4600亿元。

### （4）农村金融是做好农产品电商带动互联网＋农村的关键点

中国经济的高速发展并没有给广大的农村带来应得的进步，相反，由于大量的劳动力外出打工，使得中国农村的农业生产与社会发展都遭受了前所未有的困难，金融方面尤其如此。

十几年前，广大的农村至少在县一级有各大银行，而乡镇也大都有农业银行储蓄所，现在，这些年商业化运营的银行业多数都已经退出了农村市场，即便是农业银行也将网点的最末端建在了县上。留在老百姓身边的金融机构只剩下邮政储蓄或一些代办点，老百姓的存款和借款都甚至不如以前方便。

城市居民贷款可以抵押房产，可以用自己的社保或工资单证明还款能力，可是在广大的农村，农民的住宅与承包土地都不能作为抵押物，牲畜等财产价值也很难得到金融机构的认可，除了一些农业大户和涉农工厂之外，想获得贷款对于普通农民难于上青天。

媒体报道，央行发布的数据显示，截至2014年年底，全国农户贷款余额5.4万亿元，仅占各项贷款余额比重的6.4%。城镇和农村每万人拥有银行类金融服务人员的数量比达到了329：1，金融服务水平严重失衡，这已经影响到了中国社会的正常发展。

最近几年，随着互联网金融的发展，普惠金融被越来越重视，看似与农村离得非常遥远的互联网金融却在农村找到了最佳的生存土壤。

传统的银行机构远离农村有着自身的理由：一是农村网点服务对象少、单位维护成本高收益却很小，从企业经营的角度看绝对是不合算的生意，所以生性嫌贫爱富的大银行逃离农村也就合情合理；二是农村融资需求很大，但抵押物少、农民的偿债能力低，发放的贷款一旦遭遇天灾人祸就很难收回，信用难以评估，经营风险很大。因此，在农村开展业务对于大银行是得不偿失的。

不过，互联网金融的一些特点却正好与农村的需求相匹配。最近几年宽带在农村开始普及，而新生代的农民对于互联网的使用也越来越熟练，通过网络接触到新农村新农业和新农民已经成为现实，而且，互联网金融依靠网络进行，运营成本低，适合在地广人稀单位效益差的农村开展。

正因为此，在2015年的炒股高潮的时候，陕西出现了炒股村，村里的男女老少聚集在一家的炕头上看着大屏幕选股交易，好不热闹。而大量的农村农民也可以借助像余额宝这样的互联网理财产品将自己的闲钱方便地管理起来获得不错的收益。

不过，既然是金融企业，就一定会考虑客户的信用和信贷风险，不能指望企业去当活雷锋，如果在农村的信贷不能有效地控制风险，即便是互联网金融企业的低成本运作也不能长久。

在这样的环境下，单纯的互联网金融公司很难适应，即便是通过线下考察的方式来进行也难以深入到真正的基层，而依然只能是针对农业大户和农业企业，普通农民不会成为受益者。

因此，在农村具有网点或农业电商基础的互联网金融企业在农村发展业务就具有最大的优势。比如淘宝、京东、苏宁、海尔等。资料显示，农村淘宝是阿里巴巴集团的战略项目，计划在3～5年投资100亿元，建立1000个县级服务中心和10万个村级服务点，这些网点在服务农村电商的同时也将顺理成章地衍生出金融服务。

蚂蚁小贷农村金融业务相关负责人介绍，蚂蚁金服连接了2300多家农村金融机构，服务了200多万农村电商，通过和阿里巴巴的农村淘宝项目结合，借助农村淘宝点合伙人对村民的了解以及其他一些风控手段，给农民直接授信，发放纯信用贷款，贷款额度在2万～100万。根据媒体信息，7月1日，浙江省桐庐县的毛竹销售户收到了蚂蚁小贷发放的20000元贷款。在村淘点里，用手机将身份证、户口本等拍照后，通过网络提交了上去。除此之外，没有提交任何纸质资料，也没有做任何抵押和担保。

在国家推动互联网+战略的背景下，互联网正在加速渗透到农业中来，农产品电商也迎来了发展的春天，未来必将从深层次上改变中国农业的大环境，旧的农业生产模式和利益格局都将被打破，一个新的时代即将到来。

# 门户网站凭什么活在移动互联时代？

只要是上网的人，估计没有人没上过门户网站，比如新浪、搜狐、网易等，作为中国第一批互联网公司的典型代表，他们创造了一代互联网门户的传奇，也造就了第一批网络富豪。

但是，现在的这个时代显然不同于20年前，门户网站们还能适应吗？最近，搜狐掌门人再次抛出了门户价值论，将门户网站的生死存亡问题摆上了桌面。

一段时间以来，围绕着门户的风波不断，掌舵新浪内容十几年的陈彤离职去了小米，微博与微信也一起陷入了封杀门，2015年年初《今日头条》的风光无限更是被视为传统新闻门户行将落幕的标志，甚至有人写出了《主编已死》的呐喊。

不过，门户网站好像并没有很多人想象的那样脆弱，微博顺利在美国资本市场上市，各门户的新闻客户端也一起跻身第一阵营。

## （1）抓住移动端，微博让新浪获得支撑，新闻客户端让搜狐站稳

门户创业的时代是信息匮乏的岁月，即便人们可以上网畅游，但内容却是凤毛麟角，与传统媒体相比，门户紧紧抓住了快速与聚合的互联网优势，在复杂多变的中国硬是将新闻做了起来，并成就了中国互联网的旗帜作用。

如今，移动互联网流行，每个人用手机、平板都在上网，而移动互联网首先是APP的天下，对于需要网页浏览的新闻门户的依赖越来越小，当时很多人都以为门户完了。

不过，就在被颠覆的关键时刻，门户网站抓住了移动端，集中精力将未来压在了微博之上。事实证明这一步至关重要，虽然搜狐微博折戟沉沙，但新浪在PC时代做成了博客，又在移动时代做成了微博。微博的成功让新浪避免了一次被新兴力量颠覆的命运。微博带来的更大好处是，传统的门户也被带活了。据报道，现在新浪门户的流量50%以上来自于移动端，手机新浪网的流量超过了PC的新浪网。

## （2）面向垂直领域，先博后渊拓展阵地

杨昌济先生曾经对影响了中国乃至世界的伟人毛泽东说过，做学问要"修学潜能，先博后渊"，实际上，互联网的发展史也印证了这样的逻辑。

在互联网时代，由于硬件设备的特性与人们对互联网使用的习惯，大量的互联网公司都是着力建设大而全的网络信息服务平台，无所不包的门户网站成为了信息的集散地而变得非常重要。但随着人们使用网络能力的提高和移动设备的兴起，信息向专业化及深度融合的方向发展，大量的垂直领域出现了独立的应用，分流了大量的流量与资源。

在这个趋势下，门户网站们并没有故步自封，而是结合行业特点对几个重点领域展开了深度突破，比如新浪财经、汽车、体育、搜狐娱乐等，一个一个频道开始具备独立行业门户的特点，大平台变成了孵化器，各垂直领域进行了二次创业。

我们看到，未来的门户网站已经不是简单的信息集成，也不再是传统意义上的门户网站，而是变成了"平台+交易"的模式发展，在每个细分领域上，既提供信息，也提供商品，还提供沟通，整个闭环日渐形成。可以说，未来只要这些垂直细分领域有一两个做到行业第一，就可以再造一个公司，即便门户平台最后没了，也获得了新生。

## （3）大数据基础，新浪商业模式再创新

传统的门户网站主要依靠的是硬广告，在线网络广告也是第一代互联网公司的生命线，而随着移动互联网的发展，传统的广告模式日渐落伍，移动端的精准

营销成为了未来主要的商业模式。

在中国，最有大数据资源的企业包括阿里巴巴、百度、腾讯这样的超级平台，也包括新浪、搜狐、网易等门户网站，大而全虽然不是移动互联网的主流，却是移动互联网商业模式的根基。一个一个小的垂直新闻APP看似红火却无法长久地保持客户，更不容易在商业上获得突破，根本原因就是这些APP穿着移动互联网的外衣而商业模式内衣却是地道的互联网时代产物。

门户网站们在移动化方面动手很早，布局全面，比其他独立应用要具备得天独厚的优势。基于对数据的整合挖掘以及与用户平台有效结合，门户网站有能力推出移动时代的新的广告模式和广告产品。创新来源于积累，根基的大小与深度将决定移动互联网应用的未来。

一个属于门户的互联网时代已经成为历史，但一个属于未来的移动互联网时代还远没有正式到来，门户网站是前一个时代的英雄，能否继续在新的时代保持辉煌还不敢肯定，但是，至少门户们已经在路上，并没有掉队！

# 网络笔记为什么不会死？

好记性不如烂笔头。遇到什么就记录下来是很多人的好习惯。互联网时代，更多人喜欢使用网络上提供的云笔记。与传统记事本相比，网络笔记不仅可以通过多种设备随时随地访问和编辑，而且由于存储在服务端，无需担心丢失，且可以与他人共享甚至是多人实时协同编辑，具备本地记事本所没有的优势。

这些年，很多网络笔记应用风生水起，有道云笔记、Evernote（印象笔记）、Pastebin等，也包括QQ邮箱记事本、微软的办公套件ONENOTE、中国移动的和笔记等，在国内市场中的有道云笔记和印象笔记的市场份额最大，二者用户数分别为3500万和1150万。

不过，随着时间的推移，大量的新兴移动互联网业务的出现，网络笔记的关注度在下降，而近期更多的人将目光集中在Evernote的颓势上。根据媒体的报道，Evernote的下载量在持续下降，而评分数据更是下降迅速，各种现象无不表明：Evernote，这只曾经光环闪耀的独角兽正在逐渐远去。

行业里有的分析认为，Evernote之所以出现下滑，主要原因是产品更新太慢，产品在本质上并没有太多改进，没有与时俱进。虽然努力的本土化策略一度让人眼前一亮，但也越来越难跟上中国消费者需求的变化，更为严重的是Evernote错失了企业用户发展的良机，而整个管理层也没有做好应对不断发展的竞争的准备。

Evernote在入华的时候，成功地采取了完全中国化的市场策略，从"印象笔记"这个名字到整个运营团队及营销模式都很"中国"，但此后却进展乏力。产品在核心功能上多年没有大改进，反而在核心功能之外耗费力气，比如，推出了"内容推荐"和"工作聊天"功能，向社交靠拢；产品内卖起了硬件和周边产品，向电商靠拢；又推出了截图软件，向图片应用靠拢；还推出了圈点、扫描宝、百宝箱等诸多周边产品。

以至于越来越多的用户吐槽印象笔记产品过于臃肿，以及打开速度太慢，界面复杂，容量小，越来越不能符合中国消费者的需求，更重要的是有太多的付费项目，如此对于习惯了免费的中国网民简直是折磨。

互联网应用的发展极快，稍有落后就会被淘汰，这已经是互联网发展的铁律，更不要说三四年时间守旧。Evernote在云存储方面的竞争对手有Dropbox、Box和Google Drive，在web剪切方面的对手有Instapaper和Spool，在图像编辑上有Photoshop和Gimp。国内市场，有道云笔记更加专注在笔记领域，产品简洁易用更本土化，同步速度也更快更轻便；不仅如此，有道云笔记还提供适合中国用户的免费大容量等，开发的云协作也走在了Evernote前面。

网络笔记市场在快速地向前发展，谁走在后面就会掉队，而要想抓住市场机会继续向前，关键是找到适合发展的商业模式，简单地说就是挣钱的方法。中国的市场中，面向个人客户的收费非常难，多数应用都只能争取企业市场的收益，网络笔记也不会例外。如果希望每个记录的用户要来付费，可能性不大，如果要让使用的企业用户付费，倒是未来的发展方向。

但Evernote并没有抓住最好的机会发展企业客户，美国企业市场已相当成熟，要重新开疆辟土发展企业用户很艰难，而在中国也没有能够更好地另辟蹊径。

与挣不到钱的个人市场相比，中国的企业办公市场对于网络笔记这样的应用有着很大的需求，也具备良好的收益前景。云笔记出现之初以简单好用、跨平台同步特点逐渐建立起用户群，现在办公化场景下的使用时，云笔记正在逐渐替代传统办公软件的某些功能，二者之间的整合成为未来云笔记产品发展的趋势。

作为印象笔记在国内最大的竞争对手，有道云笔记早在2013年就开始瞄准效率办公场景，并于2014年11月推出面向中小企业和团队的有道云协作。云协作是基于资料管理和沟通的团队协作工具，实现团队资料上传下载、搜索、协同编辑以及版本管理等功能，并且通过电脑、手机无缝对接。在企业级应用市场还未全面打开之前，像有道云协作这类的产品拥有巨大的机会。

移动互联网在快速发展，移动办公的需求更加强烈，网络笔记对于提高移动办公效率会发挥越来越大的作用，其前景会更好，印象笔记的衰落并不代表网络笔记应用的落伍，只要更好地适应时代变革和用户需求的提升，设计和改进产品功能形态，网络笔记势必会更加受到消费者的欢迎。

# 病毒也疯狂，基因检测靠互联网思维打天下

在很多人的眼中，高科技企业一向高冷，严肃有余而活泼不足，给人处处严谨死板的学究作风。这种风格当然适合高科技企业的形象，但也在一定程度上影响了科技产品的落地推广，养在深闺无人问的结果就是大众迟迟享受不到新技术带来的革命性成果。

一切都会改变，随着互联网时代的到来，很多科技知识与科技产品都开始获得了直接面向大众的机会。一些科技企业开始尝试利用互联网思维推广自己的产品，在短时间内就让以前藏在巷子深处的高科技应用获得了社会认可。

## （1）基因检测技术造福社会，开启治疗"未病"新时代

2015年9月，苹果新品发布会在万众期待中亮相，可随后便是大量的吐槽，创新性不足带来的是失望。而同样也在2015年9月，9月15日，达安基因召开发布会，推出"让美丽不残缺，向乳腺癌说不"品牌行动，却得到了各界的普遍认同。

人类千万年来就在与疾病做斗争，在发明了各种各样的治疗药物的同时，更希望能够提前到疾病发生之前，也就是常说的治疗"未病"。除了传说中的古代神医扁鹊，医学家们都很难做到对疾病的未卜先知，而到了现代，随着基因技术的发展，人类基因组项目的完成和深入研究，人们终于开始掌握了部分疾病的发病机理，也有了提前预测疾病的工具。人们通过对个体基因的检测，能够提前预测个体可能发生某种疾病的概率，并能够提前展开预防性治疗，是人类医学的又一里程碑。

事实上，基因检测在国外已经常态化。美国，每年800万人选择基因检测，并纳入医保范围；英国政府每年投入10亿用于国民的基因检测项目；日本90%新生儿进行基因筛查；在中国，应用最为广泛的是产前无创产筛，预防新生儿唐氏综合症，但很少有人知道这是一项普及程度很高的基因技术应用，更不会知道背后的技术支撑是谁。

在基因检测技术的应用方面，女性两癌的风险检测已经非常成熟，著名影星安吉丽娜·朱莉就通过基因检测进行手术对癌症进行预防，受到了大众的高度关注。于是，达安基因在国内顺势推出"B+守护女性两癌基因检测"，采用口腔黏膜采样法进行采样，通过MassARRAY®DNA质谱基因分析系统进行基因分型分析，对女性9个乳腺癌易感基因位点和3个卵巢癌易感基因位点进行

精准检测，评估受检者的相对遗传风险度和疾病易感性，并在10天内出具权威的检测报告。

## （2）互联网思维助科技产品上市营销

与以往科技企业发布新技术新产品的平淡不同，达安基因这次显然是借助了互联网思维，合适的推广良机，盛大的发布会，耀眼的明星和互联网影响人物，免费和爆款的产品，社区化的传播与推广，不仅改变了科技产品的呆板形象，也让基因检测瞬间变成了社会公共知识。在2015年，中国政府推进"精准医疗战略"，基于人类的基因数据库为基础，利用基因检测、靶向用药等手段实现治疗"未病"的效果，这代表基因检测技术及市场机会已经成熟，到了瓜熟蒂落的时候，产品推广正当其时。

因为苹果一系列新产品的上市，人们再一次因为产品的"平庸"而怀念乔布斯。乔布斯是世界上第一个对自身所有DNA和肿瘤DNA进行排序的人，他在支付了高达几十万美元的费用后得到了包括整个基因的数据文档。医生根据所有基因按需下药，如果癌症病变导致药物失效，医生可以及时更换另一种药。乔布斯曾开玩笑说："我要么是第一个通过这种方式战胜癌症的人，要么就是最后一个因为这种方式死于癌症的人。"虽然他的愿望都没有实现，但是这种基因疗法还是将他的生命延长了好几年。

姚贝娜事件让中国人对乳腺疾病变得高度关注。在这个时候，达安基因联合了粉红丝带发起"b+守护粉红计划"，与明星名人一起呼吁女性关注乳腺癌，可以说正是一个产品推广的好时机。

爆款低价，是让一款产品迅速获得普通老百姓认可的必要条件，也曾经是互联网上永恒的营销卖点。如果都像乔布斯一样要数十万美元才可以尝试，是不可能获得大众支持的。作为基础的基因检测项目，"B+"不仅是以几百元的超低价格上市，还会以"把丝带传下去"向全国发放千份免费产品，让更多大众参与其中，并与互联网保险公司，包括北方的大特保、南方的深圳平安联合推广，这等于是让基因检测变成了大众化的体检内容，具备了广泛普及的可行性。

此外，达案基因并没有只是发布产品了事，而是针对女性平台，在妈妈网、宝宝树、大姨吗等这些女性集中的互联网社区进行口碑、品牌、产品的传播，在最短时间之内就穿透舆论墙，让社会公众特别是女性认识到基因检测的优势，充分发挥了互联网营销的特点。

客观地说，基因检测从患病到"未病"进行早期预知预防，运用在常见肿瘤预测比如女性乳腺癌/卵巢癌等肿瘤预测，将提前在"未病"阶段提早预知防御，让女性生命健康有了更好的保障，是一项为民造福的好事。这种互联网"炒作"虽然有点疯狂，但却疯狂的十分必要，因为只有这种疯狂得到了认可，才可能最大限度地减少带来万千家庭人间悲剧的疾病之疯狂，才会有更多的幸福美满。

## 公益组织效率提升三倍？
## 中国公益的2.0时代来临

随着中国社会的逐渐富足，老百姓特别是中产阶级的公益意识快速提高，人们越来越多地关注公益活动，但是，与快速发展的公益事业形成鲜明对比的是，中国的公益机构在管理上还不完善，公益活动的组织效率不高，难以跟上快速发展的公益事业脚步。

当然，中国的公益事业也不会停滞不前，借助现代化的管理和移动互联网的应用，公益将进入2.0时代。中国扶贫基金会近日启动"2015年善行100·爱心包裹温暖行动"，通过"爱心包裹＋移动互联网"的方式，打造全新捐赠平台，开创移动互联网时代下"人人可公益"的新模式。

如果采取传统的管理模式和工具，成本高效率差，跟不上社会节奏，中国扶贫基金会这次果断地拥抱移动互联网，率先在公益界尝试使用先进的移动管理工具。本次活动中，乾通易才旗下"嗖嗖"与中国扶贫基金会达成战略合作，推出志愿者移动劝募管理系统。作为一款颇具开创性的移动效能管理软工具，无论使用者还是管理者，都能依据这个平台方便地做出有理有据的统计和跟踪，让公益事业如虎添翼。

据报道，中国扶贫基金会发起的"善行100"项目于2011年正式启动，截至2014年12月，几十万公众已经参与了捐赠，全国31个省（自治区、直辖市）逾106个城市、235所高校、20万大学生志愿者参与，为6万名贫困地区小学生筹集了爱心包裹。如此庞大的繁杂的志愿服务工作，活动实施及善款善物管理也不易监督，要应付得游刃有余，绝对不是一件简单的事情。

根据现场的使用情况来看，借助"嗖嗖"软件，各地的志愿者们都能直接统计善物善款募集情况，规划劝募活动及实施，通过照片和文字反馈现场劝募及相关问题，真实汇报工作情况。对扶贫基金会的管理者而言，这个移动平台是一双"千里眼"，可以查看志愿者的精准劝捐时间和现场效果，还能通过照片文字等及时了解网点劝捐现场信息，善款善物捐赠登记后即可通过后台直接生成表格导出。可以这样总结，"嗖嗖"的使用让公益活动运转得更快、运营得更规范，也让捐赠者更放心。

实际上，"嗖嗖"并非是一款新软件。此前，作为移动互联时代人力资源管理软件的代表性产品，"嗖嗖"已经成功应用到很多连锁企业，比如房地产中介、连锁性的美容机构以及一些大型企业的客户经理团队的管理之中，大大提升了这些企业的管理效率。这次，"嗖嗖"特别针对公益事业的特点进行了针对性的优化，特别是对减轻志愿者的工作量、方便信息统一管理，提高运转效率方面的公益需求做出了非常合适的设计。

根据了解，"嗖嗖"软件属于乾通易才公司，而公司创始人李浩一直在从事公益活动，与家乡政府合作，直接深入一线，帮助弱势群体。资料显示，2007年李浩发起创办了华夏恩三责任促进委员会；2013年成立易李恩三教育发展基金会；2013年9月27日，由恩三公益发起组织的"一只环保袋"公益项目及N3绿叶工程荣获2013年美境中国绿色盛典"最佳绿色传播"大奖。正是因为这样的经验，才使得这家软件公司十分了解公益组织的需求，再加上多年服务企业用户的行业积累，"嗖嗖"在设计之初就注定能够解决实际的一线问题。

移动互联网的优势就是随时随地的位置服务、即时交往的沟通属性、强大多维的数据处理能力以及远程实时的管理，而"嗖嗖"这一移动平台大大提高了慈善事业管理各环节的效率，让志愿者服务更加便利，公益组织更加公开透明，公益事业管理更加高效，甚至效率提升可以达到原来的三倍。

中国的公益事业需要快速发展，借助移动互联网的人力资源管理工具，可以大大提高组织效率，降低公益事业的成本。随着公益机构更多地采用新时代的运营思维，管理工作也会随着移动互联化变得更加快捷可视，而中国的公益事业也将步入崭新的2.0时代。

## 网络墓地能不能成为中国人的灵魂归宿？

清明节是中国非常独特的一个节日，如今已经是全民放假的法定假日，在这一天，全体的中国人去怀念祖先祭奠亡灵，这其实就是中国人传统文化最核心的价值观的体现。

### （1）祖先墓地是中国人的信仰和心灵中的寄托

在网络上，很多人嘲笑中国人没有信仰，这些人以为只有相信上帝相信真主才是信仰，殊不知中国人在商周时代就已经将对鬼神的崇拜演化为对祖宗的心灵传承，对先人的统一纪念和对圣人的崇拜让中国人的内心从来不会孤单。

中国的古代，即便一个朝代覆亡了，接下来的朝代也会善待上一个朝代的陵园，甚至有清朝皇帝去拜谒明朝皇陵的行动，而如果是有人将前朝陵园毁灭，都会被历史和社会定性为恶人，包括烧了骊山的项羽，也包括偷盗了清东陵的孙殿英。

当然，陵园之于中国还有更多的含义。更多的人相信，家族陵园的位置会决定后代人的地位与命运，阴宅风水理论一直长盛不衰。虽然这样的说法真实性无从考证，可也从客观上起到了让后代保护祖宗陵墓的作用。

很多人都知道佘氏家族十七代人，从明代开始，历经四个朝代、五个世纪、四百多年，经历了八国联军、日寇侵华等多次战乱，为袁崇焕将军守墓的事迹，当代也有几代人守护烈士陵园信守诺言的战友。在中国人的意识中，陵园是所有人的最终归宿，也是留给后代的心灵寄托。

### （2）网络墓地在互联网时代兴起

我们已经来到了网络时代，互联网渗透进社会的方方面面，也包括陵园。最近几年，网络墓地开始兴起。据报道，某网络墓地在清明节的仅仅一天里就有超过70万人参与了网络祭扫，这个数字每年都在快速攀升中。目前，国内提供网上墓地的网站有近千家。

根据百度百科的解释，网络墓地指虚拟的墓地，主要是为了方便现代人通过网上进行祭祀，具有快捷、祭礼方便、不用花钱等特点。这些网络墓地记录并永久保存逝者的资料、生平介绍、逝者故事、照片、音频、视频，你随时可以以虚拟的鲜花、香火、物品等方式来祭拜已逝的亲人，同时也能记录下你每次的心情（留言），并且身在不同地方的亲友都能看到并参与祭拜，还可以设置纪念馆公开（任何人都可以访问）或不公开（仅凭密码访问）来保护隐私等。

### （3）网络墓地比建在陵园中的坟墓更加长久

与陵园墓地相比，现代人流动性较大，清明或者祭日不能前往墓地扫墓，不能寄托哀思，而通过网络墓地就可以很好地实现。当然，即便网络墓地有很多方便的地方，可在短时间内不可能替代陵园墓地。

从技术手段上看，现在的网络墓地都具有永久性，不存在有效期，可陵园的墓地却有年限的限制。按照国家有关规定，墓地的使用年限原则上以20年为一个周期，到期后，就存在是否能继续的问题。不过，网络墓地实际上也并非可永久，一是这些网站是否能长期运营并未可知；二是随着技术的发展，也许用不了20年，这些网站都不一定还能打开或被认知。

### （4）网络墓地与陵园墓地相结合的O2O模式会成型

中国人已经到了活不起也死不起的境况，以后将有很多人无钱在身后拥有那块让人羡慕的方寸之地。

媒体报道，民政部发布的《殡葬绿皮书2014—2015》中显示，目前整个北京地区的平均殡葬消费达到42837元，而居住在城区的居民，这一数字就达到了约80000元。有超过92%的北京市区消费者，认为墓地消费过高。京近郊的灵山宝塔陵园，2012～2014年不到3年时间，墓穴均价从2.8万元涨到约4.2万元，涨幅接近150%。

据统计，我国人口老龄化进程加快，导致墓地需求量日益增长。2014年我国死亡人口已超过1000万，预计到2030年，这一数字将达到2000万左右，而中国土地的大量被占用和城市化进程，导致陵园土地会更加稀缺和昂贵。

在这样的情况下，未来可能出现类似O2O模式的陵园建设，陵园中采取最节约土地和空间的存储方式，而同时开辟虚拟现实的网络陵园，后人可以通过网络进行祭扫和追思。

用一首宋词作为结尾，"年时酒伴，年时去处，年时春色。清明又近也，却天涯为客。念过眼，光阴难再得。想前欢，尽成陈迹。登临恨无语，把阑干暗拍"。

# 央企跨界做电商会有成功的机会吗？

媒体报道，由商务部牵头的《促进电子商务物流发展专项规划》目前正在会签，中国政府将推出新一轮的电子商务支持计划，而与此同时，央企都在纷纷加入到电子商务平台的建设中来。

## （1）铁路不甘寂寞，未来可成淘宝第二

中国铁路总公司之前宣布对火车票进行改版，原本分两行排布的旅客姓名和身份证信息被整合在了一行，为铁路部门"打广告"腾出了空间。新票样的下部多了一个虚线框，"买票请到12306，发货请到95306"提示信息等内容被放置在了虚线框里。这样的设计显然不是为了"便民"，也不会仅仅是为了未来的广告留出空间。

铁路的12306本身就是一个巨大的电子商务平台，只是原来将业务仅仅局限在销售火车票，如果将铁路本来具有的物流功能融合进来，将销售的产品品类扩充，那将有足够的能量成为仅次于淘宝的中国第二电子商务平台。

铁路总公司在近一两年对物流的最后一公里的加强和票面的改革，表明铁路正在朝着综合电子商务平台的方向发展中，而且离目标越来越近了。

## （2）国家电网建电商平台，与电有关发展专业市场

悄悄地，另外一家巨头的电子商务网站上线，一向被视为纯粹管道的国家电网建设完成了电子商务平台。

根据媒体的介绍，国家电网网上商城是国家电网公司按照国资委对电子商务平台"建成央企样板工程"的工作要求，致力打造"一个商城、两个平台"，构建特色鲜明、体验卓越、模式领先的综合电子商务生态网络。其中，电子商城以智能家居、电工电气和电动车等产品在线销售和配套服务为主要经营内容，面向个人及企业客户。首日上线注册用户超10000人，页面浏览量超47000次。

在现代社会，只要是有钱的，都可以建个电商平台，而国家电网更是拥有"电"的优势，各种智能电气设备都已经成为其发展的核心，未来如果再与用电进行联合营销，可以预见将对市场造成多大的影响，特别是对于需要建设充电桩的那些电动车。

## （3）中石化开淘宝店卖起土特产，加油反而成副业

2015年4月10日，"中石化森美武夷特产便利店"淘宝旗舰店开张营业，易捷便利店迈出了跨界经营新步伐，通过"网络+实体"这一模式，把线上线下平台打通。开店之后，顾客只需点击网店淘宝网址链接，或者扫描店铺二维码，就可以轻松进店选购正宗地道的福建武夷特产。据报道，顾客在特产淘宝店下单购买时，可指定附近加油站自提货物。未来，中国石化的3万座加油站有望作为物流配送的提货站、终点站，满足顾客需求。

实际上，去年中石化油品销售公司就将易捷便利店与1号店等进行合作，还开始卖包子、关东煮等早餐。中石化早已经宣布将在不久的将来将主业从石油移开，未来将成为一家综合服务商。

## （4）银行电商早已起步，金融跨界商品进行逆袭

根据相关统计，目前已有10多家银行进入电商领域，建设完成买卖商品的相关网站，虽然发展的速度并不快，但却都一直在努力。而工商银行的电商网站交易额已经突破千亿。

工商银行旗下电商平台叫"融e购"，建设银行叫"善融商务"，都已经初具规模。在2015年6月16日，工行与中国建筑签署电子商务与在线供应链金融合作协议，并宣称双方要打造千亿级建筑业电商平台，首创"互联网+建筑+金融"模式。如果此次建筑电商平台有重大突破，未来工行电商将在特定的几个行业拥有巨大的影响力。

按照媒体报道，建行的"善融商务"不同于普遍意义上的"银行系电商"，它以"亦商亦融，买卖轻松"为出发点，面向广大企业和个人提供专业化的电子商务服务和金融支持服务，包括企业商城(B2B)、个人商城(B2C)和房e通，涵盖商品批发、商品零售和房屋交易等领域，可以为客户提供信息发布、交易撮合、社区服务、在线财务管理、在线客服等配套服务；在金融服务方面，为客户提供从支付结算、托管、担保到融资的全方位金融服务。

　　此外，中信银行和百度公司在宣布将共建新型电子商务平台，打造互联互通共赢的跨界创新型网络社交电子商务业务。未来会有更多的银行甚至部分银行的地方分行都会与地方企业进行合作进入电子商务领域。

　　大型央企纷纷跨界做起了电商，甚至都颠覆了人们的传统印象，这些企业都不差钱，差的只是互联网思维和体制机制的革新，也许假以时日会有部分企业脱颖而出，但短时间内还难以形成气候。只是，中国移动、中国联通、中国电信这几家离电子商务最近的电信运营商为何却成了掉队的呢？

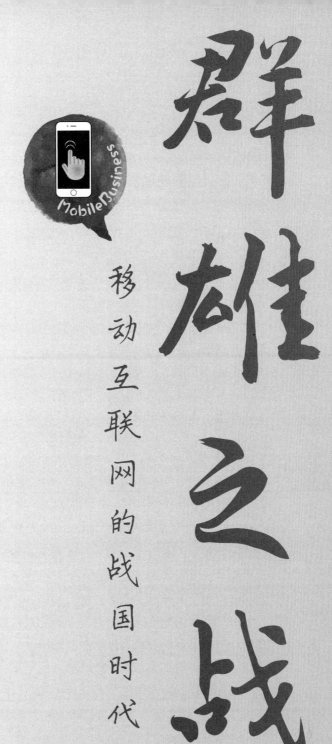

群雄之战

移动互联网的战国时代

二、鏖战江湖

## 1. 霸主

# 事实不容扭曲，电商何苦去造孽中国经济？

自从"双11"之后，网络上就流行各种各样的诅咒电商的段子，很多传言甚至都荒唐到了不可言语的地步，但是微信里面的转载却疯狂到极点，结果，一段时间的铺垫之后，曾经以喷余额宝一鸣惊人的钮文新先生又跳出来，以一篇《电商造孽中国经济》再次震惊网络。

如果说，余额宝确实对银行的部分业务构成了一定的冲击，当时也是刚刚出现，且国外并不流行，从学界到业界都不太适应，有不同的声音和想法也属于正常，但对于发展了十几年、美国率先兴起并且已经深入到社会生活各个方面的电子商务却有如此"误解"，确实让人很难理解。

据说（因为确实没听到原声），郎咸平先生说过"淘宝不死，中国不富"，这也可能只是一个临场的概括性的说法，并不是代表郎先生的全部观点。但是钮先生的文章却做出论断，"在电商们超级恶性竞争之下，中国经济正在快速走向没有利润的时代，正在快速走向生产作坊挤出优质工业的倒退时代"，就显得太荒唐，电商也承担不起如此巨大的时代使命。

## （1）电商与实体店不是对立关系，而是互补和共荣

在网络上，最近有一种非常不好的传言趋势，一些人把实体商业与电子商务对立起来，甚至认为是电商摧毁了实体店的生存空间，导致一些不明真相的从事实体店生意的人纷纷不管青红皂白地加入了抹黑电商的阵营。

电子商务的发展从一定程度上确实对实体店构成了威胁，但从长期来看，更多的却是让实体商业得到重新振兴的机会。中国的实体店经营惨淡，以至于让电商钻了空子，根本原因之一便是这些年房地产市场的畸形发展，导致房屋租金爆发式增长，这些成本都要在实体店的销售时转嫁给消费者，导致了实体店竞争力的下降。

实际上，遭受电商冲击最大的是那些卖高价商铺或者高价出租商铺的投机者，也正是这些人痛恨电商。一些专家不去抨击高额的房价和房租，却将祸水引向降低了销售成本的电商，居心叵测。

我们已经看到，越来越多的实体店开始走上了与互联网结合的道路，O2O越来越红火，适应了新经济的实体店主纷纷在网络上开始了二次创业并取得了成

功。那些被房主和开发商压榨却抱着高利润率为生的实体店本就是要被时代淘汰的落后业态，即便没有电商，也会被其他的方式所代替。

任何产业，失败的只是落后于时代的人，成功者总是属于不断前进的抓住机遇的人。不管是开实体店还是开网店，只要是能够给消费者提供物美价廉的好商品，都一定会拥有消费者的信赖，更多的人只是将电子商务和实体店铺当成不同的与消费者沟通的渠道，双管齐下，实现了交易的场景增加和业绩的大幅提升。

## （2）优质工业时代并没有被生产作坊挤出，更是更加成熟壮大

钮文新说，"在那里，作坊是主要的商品加工组织形式，所用原料和加工精度可想而知，而'商标'却看着让人震惊。这是什么？用不着我说，你懂得。难道这就是'先进的商业平台'所培育出的'先进产能'？"

如果说钮先生看到过"淘宝村"确实是这样的，但这并不是淘宝的全部，更不是电商的全部。如果我们在分析中国电子商务的时候，连C2C、B2C等都弄不清楚，甚至要把电商、淘宝、阿里巴巴等概念交错使用，如果不是别有用心就是偏见太多，还是不要站出来说话的好。

中国最早期的电商来自几个特殊的商品领域，而实际上全球都是一样，只是中国强大的生产能力和巨大的消费市场让中国成为了世界上电商发展最好的国家。一些作坊因为淘宝这样的电商形式得到了创业发展是事实，但这种小规模的创业却被形容为"生产作坊挤出优质工业"，就显得太过偏颇。事业不分大小，产品质量更是与机械化大生产不能画等号。瑞士的小钟表世家可以做出传世名表，工业化水平最高的大众也可以欺骗世人。当然，有些专家是看不起小作坊的，因为这些小作坊不会付费请专家去讲课。

同时，我们也看到，依靠互联网销售的小米成长为中国最大的智能手机品牌，这种生产肯定不是"生产作坊"。在"双11"中，那些销售量巨大的店铺都是国内鼎鼎大名的优质工业，包括华为、海尔、联想、海信、长虹，也包括新兴的各种服装品牌、箱包品牌，甚至生鲜、坚果企业。如果没有电商，也就不会有褚橙的卖遍全国，也不会有如此便捷的购买机票火车票出行。在这种情况下，看不到电商对于中国经济效益提升的巨大作用，反而还得出"中国现代工业产能岂有不走向过剩之理"，显得太过分。

## （3）电商给经济关上了一扇小窗，却给社会开放了一扇大门

文章中说"当快递员骑着低级的小三轮，穿过黑漆漆的街巷，没日没夜地把大量'垃圾商品'送进各家各户的时候，我们是否想过，那些'真品'店都被挤垮之后，未来我们要买到一件'真品'，到哪才能买到？"如此，这是要多么藐视小民，才能写出这么黑暗的文章？一个对"王府井、西单、大栅栏等商业景观"怀有无限留恋的上层心态是导致如此扭曲事实的原因。

确实，电子商务的发展让一些产业遭遇了退化甚至因为竞争失败而退出市场，这是时代发展的必然，人类的商业历史就是这样发展而来。即便一些人一些产业因为电商而导致被淘汰，也不能怪电商无情，只是自己无能。

文章认为，电商让"我们商业街区的灯光熄灭了"，如果这些灯红酒绿的高档消费确实减少了，也是咎由自取。高利润却成了善良，而低利润却被戴上罪恶的头衔，这是什么逻辑？

我们也已经看到，随着电商的发展，蓬勃兴起了一批新兴的产业，为此服务的人们包括物流快递、网站设计、培训教育、模特、包装装饰等，为此受益的人何止千万。完全可以这样讲，如果电商伤害了一千万人的生计，却一定是让一亿人为此获得了新生计，窗户关上了，门却打开了，即便是那些被电商冲击的领域也通过电子转型而找到了新生的道路，而不是躺在专家们臆想的温床上等死。

一些人不问青红皂白，就将电商给扣上"低级、黑漆漆、垃圾商品"的帽子，居心何在？请问，线下就是真品，线上就垃圾，这是哪个衙门的权威数字？同样的华为手机，在线上可以买，在线下可以买，都是同样的商品，同样的质量。媒体在"双11"期间也做过很多期调查节目，证明商家从来不会区分线上还是线下，都是采用同样的产品质量标准，凭什么就武断地认定是劣币驱逐良币？

我们要说，中国电商的发展是亿万中国创业者辛辛苦苦废寝忘食夜以继日甚至付出了很多年轻生命的代价才发展到了今天，不容任何人玷污。

## （4）不具名的英国爵爷，没落贵族吃不到葡萄却被中国经济学者奉为圣贤

文章中说，"在英国，我和一位爵士聊天，在谈到电商问题时，这位爵士毫不客气地说，中国允许电商如此快速发育，这是社会经济管理的严重失误。他说，英国政府和企业家不是傻瓜，它们建几个电商平台易如反掌，但为什么不做？政府限制，企业家也很明智。"

如果说前面的那些论断还是出于自己的一家之谈，可这段引述的不知姓名的所谓爵士的说法，就让人震惊。英国，或者说整个欧洲，在互联网时代都是失败者，我们已经几乎看不到这片工业经济的沃土有哪怕一点互联网的亮光。如果这个所谓的爵士真说出了这样的话，也只是遗老遗少的短视，拿自己的失败还去振振有词，只有坐井观天时才能实现。

我们倒是可以不客气地说，既然建几个电商平台易如反掌，那么英国政府和英国企业家也去建几个给我们看看，如果不想祸害英国经济，就建几个到中国来"祸害"一下我们，看看是不是真的易如反掌。这种说法简直就是嘲笑中国人的智商，还在抱着日不落帝国的光荣醉生梦死。君真的不知道，如今的中国一年的GDP就相当于一个英国？

电商在中国的成功主要得益于中国的大市场，也是因为中国的传统商业不成熟，对比西欧成熟的现代商业体系有很多弱点，但是，也正是因为这些弱点才让中国的电子商务实现了对一些西方国家的弯道超车。所以说，中国的电子商务绝对不是"不明智"的选择，而是时代的必然。快速发展的中国经济让西方看不懂，总是拿各种有色眼镜来看待，只要是中国超越了他们的就一定是"坏的"，不仅仅是这位所谓的爵士，也包括坐井观天的一些华尔街分析师。

青山遮不住，毕竟东流去。互联网＋已经成为国家发展战略，而电子商务与中国制造的结合必将创造新的传奇。电商发展中存在的问题要纠正，也需要不断摸索前行，但电子商务却绝对不是中国经济的害群之马，而是中国经济发展的新引擎。中国电商的今天是辛辛苦苦万千国人浇灌的结果，也是万众创业大众创新的先行者，事业辉煌，前途光明，不容抹杀。电商并没有造孽中国经济，造孽中国经济的只有抱残守缺的遗老遗少们的思想和行为。

# 大淘宝的致命困局和破解之策

一本白皮书，一个小二的奋起反抗，让淘宝与国家工商总局陷入了舆论漩涡，伴随而来的是社会对公权力滥用的质疑以及对淘宝平台的抨击，还有收获的是世界媒体对中国制造的冷嘲热讽和美国投资者对中国政府诚信的嘲弄。

也许发报告的人并没有想到会遭遇强硬反弹，也许反击的人也并没有想到会把事情闹得这样大，但是，围绕着淘宝，多年来的称赞和诋毁终于酿成了一场终极对抗。如果说淘宝这样的模式不好，那一个不好的东西为何能成就事业的顶峰？如果淘宝这样的模式好，那好的东西为何频频遭遇对手、社会甚至从业者的攻击谩骂？

## （1）淘宝在C2C一统天下，大而不倒成为事实，但因此也背负更多的社会责任

淘宝是独一无二的，至少现在是这样，估计这样的局面在几年前连马云也不敢想。截至2013年，淘宝拥有近5亿的注册用户数，每天有超过6000万的固定访客，同时每天的在线商品数已经超过了8亿件，平均每分钟售出4.8万件商品，占据中国电子商务80%的市场份额。

这些数据都毫无疑问地表明，淘宝已经成为了中国C2C网购的代名词，也几乎可以说是一统江湖了。世上没有了竞争对手，而寂寞的高手注定会变成世外高人。如果这样的高手还在统领江湖，那江湖一定会将其湮灭。

淘宝里的商品多而全，几乎包罗万象，特别是那些因为超市、商场流通量少而不能上架的零散货品更是齐全，只要你能想到的需要的就可以在淘宝上买到。但也正因为此，造就了淘宝的"傲慢"，其生态链太完整也太"独"，屏蔽百度搜索，隔绝微信QQ，自己制订规则，都让淘宝背负了太多企业责任的同时也遭受骂名。

对于中国政府来说，淘宝事关数千万人的就业，而一句"开个淘宝店"也几乎成为了年轻人生存的底线。截至2011年年底，淘宝网单日交易额峰值达到43.8亿元，创造270.8万直接且充分的就业机会。所以，事实上，淘宝对于中国社会的稳定起着至关重要的作用，这也是淘宝小二有底气挑战工商总局的能量来源。

如果给马云一点刺激，也许"风清扬"一怒，将淘宝停业整顿一个月，而这一个月的淘宝可以做到风平浪静，但工商总局承担得起这样的责任吗？数以千万计的卖家会引发怎样的社会风潮，估计没有人可以冒这样的天下大不韪，这也是那位刘司长虽然威胁要天天罚淘宝，也未敢叫喊要关闭淘宝或者让其停业整顿的原因。

中国经济目前正处在艰苦的转型期，巨大的制造能力已经严重过剩，不管是国内国外，如何扩大需求都是重要的国家战略问题，而电商平台是中国现在领先世界的竞争力之一，在拉动内需与拓展外需中扮演重要角色。虽然如此，电商平台也要加强自身的修养建设，不仅要大，还要做强；不仅要规模，更要质量；不仅要争取经济效益，同时也需要注重社会效益。

## （2）淘宝不可能出淤泥而不染，但假货问题已成淘宝的困局

淘宝的成长一直伴随着假货的争议，如果说淘宝没有假货，恐怕连马云都不会承认，但如果说淘宝上假货泛滥是阿里巴巴的责任，那也并不公允。

淘宝诞生的时候还是中国电子商务的草莽时代，众多电商的创业者都无一例外地折戟沉沙，也正是马云的支付宝满意才付款的创新才使基本的社会交易信任得以实现，中国的电商才步入了正规。

从这个角度上看，淘宝从建立之初就是对假货的沉重打击，因为买家掌握了付款与否的权力，如果买到假货的人识别出来了假货，就可以拒绝付款或者退货。但正如我们很多人嘴上不说却心知肚明的，很多人上网就是去买假货的，或者是非正品，因为200元的LV没有人傻到自认是真的。

对于B2C和B2B，因为专业化的运作和职业操作可以有效地避免假货，但C2C平台这样的农贸市场要想凭借人为的力量杜绝弄虚作假，几乎是不可能。即便是全国数以万计的工商干部们分布在城乡各地，但中国各农贸市场里的假货依然泛滥成灾，假货的解决需要整个社会生态的改变，而任何机构或行业都无法独善其身。

淘宝看似仅是一个电商平台，但其实是个完整的社会，也是我们整个社会的缩影，要把淘宝所谓的假货问题处理好，就必须从社会现实出发，彻底改变中国社会三十多年来的风气。

### （3）阿里巴巴需要将淘宝"送"给社会，不挣钱的淘宝会回归自然

淘宝到了必须解决问题的时候，不是彻底去掉假货，而是淘宝自身的社会定位。对于已经超过了临界点的淘宝来讲，商业化的属性日渐淡出，而如何将淘宝成功地社会化才是阿里巴巴和马云面临的现实问题。

如果要彻底去除假货或非正品，绝不是淘宝平台可以做到，即便是工商总局派驻一个专业调查组也不能解决，淘宝组建100人的打假团队也不行，即便用10000人专职打假也做不到，这是C2C的模式决定的。一个具有巨大价值的事物也会具有巨大的破坏力，这是世间真理。淘宝的价值的反向也注定了其模式的短板，任何求全责备都是不负责任的空想。

当中国社会的假货问题没有得到解决的时候，当很多人一边骂着卖给自己的假货的人一边却向别人销售假货的时候，淘宝的假货问题不可能得到根本解决。阿里巴巴在淘宝假货的问题上脱身只有一条道路，将淘宝的商业化职能逐渐退去，让其升华为社会化交易平台。从此，淘宝不再是阿里巴巴旗下的电商，而是阿里巴巴建设的一个全社会的网购平台。

实际上，观察近几年阿里巴巴的几次战略调整和机构重组，淘宝逐渐社会化剥离的趋势还是非常明显，只是这个进程由于上市的需要而有所停滞，这次随着与工商总局的纷争很有可能要加速进行。

我们已经注意到，这次对于淘宝的责难，与以前有很大的不同，一些淘宝店主也加入到了骂淘宝的阵营，除了一部分是因为受到过淘宝惩罚的店家，还有很大一部分正是感觉淘宝已经不是以前的淘宝，自己的自由度受到了很大限制，或者说是权益受到了制约的店家们。事实上，这些感受到管制的店家正是淘宝社会化改造过程中的"受害者"。

风波过后，阿里巴巴肯定会加速去淘宝化的进程，将更多的优质商家迁移到天猫平台，主要的流量也将集中到天猫，而淘宝的赢利属性会逐渐归于零，只是成为阿里巴巴集团独享的一个流量入口，而整个平台奉献给社会。

具体操作上，淘宝成立独立的组织机构，负责平台的管理，这个组织几乎不承担任何赢利责任，并与社会各方面组建管理联盟，将社会责任作为第一要务，通过建设一系列的规章制度和线上线下的督察治理流程，将假货控制在低浓度上，将管理压力对外释放，管理淘宝网成为全社会的责任。

按照原来马云对阿里巴巴生态的描述，淘宝其实已经完成了自己的历史使命，现在到了回报社会的时候了。阿里巴巴已经长大成人，就让淘宝回归到人民

## 沃尔玛迎战阿里，网上超市命运几何？

2015年年中，阿里巴巴宣布要在北京投入10亿补贴怒放网上超市，而沃尔玛也出招休了1号店创始团队，全资收购流通股，在拥有全部所有权之后，沃尔玛将准备直接操盘。不久之后，很可能沃尔玛与阿里巴巴在中国零售市场甚至全球的直接对决将成为国际舆论的焦点。

我们都还没有忘记几年前马云与王健林的赌局，虽然事后被说成是玩笑，可电子商务与实体商店的发展未来已经日渐清晰，从万达关店与发展电商的节奏上，连王首富本人也对未来万达实体商务的前景很是担心。

在一二线城市，万达早就不是电子商务的对手，甚至已经不是电商的对手，或者说并非电商的对手，因为万达所擅长的正是电商的短板，而这些所谓的短板也因为技术的发展和人们消费习惯的变化而逐渐皈依了电商，大型购物商场的经营范围逐渐萎缩。

实际上，越来越多的实体店在触网，未来的街头水果摊都会接入网络，而我们也不再是要经常上网，而是要偶尔下网，因为我们正常是生活在互联网中的。那个时候，绝大多数的商务活动都可以称为是电子商务，而与网络无关的商务会极为罕见。

沃尔玛是世界零售行业的巨头，是非常值得世人尊敬的企业，其管理能力和赢利模式都堪称时代的楷模，但是，随着互联网的发展，人们的消费习惯的改变，这种业态也注定会失去时代感。此前，很多大型购物商场已经让位给了网络，现在到了商超退位的时候了。

据百度百科的介绍，沃尔玛公司是以营业额计算的全球最大公司，总部位于美国的阿肯色州，也是世界上雇员最多的企业，人数超过220万，多年在美国《财富》杂志世界500强企业中居于首位，有8500家门店，分布于全球15个国家，2014年全年的营业额近4800亿美元。

如果我们考察沃尔玛的经营理念，就会发现，沃尔玛提出的"帮顾客节省每一分钱"的宗旨与淘宝天猫代表的电子商务企业几乎一致，其追求"价格最便宜"的承诺也是电商企业"全网最低价"的另一种说法。也就是说，不管线上还是线下，商务企业的经营路线如出一辙，即便沃尔玛让位给电子商务企业，也只是输给了时代，而不是输给了对手。

资料显示，沃尔玛的电脑系统极其先进，仅次于美国军方的系统，比微软总部的服务器还多，通过任何一个商店付款台扫描售出的每一件货物都会自动记入电脑，货物库存能实现自动预警，还可以自动订货，能够安排最近的发货路线，保证24小时完成订单的配送。这样的系统是值得骄傲的，但却无法与现代发展起来的电商巨头相比，如果我们对比一下阿里巴巴"双11"的大促销的组织，就会非常清晰地看到实体店与电商之间的巨大差距。这个差距已经形成鸿沟，不可能通过改进来弥补，因为这是时代的进步，是两种不同模式的区别。

其实，沃尔玛也并非对这几年发展迅速的电子商务无动于衷，在线上和线下融合的道路上探索了很久，如今美国沃尔玛的线上电商业务规模也相当于亚马逊的六分之一左右。在中国，由于天猫占据60%左右份额、京东占据20%左右份额，连第三的苏宁都只有3%的份额，身披沃尔玛战袍的1号店最好的成绩也只是国内电商的第七，销售额仅仅相当于京东的六分之一，份额已经可以忽略不计，只是在上海等部分市场有一定的影响力而已。

沃尔玛在电子商务上的发展还是太慢了，主要原因是其在美国本土市场遭遇的电商冲击相对较小，而在中国这样的新兴市场却重视不够，导致其对中国市场上蓬勃发展的电商业务没有任何抵抗力。实际上，连本土化做得更好的家乐福等都已经在与网商的竞争中败下阵来，沃尔玛的全球影响力丝毫无助于其中国市场的拓展。

当然，沃尔玛被拉下头把交椅并不代表沃尔玛的失败，其竞争对手虽然有电子商务企业，但其发达国家市场还十分稳固，遭受的电商影响也相对有限，只要在与线下商超的竞争中拥有优势，还会在相当长的时期具备与电商分庭抗礼的能力与机会，沃尔玛也有充分的转型的时间可用。

时代在发展，互联网电子商务的发展大趋势已经形成，且在加速前进，传统企业需要加快适应并转型，否则，只能被逐渐改变。淘宝天猫现在的增长率是40%多，而沃尔玛却已经同比增长停滞，这就是分道扬镳的开始。

## 2. 追赶

# 拍拍是怎样死在腾讯和京东手中的？

一切都不是巧合，就在天猫淘宝"双11"晚会之前几个小时，淘宝的独家对手拍拍网宣布关闭。2015年11月10日，京东发布公告称，于12月31日停止PAIPAI.COM平台服务，再经过3个月过渡期后，将彻底关闭C2C服务。

### （1）C2C管理是基本功，不是谁都可以成功

在公告中，京东解释关闭拍拍的理由是"鉴于C2C模式电商监管难度较大，无法有效杜绝假冒伪劣商品"，很多人将其视为恶心淘宝，为正在开启的天猫添堵。从"双11"之前双方的斗法来看，也许京东有这样的想法成分在里面，但这段话更多的是说出了京东的心声。

这些年来，京东一直以不卖假货自居，因此获得了很多消费者认可的同时也给自己戴上了紧箍咒，任何一件假货的消息都会让京东紧张万分。实际上，林子大了，什么鸟都有，水至清则无鱼，大的电商平台不可能没有假货。只要社会上假货泛滥，即便是自采自销也不能根治假货，C2C更是。

淘宝发展到今天，虽然面临从来没有停止过的假货指责，但淘宝却通过矢志不渝地与假货做斗争的策略让自己立于不败之地，由此形成的成系统的管理方法成为了其独特的竞争优势。从实践中来看，淘宝的管理规则越来越庞大，漏洞也一直被万千黑手钻过，但不停地打补丁也成就了淘宝的最大竞争力，其他的所有想做C2C的商家都难以模仿的竞争力。

京东以B2C为基本模式，更是以3C产品起家，面对社会上数不胜数无法杜绝的商品质量问题和千万级商家削尖脑袋的钻空子，肯定难以应付，而不能保证百分之百正品的拍拍的存在就等于是毁掉了京东一世英名，这就注定了京东手中的拍拍无法做大。

### （2）拍拍在淘宝长大后诞生，却缺乏模式创新

拍拍诞生于互联网豪门腾讯，也成了腾讯仅有的两个没有"模仿"成功的业务之一，另外一个是百度擅长的搜索。拍拍没有做成，一方面是因为所谓的腾讯缺乏的电商基因，另外一方面是拍拍模仿的淘宝恰恰是电商与搜索的结合体，一旦成型，便会形成天然的壁垒，这也是淘宝几乎占据中国电商C2C市场全部份额的原因所在。

淘宝的成功不是偶然的，马云为其创造性地配置了"支付宝"和"免费"两大装备，也正是两个前所未有的创新让淘宝走上了独霸C2C的道路。支付宝的出现并非是简单的支付手段，而是将"满意再付款"的流程附着在缺乏商业信用的中国商业之上，解决了C2C电子商务的核心问题。免费，在中国屡试不爽，也让eBay这样的世界互联网巨头不得不在中国市场黯然落幕。

但是，比淘宝晚很久的拍拍始终没有走出淘宝的阴影，也没有找到比"支付宝"和"免费"更具有吸引力的方案，甚至都无法达到淘宝的模式设计标准，这就注定了拍拍对商家与消费者都缺乏吸引力，只能被一些希望脚踩两只船的商家作为备胎。随着时间的推移，拍拍作为备胎的作用越来越小，特别是淘宝宣布永远免费之后，店家在拍拍的生存已经没有价值。

### （3）京东B2C不能给C2C拍拍逆向导流

淘宝孕育了天猫，即便天猫不如京东起步早，但上手却很快，原因自然是淘宝的流量贡献。但是，京东也有不错的流量，为何就不能逆向给C2C注入呢？

首先，我们要说，C2C的流量必须是自然产生的，任何强行导入的流量都用处不大，否则腾讯QQ与微信的导流威力就完全可以轻轻松松做起拍拍。C2C注定商家云集，品种齐全，而且会是鱼龙混杂，有点像平常的农贸市场，大家来买东西首先是个"逛"，看到有心仪的就买了，目的性不如B2C的商场那样直接。所以，我们都是看到农贸市场人山人海，附近带起来各种专业商家，而商场里面一般都是冷冷清清，商场周边只能有小吃店生存。

其次，京东的流量主要是为了自家的销售，到京东买东西的人又都是对淘宝不太信任或有着特殊需求的人，这些人连淘宝都舍弃了到京东，怎么可能又从京东去了拍拍，这不是舍近求远吗？

根据2014年年底拍拍网旗下的拍拍微店（基于移动端）向媒体公布的数据，拍拍微店单日峰值下单金额为6000万元，占拍拍全网的30%以上。京东和拍拍方面，一直都未有披露拍拍交易量和入驻商户数，以及活跃情况，可见数据并不理想。

所以，京东在拿下了拍拍之后，并不能通过京东为拍拍导流，也不能与京东的B2C业务形成高低搭配，微信没有做到的事情，京东也不能做到，所以关闭是必然。

### （4）淘宝实质是大数据的生产者，但腾讯与京东的C2C都缺乏变现模式

淘宝赢利吗？按理说是赢利的，因为淘宝虽然免费，但找到了依靠大数据来赢利的模式，最关键的问题是，阿里巴巴为淘宝产生的大数据进行了资源配套，不仅从各个角度对淘宝不完善的大数据进行了维度弥补，还为这些大数据的应用提供了闭环的应用场景，可以说，足不出户就可以让淘宝的数据资源变现，既安全又便捷。

在京东发布的公告中，京东只是含糊表示，"这个决定(关闭拍拍)会对京东集团交易总额(GMV)产生一定负面影响，每年将损失百亿级潜在交易额和一笔可观广告收入。"也就是说，京东对于拍拍，现在仍然还停留在交易额与广告收入的层面，可见C2C模式在京东是水土不服，而京东也未找到拍拍生存的商业模式。

实际上，腾讯在做C2C电商的开始，就一直在探索新的模式，却始终未能成型，将拍拍嫁给京东以后，腾讯把眼光放到了微商之上，可微商的模式还没成功，就引来了各种乱象，假货泛滥还是轻的，最严重的是传销式的微商，通过不断转手货物的方式获得盈利，已经与传销无异，再这样任期发展下去，对微信都将是巨大的伤害。

拍拍已经被宣告死亡，淘宝一统天下的日子即将到来，但如此境况真的是淘宝的福音吗？一个平台，用户数越大，大到了覆盖全民的时候，其商业属性就会消退，社会属性就会成为主导，淘宝准备好了吗？

## 全面开花，"不务正业"的京东还是电商吗？

京东总是能吸引媒体的目光，从奶茶馆上市到战略投资途牛旅游，同时发布2015年第一季度的财报，那个周五几乎所有的媒体头条都是京东。财报显示，京东的利润仍然为负，但已经同比大幅收窄，其他的各项指标都是一如既往地快速增长，成长率超过行业平均两倍多，更值得注意的是京东非电商业务的全面开花。

结合这份财报提供的数据，我们越来越确信，京东这两年正在发生根本性的变化，这家自称是"国内最大的自营电商企业"的公司越来越不像一家地道的电商公司了，京东正在彻底地蜕变为互联网电子商务综合服务提供平台。

### （1）电商业务全面开花，智能硬件脱颖而出

通过对财报的分析，我们可以看出，京东的非3C类商品销售增长很快，非电商业务收入布局迅速，其新兴的智能硬件业务已经占据国内领先位置。

数据显示，在2015年第一季度，京东交易总额（GMV）为878亿元人民币（约142亿美元），同比增长99%，而其中第三方业务呈现爆发式增长，同比增幅达到185%。同时，2015年第一季度，非3C类商品（日用商品及其他品类商品）的交易总额占总交易额比例较去年同期的39.1%跃升至49.4%。

两年来，京东在品牌服装、汽车整车、跨境电商、校园市场等专业领域全面布局，如此看，京东已经是一家全业务品类的电商，不仅仅在其主导的3C业务上继续领先，也在逐渐抢占整个中国电商市场整体增量的蛋糕份额，更是向"国内最大的电商企业"发起的挑战。

除此之外，财报重点介绍了京东智能硬件的发展状况，与行业主要竞争对手相比，京东布局早、成长快，有传统3C老用户的购买习惯及最强大的销售渠道支撑，2014年京东智能硬件出货订单量接近一千万单。目前京东平台上聚拢了业界最全的智能产品和品牌，京东在售的智能产品近5000个SKUs，超过500个品牌。

由3C向外延伸，京东已经占据了智能硬件销售的最主要平台位置，也就是占据了未来成长最快的电子产品市场的核心地位。

总体来看，京东的电商业务发展仍在保持高速，不仅与自身比在提高，与同行业相比更是处在领先地位，电商布局完整、产品品类齐全，多点开花，重点突出，结构合理。

### （2）以电商为核心的京东大平台正在成型

电子商务是互联网上的重要基础设施，只要能在电商领域站住脚，就可以依托其广阔的外延发展多种多样的周边业务，而包括京东在内的电商巨头们都是这样做的。

京东有自建物流的优势，依靠这个优势，可以更有利地发展移动互联网O2O的落地服务，也可以在服务上创新"到家"模式，还能与旅游服务结合起来提供电商支撑的新旅游模式创新。

按照财报的披露，从2013年开始，京东每年都会大力投资至少一个全新的业务。2013年成立了京东金融集团，2014年和腾讯战略合作后成立拍拍网，整个京东集团旗下已经拥有京东商城、京东金融、拍拍网、京东智能、京东到家（O2O）、海外事业部六大重要业务板块。

互联网金融是最近两年最火的业务领域，京东不仅没有错过风口，还充当了创新者的角色。京东率先进入消费金融，推出"白条"，还在众筹方面不断创新拓展。财报显示，京东金融自2013年10月独立运营以来，现已成为京东集团增长最快的业务，消费金融、众筹均已成为中国行业第一品牌。

在发布财报的同时，京东宣布重金投资途牛旅游，将原有的旅游频道进行了战略升级，未来有望开创"电商+旅游"的新模式，在在线旅游市场创出一番新天地。

电商是京东的根基，这个根基现在已越来越坚固扎实，由此给了京东围绕电商进行更为广泛的战略布局能力。在与腾讯合作的基础上，打通了PC端和移动端，融入了社交因素，让京东如虎添翼。多年来，京东走过了从3C到全品类、从电商到金融、旅游等全面互联网服务的发展道路，这条路会越来越宽广。

当前，国家将互联网+和电子商务列为国家发展战略，中国也将迎来互联网发展的新高潮，京东拥有电子商务方面的独特资源与优势，且早早就"不务正业"地布局了互联网+的很多领域，现在正是到了大展拳脚的好时候。

## 不卖假货，京东最成功的营销败笔

关于电商假货的争论时不时会被提起，只不过这次被架到火上烤的并非都是淘宝，一直以"不卖假货"自居的京东也陷入风波。如果京东被证实假货泛滥，那真是大跌眼镜。

### （1）假货这顶帽子对于淘宝和京东的重量并不一样

中国的电商卖不卖假货，这并不是一个疑问句，因为所有的电商都卖假货。在整个中国社会里假货横行的时候，你不可能指望电商是白璧无瑕。

2015年，中国的电商都在更加坚决地进行打假，这既是消费者的期盼，也是电商成长到一定阶段之后的必然选择，更是中国社会经济进步的必然结果。电商有假货，这个是共识，电商在打假，也应该达成共识。

不过，对于假货，老百姓心里有一杆秤，消费者在网购的时候应该都有充分的思想准备。我们不可能指望自己花30块钱就买到了一块真的劳力士手表，但如果这是一块售价30万元的劳力士，你又作何感想呢？

据说刘强东震怒，表示要彻查这件事。因为，对于京东来说，售假造假一旦被坐实，那几乎会是灭顶之灾。即便不会因此而倒下，也可能导致股价的暴跌，更可怕的是消费者对京东品牌信仰的失望。

同样查出假货，淘宝和京东完全不同。对于淘宝，只是一个电商平台，其店家超过800万，等于是一个良莠不齐的农贸市场，所有顾客都应该在进店的时候掌握讨价还价和识货的本事，至少是有心理准备的，即便上当，也还是会再次去尝试。也就是说，淘宝的商品识别主要通过消费者自己。

京东就不一样，京东自营商品是采购然后销售的，商品的鉴别由京东来负责，京东有义务保证出售商品的真货属性，即便是开放平台，京东也声称严格检测控制，等于用京东的品牌在进行背书。这种销售方式可以增加消费者的信任感，有利于企业规模的膨胀，但风险其实非常高，等于京东把自己的命运与数量达几万的第三方企业捆绑在了一起，只要有一个点出了问题，京东就惨了。

对于淘宝来说，即便曝光出来假货，就事论事的处理也就可以了，一切照旧，其他商家照常经营，网购客户照常前来买货，因为淘宝就是这样的生存逻辑，泥沙俱下之后的大浪淘沙的过程而已。

### （2）京东无假货本身就是一个营销败笔，甚至是背负的重磅炸弹

对于京东来说，一旦被查出假货，就等于将京东此前宣传的所有高大上的口号都撕掉了，只卖真货成了笑话，而刘强东此前数次在公开场合嘲笑淘宝的那些话更是成为了笑料。一旦全民都知道了京东的商品也"假货泛滥"，那极有可能对京东商城构成毁灭性的打击。

其实，京东所宣称的"无假货"本身就是一个巨大的陷阱，从营销角度来看并不可取，长期坚持这样的与对手面对面的营销口号几乎就是给自己埋下了定时

炸弹。可惜的是，直到现在，京东的高层还在那里自娱自乐地说京东不卖假货是核心竞争力。

一家前场后店的夫妻店，只要有良心有担当，确实可以做到保真，这还要提防合作伙伴的原材料质量问题。只要是企业做大了，更不要说京东已经是中国电商第二，自营商品数以万计，合作商家数以万计，怎么可能做到滴水不漏？如果说京东没有假货，不管你信不信，反正我不信，因为如果真没有假货，那违背人性，也不符合商业逻辑。

京东说了，我们有严格的管理制度，对于腐败行为零容忍，对于假货销售严查严惩，这些应该都没有错。但是，这些措施显然不会也不能杜绝假货的存在。

从纯粹的营销角度讲，京东无假货这样的宣传是非常成功的，以至于现在消费者对京东的商品质量给予了很高的评价，也是京东这几年快速发展的成功营销之一。京东当年要从各路电商混战中脱颖而出，一个后来者能够抓住核心的商品质量环节并将其放大形成口碑，确实是营销的成功之处，对于京东的今天功不可没。

但是，从企业战略上看，当京东做到了一定的程度，特别是从"头牌"改行做"妈咪"（平台）以后，大平台之下已经不可能有那么严格的质量保证，再不改变自身的企业定位，随时可能被引爆质量问题，从而失去客户的信任，也就失去了生存的基础。

如今的京东，最大的问题是，企业大了，但企业战略却仍是小的。面对现实，修改发展战略，改变企业定位，承认假货问题，致力于与假货的长期斗争，这也许才是京东必须要做的。如果文过饰非，强行维持真货的品牌形象，京东会越来越被压得喘不过气来。

## 3. 夹缝

# 破解网上零售消费新趋势，唯品会"新四化"打动女人心

中国正处在一个消费升级时代，人们对于商品质量的追求越来越高，消费档次也随之提升，这种趋势也表现在了电子商务领域。按照唯品会副总裁冯佳路在第十届中国网上零售年会上所总结的，就是未来零售消费的四化趋势明显，包括女性化、场景化、社交化和碎片化。

所谓女性化，是说中国的新女性更有权也更有钱，调查显示中国内地的新女性超过半数都有自己的信用卡，在化妆品、食品百货、母婴用品、服装等方面都拥有超过七成以上的话语权，更重要的是，调查结果表明中国不同级别城市的女性消费差异日渐消失，女性最主要的信息来源是网站+朋友圈新闻分享。同时，二三四线城市女性比一线女性拥有65%的更多空余时间，这些时间多用于泡在网络上了解并熟知最新热点新闻资讯。

场景化是指购物消费不再是简单的直截了当的购物，而是"触景生情"，超过80%的中国大陆女性就算不需要买东西，都会去购物网站上逛逛，也正在逛街的过程中，看到自己喜欢且需要的商品就直接下单购买。根据唯品会的一项测试，当唯品会促销女包时，如果销售专题是"每个女人都应该有一个的链条包"，就会发现当天链条包的浏览点击率明显比仅仅说"链条包低价折扣"时高三倍。

社交化是指购物前和购物后通过社交网络进行分享，朋友之间的交流比以前的面对面有了更直接更形象的"炫耀"途径，这种分享对于朋友的影响非常大，同时，很多人也开始通过社交网络让朋友代购，分享与共享越来越方便。

碎片化是指在如今的4G网络支持下的移动电商越来越普及，更多人通过手机等移动终端和APP进行网购，在这种情况下，个人的购物感觉非常重要，家庭化的参与性群体决策影响力减弱。

在这种情况下，电商企业要想拥有更好的未来，就必须适应"四化"，得女性者得天下，更好地做好场景设计与维护，还需要开展好社交网络营销和口碑宣传，为客户提供分享的舞台，根据移动端的特点设计购物流程和体验，更关键的是，在新形势下要突破客户容易"见异思迁"的忠诚度困局，拥有更多的回头客和推荐率。

作为国内天猫、京东之后的第三大电商企业，唯品会的特点就是"精选品牌+深度折扣+限时抢购"，产品坚持"正品"定位，自身兼具的"互联网基因"和"零售基因"双重优势，本身就符合场景化与女性化的两个趋势特点。

唯品会始终通过"不设搜索"的网上逛街模式发现消费需求，给消费者高性价比的惊喜购物体验，一方面能够更精准地洞察和捕捉消费者需求，另一方面则凭借更有深度的供应链资源和更具场景感的商品组合策略，适应了消费者从"刚需型消费"走向"发现型消费"的升级需求。

唯品会的逛街模式天然就符合移动化的特点，人们在碎片时间里随时随地可以打开唯品会的客户端，打开关闭，关闭打开，碎片化的应用不会影响客户的感受，还会因为时间端的不同和地理位置上的差异而感受到不同的商品展示和推荐。2015年第三季度的财报显示，其移动端销量在企业销量占比已经高达79%，在整个电商中名列前茅。

也正是因为这样的"四化"适应，在2015年第三季度，唯品会总订单中有92.5%的订单来自回头客，平均每位用户下单3.1次，每人平均消费595元，高于去年同期的人均下单2.9次与人均消费541元。如此高的复购率和高客单价，在整个B2C电商中都是遥遥领先的。

女人的心思你别猜！那只是在传统的社会中，因为有了大数据，电商企业有了更多的了解和分析女性用户购物习惯的能力。随着消费的不断升级，她们不再单纯因为"需要"而购买，而更多地因为"喜欢"、"有趣"而购买，为她们创造打动她们的消费场景越来越成为未来线上零售的竞争壁垒。女性对于电商平台的未来选择也将决定所有电商的未来。

## 唯品会移动战略脱颖而出，瞄准未来场景消费时代

中国的电子商务已经进入了成熟期，"双11"网购销售额屡创新高，越来越多的人加入到了网购大军中，包括广大的农村市场和跨国海淘，整个电商市场也逐渐形成了阿里巴巴、京东、唯品会三强格局。

不过，即便是成熟的中国电商市场也并非稳定，随着技术的发展和客户需求的变化，中国的电子商务正在进入到一个以移动端和场景消费为主题的新时代，各家电商企业都在积极地转型应对。

### （1）移动端成为未来电商竞争的新战场

如今，智能终端在社会中的应用越来越广泛，特别是随着高速4G网络与家庭光纤宽带WiFi的网络普及，手机网购日渐成为主流，移动端成为未来电商诸侯决战的新战场。根据Analysys易观智库发布的《中国移动网购市场季度监测报告2015年第3季度》数据显示，2015年第3季度，中国移动网购市场交易规模达5243亿元人民币，同比增长124.5%。

此外，同样在这份报告中，手机唯品会在本季度中国手机网购市场份额排名第三，第三季度移动端交易量占比79%，"双11"期间移动端销量占比更是超过80%，这样的移动端占比已经高于天猫和京东的水平，可见唯品会在移动端布局相当成功。

移动端战略已经成为电商共识，但各家电商的策略并不一样，也因为自身的客户特性不同而有所差异。与其他电子商务企业不同，唯品会属于特卖网站，消费者本来就在这样的电商页面上是一种"逛街"的感觉。在消费者移动网购的主要推动力已从"促销推动"转变为"便利性推动"的过程中，唯品会的逛街"发

现"感觉更成为消费者的偏爱。

唯品会和经济学人联合发起了一个针对亚洲女性的消费调查，发现越发达的国家越不是因为需要而购买，其中有两个关键的发现：一是对很多中国消费者包括海外消费者调研中他们表明每天都去浏览购物网站，但并非因为他们需要购买什么必需品；二是大约73%的用户说他们很多时候购物并非是因为需要而购买。所以，唯品会认为，特卖模式的核心并不是满足你当下的刚需，而是去创造需求，这种理解与移动端的发展目标不谋而合。

在移动化的进程中，唯品会的消费场景越来越丰富，通过粉色星期五和周年庆促销不断创新移动营销模式，还植入影视节目实现多终端的融合，手机摇一摇、扫码购物等新购物方式花样翻新，移动布局的趋势越来越明显，也取得了良好的效果。

## （2）场景化购物让体验成为未来电商决胜的关键

在移动化的电商进程中，消费者的碎片化、场景化购物需求日益凸显，人们逐渐享受到所见即所得的便利场景购物，消费者可以随时随地购物，大大缩短了购物决策流程和时间，不再需要经过长时间的犹豫，网络购物会更加普及。

从整体购物趋向来看，产品同质化及更多的同质化产品同时同场所展示，消费者进行事前计划的重要性下降，大量新品增加，事前购物信息也不如现场信息丰富，商品信息太多，事前信息搜集的负担过大，现场搜集的便利性更有吸引力，"逛街"群体在现场购物中通过社交的互动价值越来越大。因此，不同电商模式对消费者体验的控制模式与控制能力也差异显著，场景建设与运营能力将决定未来电商的综合竞争力。

在场景建设方面，唯品会非常重视产品的更新与客户体验的增强，为此，唯品会的品牌特卖档期已由5天缩减为3天，上新更快且品牌更加精选，为来"逛街"的客户提供更多的新鲜感，也增加了客户来逛街的动力和吸引力。

同时，电商移动端购物的未来方向和趋势是精选加推荐，在电商构建的场景中去实现消费。所有的电商都一样，会根据消费者的地点、年龄、需求、购物习惯、浏览习惯甚至对颜色的偏好、材质的编号等，做出不一样的消费者呈现页面。唯品会在这样的场景建设基础上，还会利用特卖的模式特点，进行有主题的货品组合，包装成一个一个专题呈现出来，让消费者在这个过程中发现想要的东西。当然，这样模式需要精品策略，所以唯品会推崇买手文化，深入当地采购，汇集全球时尚，为用户精选推荐，保证了用户体验。

综合来看，作为中国电商三强之一，唯品会在移动端、场景化等方面不断采取创新举措，通过社交化的完善，打造基于特卖模式提供的"网上逛街"购物体验，将成为唯品会未来竞争的核心能力，也代表着未来电商的发展趋势。

## 4. 跨境

## 网易老兵新传，会成为跨境电商的第三极吗？

随着国家推动电子商务发展的战略成型以及中国人越来越活跃的网购需求，跨境电商迎来了最好的发展时机。根据商务部的数据，近年来，我国境外购物极速增长，仅2014年一年出境人数就超过1亿人次，境外消费超过1万亿元人民币。有关机构预测，2016年我国跨境电商贸易额将增至1万亿美元，市场潜力巨大。

从现在的形势看，在国内跨境电商领域依然是巨头的天下，阿里巴巴和京东凭借在电商行业的整体优势仍然保持领先，但第三名之争却进入到白热化阶段。在跨境电商领域，既有耕耘多年的天猫国际、敦煌网，也有后起之秀洋码头、蜜芽，还有成立一年的网易考拉、京东全球购，市场格局正处在混战之中。谁会脱颖而出成为行业前三呢？

### （1）站在跨境电商的风口，网易考拉海购能飞起来吗？

"跨境电商"的概念是从2014年开始才火起来的，尿布、奶粉等也带动了整个海外代购市场的火爆。按照跨境电商上市时间顺序来排，洋码头上线于2013年年末，蜜淘、蜜芽宝贝上线时间均为2014年上半年，天猫国际上线在2014年年初，聚美极速免税店诞生于2014年6月，网易考拉海购是2015年年初，京东全球购是2015年4月份，但作为新生力量的网易考拉海购却异军突起，迅速成长为跨境电商领域不可忽视的力量。

不仅仅是国内电商，2014年美国第二大零售商Costco在天猫开了旗舰店，2015年亚马逊也将其跨境电商中的"进口直采业务"部分搬到了天猫。京东拉来了eBay、乐天网购，聚美海外购与日本化妆品品牌资生堂、高丝签署合作协议。

"双11"前夕，有媒体公布网易考拉海购的10月成绩单，在全国最成熟的杭州下沙保税区日出单量超过天猫国际，占据当地出单量的一半以上，并且月销售额在6个月的时间内激增20倍。也正因为此，网易财报显示，第三季度净营收达66.72亿元，净利润18.82亿元，净营收与净利润均创历史新高。其中，网易第三季度邮箱、电商及其他业务净收入增速明显，达到10.04亿元人民币，同比增长162.16%，环比增长107.85%。可以这样说，网易考拉海购自2015年1月的推出，已经成长为国内发展最为迅猛的跨境电商之一，也成就了网易2015年与众不同的市场表现，也让网易在中国概念股一片跌声中保持了坚挺。

可以这样讲，跨境电商业务才刚刚兴起，经过多年的培育终于到了开花结果的时候。这个时候，网易考拉海购赶在风口上站了出来，在一年中就取得了显著的成绩，确实展示了机遇的力量。

**（2）坚持自营直采、猛建保税仓储，网易考拉激进前行**

多年以来，跨境电商存在支付繁琐、正品无保障、退换货难及国际配送周期长等缺陷，极大地遏制了中国消费者对海外商品的购买热情。

同是跨境电商，但各家公司采取的模式却差别很大。一种是引厂进店，让海外的商家进驻自己的电商平台，买卖双方直接交易，另外一种是跨境电商企业自己采购进行直营。两种模式各有千秋，但从实际效果来看，跨境电商的初中级阶段，采取自营直采方式发展得更好。

据《尼尔森2015中国电商行业发展"杭州指数"白皮书》指出，跨境电商正在呈现品质化、轻奢化的趋势，生活用品、服饰箱包等单价较高的品类是主要需求。人们之所以到海外采购，主要还是看重商品质量，其次才是价格。产品的品质是跨境电商的生命线，为了保证产品的质量，自营模式无疑更有保障。理论上说，自营直采的模式更容易获得国外一线供应商的青睐，但该模式重要的是供应链的控制，对平台电商难度相对较大，所以京东全球购仅20%左右的商品采取了自营模式，剩下的80%全付诸于第三方商家，但对于刚刚起步的专注于跨境电商的新生力量却无此包袱，成为了考拉海购们的优势。

网易考拉海购短时间内囊括了一线韩妆大牌、欧洲顶级奶企及连锁超市、澳洲TOP保健品公司在内的数百个大牌供应商授权，甚至在韩国首尔、日本东京、意大利米兰、美国旧金山、德国法兰克福、澳洲悉尼等地成立了办事处，与数百家的全球一线品牌和顶级供应商达成战略合作，吸引了超过25个国家和地区的近1000个海外品牌登陆，这样就保证了全球范围内的最优质的商品。

此外，京东、网易考拉、聚美2015年都在扩张保税仓储面积，京东在杭州、重庆、郑州均设有保税仓储，而聚美则在郑州、深圳、广州建立保税仓，力度最大的是网易考拉，在杭州、宁波、郑州、重庆已经拥有超过15万平方米的保税仓储，送货周期更是缩短到最快12小时左右。网易考拉海购的保税仓规模已经达到行业首位，保税仓储的争夺上占据了明显优势。

**（3）网易实力不容小觑，有流量有资金，考拉海购有个好"干爹"**

有钱就任性的互联网业务，有流量至少可以快速起步，因为时间不等人，而流量的获得需要自身平台能力，也需要传统业务的补给。在这方面，阿里巴巴、京东、网易等传统互联网巨头拥有天然优势。

根据目前媒体公开的数据显示，天猫、京东、网易考拉位列各大跨境电商平台现金流的前3位。网易2015Q2财报显示，截至2015年6月30日网易现金流是

207.36亿元。在"双11"期间，各家则开始比拼国家馆，来增加用户对其正品的信心。"双11"期间，天猫国际一口气上线了12个国家馆，京东全球购则是10个国家馆，网易考拉以9个国家馆紧随其后，实力已经显露无遗。

网易旗下邮箱、新闻客户端+网易云音乐+有道词典等，基本可以覆盖中国所有互联网人群，拥有丰富的传统平台资源。"双11"，网易考拉海购有实力进行持续三周的精品海淘狂欢、推9大国家馆、比价专区，在营销上可以主推社交+电商的新玩法，百万人同时在线狂欢、弹幕实时直播，人拉人买完单拿1111元、明星发红包等活动。这些营销做法与网易云音乐大战时的做法一脉相承，也充分展示了网易考拉海购的雄厚营销资本。

跨境电商仍然处在行业起步阶段，巨头之间的争斗才刚刚开始，但阿里巴巴、京东、网易已经形成了明显的优势，随着时间的推移和模式的成熟，未来三家很可能占据中国跨境电商的三强位置，第一阵营与第二阵营的差距也会逐渐拉大。当然，"大而全"与"小而美"的跨境电商企业都有生存的机会，共同为中国消费者提供品质好、价格优惠的全球商品。

# 跨国婚恋市场到底有多大的潜能？

在互联网时代，好像没有什么不能依靠网络来完成，互联网+"行业"都在创造着不同的神奇。特别是社交与交友方面，以此为依托的网络创业比比皆是，而成功者更是不少，至于社交的方向，更是五花八门、包罗万象。

中国最大的特点就是人多，只要是能充分发挥网络跨越时空的特点，让人与人沟通和交往的应用都具有最广阔的市场空间，婚恋显然就是其中之一。

## （1）网络婚恋市场蓬勃发展，跨国婚恋悄然崛起

据相关调查显示，网络上找对象在一些未婚年轻人中颇受青睐。通过互联网认识自己的另一半已经成为现在中国人婚恋交友的重要方式之一。2014年第1季度中国互联网婚恋市场规模4.9亿元，婚恋交友网站PC端覆盖人数为8440.7万人。用户人均单日访问时长在4.75分钟左右，人均单日访问次数在1.50次左右。

最近两年，随着人们观念的革新和社会的开放，中国人已经不再将婚恋的目标局限在国内，而是通过互联网走向了五湖四海。借助互联网工具，找个洋老公或者娶个洋媳妇都变得不再遥远。据说有一家叫Perdate的专门做跨国婚恋网站，不声不响的年收入能过千万，可见这个有点偏门的互联网市场并不小众。

实际上，国内的婚恋市场已经十分成熟，几家大型互联网公司竞争激烈但成长性受限。比如，排名第一位的世纪佳缘与排名第二的百合网之间常年争斗，但未来在婚介上的发展余地已经越来越小。这些公司都在转型，从满足初步认识阶段需求的婚介到满足深层次交往需求的婚恋，同时也在围绕婚庆市场做文章，甚至还在开发可穿戴设备。从这个角度看，国内的婚恋网站走出去已经是势在必行。

## （2）跨国婚恋市场增长速度惊人，前景广阔

与很多人的感受不同，替剩女找洋老公，替小伙找洋妞，实际上需求很大。中国几十年的高速发展，形成了数量庞大的剩女阶层，这些人有知识、有财产、有语言能力，但是在国内却错过了最佳婚配年龄，很难找到自己能看得上的合适的伴侣，跨国婚姻是不错的选择。

数据也显示，1978年中国大陆没有一例跨国婚姻，1982年中国跨国婚姻登记数仅为14193对，而到了1997年已经有超过5万对跨国恋人喜结连理，涉及50多个国家和地区。最近的一项调查中显示，现在中国的跨国婚姻占到了全部的5%，即每年约有40万外籍人士与中国男女喜结良缘。

从当初的谈虎色变到现在的欣然接受，中国跨国婚恋走过的历程，也是中国人心态逐步成熟的过程。调查数据表明，中国现有2.6亿左右的适婚男女，正在为择偶而忙碌和烦恼。在这样的情况下，婚恋网站聚焦跨国婚介，显然具备足够的用户基础和发展空间。

## （3）跨国婚恋市场商业模式逐渐成熟，赢利性超过国内市场

国内的婚恋网站五花八门，商业模式复杂多样，但基本上都是以会员费为主。但是，这种会员费的模式很容易受到用户信息穿透的影响，从而让很多婚恋网站失去了基本的收入基础。跨国婚恋市场与国内婚恋市场相比有着先天的赢利优势。一是会员收费比较容易，用户与用户之间越过婚恋网站进行直接沟通的可能性比国内要低很多，商业赢利模式能够持久。二是会员费收费价格比较高，国内普通会费一年也就2000～3000元，但国际婚姻介绍的费用却比这昂贵得多，一线城市年费在4万元左右起步至数十万元之间，且服务期仅为一年，到期后仍需为服务继续续费。Perdate收取的会员费就为每月99美元，比国际婚姻介绍所要低很多，但远远高于国内婚恋网站同行。第三，国际之间的交往有很多有别于国内，容易开发出更多的增值服务，例如沟通翻译，让语言不同的用户进行方便的交流，赢利方式要丰富得多。

目前，各大婚恋网站都在推出跨国婚恋服务，原来抓住了行业缝隙和婚恋蓝海的先行者也鼓足了干劲。在未来的发展道路上，跨国婚恋市场可能会带来千亿甚至更多的经济利益。如果能够有效地提高跨国介绍的成功率，解决网站信息监

控和杜绝虚假欺诈行为，跨国婚恋市场的未来显然会十分光明。

## 5. 微商

# 微商前途无量，可微信电商没有出路

　　微商最近很火，很多人把通过微信开个小店就当成了"微商"，并且与淘宝相提并论，俨然自成一派。实际上，微商并非"微信电商"，更不是仅仅指微信小店，微商指的是在移动终端平台上借助移动互联技术进行的商业活动，或者简单地指为通过手机开店来完成网络购物。

### （1）不是只有网购才叫电商，但电商却被理解成了网购

　　从广义来讲，电子商务包罗万象，只要是通过电子化的手段进行交易就可以称为电子商务，而一般来理解的电子商务也许仅仅指的是网购。如果说广义，那绝大多数的互联网公司都是电子商务公司，但我们还是愿意把那些通过网络来销售商品的"网络购物"称为电子商务。

　　于是，我们把阿里巴巴称为电商公司，把京东、唯品会等称为电商公司，而不会把百度、腾讯、世纪佳缘也看成是电商。每个业务方向都有自己的门道，用社交软件的方式做电商成功率很低，就如同用电商的思维去做社交，所以，马云的来往越来越缺少来往，腾讯的微信也在电商道路上人微言轻。

　　在互联网上，趋势已经越来越明显，只有交易才能赚钱，只有电商才最赚钱，所以，腾讯虽然看起来通过微信赚到了人气，可赚钱的功力不增反降。不得不说，腾讯的电商之梦在QQ平台破灭之后，仍然坚持要在微信平台生根发芽。

### （2）不是所有的微商都是微信电商，微信电商依然是梦

　　很多人都把腾讯放弃自己的易讯、拍拍看成是其放弃电商梦想的标志性事件，可事情并非如此发展，腾讯放弃的也许只是互联网平台的网购梦想，相反会集中所有资源要抢占移动互联网上的电商阵地。

　　于是，微商在腾讯的扶持下疯长起来，甚至很多人看成是"微信电商"的简略说法，以为自己在微信上开个小店就借助朋友圈进行宣传便可以成就创富梦想。现实情况却是，很多人开的小店入不敷出，甚至变成了厂家或大渠道商的"下线"，自卖自用，顶着创业的帽子而上当受骗者越来越多。

　　应该说，微信做电商比QQ有先天优势，虽然并非完全实名，可毕竟是移动

互联网的应用，位置服务和实时在线都让微信获得了比QQ更坚实的电商基础。不过，社交就是社交，电商还是电商，微信的电商梦想实现起来也非常艰难。

### （3）微信电商，倒腾的货郎，假货的天堂

我们可以有一个简单的比喻，淘宝是农贸市场，农贸市场中缺乏统一的进货和全面的质量检验，所以不可避免地有假货出没，这也是农贸市场这个业态的必然状态。不过，农贸市场中的假货一定是有人管的，否则假货充斥就会关门歇业被淘汰。而在管理上，农贸市场的店主们有相对固定的摊位，是长期驻守的"坐贾"，有客户投诉能够找到店家，出现问题以后也有一定的手段加以处罚和赔偿客户损失。

目前的微信店商更像是走街串巷的货郎，打一枪换一个地方，而且经常是在熟人多的地方转悠，以优惠之名行"杀熟"之实，这种"行商"的管理完全靠货郎的良心，否则改名换姓或者云游他方之后就可以对假货问题不理不睬，管理方甚至没有任何措施能够保证后期的治理效果。

所以，微信做电商从一开始就走上了错误的方向，一味地用开店数量或者活跃用户数来衡量进展，而这种状态势必会助长假货的泛滥与诚信的缺失。

### （4）微信系统多次因故瘫痪，看来腾讯至今没抓住电商的脉门

不管是在实体商店，还是在网络上，也不管是PC互联网上的淘宝店，还是依托于手机平板电脑的微商，其正常生存的核心都是诚信与可靠。

所以，我们经常把小米的网络拥堵看成是营销技巧而非电商作为，而阿里巴巴之所以在电商领域取得如此业绩最大的法宝就是诚信与稳定。

微信在诚信建设上比QQ时代要好，但稳定性上还欠缺太多，一年多来数次瘫痪事故，都证明了腾讯仍然停留在IM的系统支撑水平上，过于重视系统数据的应用，而对系统的稳定性投入严重不足。我们无法想象支付宝和天猫会在"双11"当天崩溃，也无法相信一个经常出问题的腾讯支撑系统能够保证交易有足够的安全性。

也许丢一个QQ号并不会造成太大的影响，也许微信短时间发不出去信息只能造成恋人之间的误会分手，但如果电子交易的系统出现问题，那后果一定是不堪设想。

### （5）所谓的微信电商秘技实际上都是偏方怪招

商业虽然是经常的"投机倒把"，可真正的商业成功却必须踏踏实实地一步一个脚印地做起来，那些依靠炒作甚至欺骗达成的商业速成都会被历史证明并不靠谱。

在现在的微信里，特别是朋友圈中，到处充斥着各种各样的垃圾信息，但很

多人却把这些信息称为微信营销，不厌其烦和上当受骗都会让所谓的微信电商与真正的商业发展越来越远。应该说，微信作为社交工具，本身就非常有人气，而人气大到一定程度自然可以被利用为商业利益获取，可如果这种获取太过直接，甚至有点唯利是图，那社交的味道就会变异。那些通过买粉丝、通过软件偷偷加粉丝的行为，却被冠以营销大师的秘技，这绝对不是微信电商的福音，而是微商整个行业的败笔。

如今，那些到处鼓吹微商的人，实际上是在做自己的"人们淘金、我来卖水"的古老赚钱游戏，借助大家对微信电商的兴趣来赚取怀揣梦想的人们的那些可怜资金。等潮水退去，只有这些微信电商的大师们才是穿着衣服的人！

毫无疑问，微商前途无量，借助移动互联网的各种新技术、新能力，电子商务进入到一个崭新的阶段，也会有更多的商业传奇出现，可微信电商却会成为领跑的人，最终会掉队，除非微商们只是把微信当成自己的一个工具而已。

# 面膜为何成了微商们的最爱？

不知道从什么时候开始，面膜火起来了，而且是在微信的朋友圈，面对频频被刷屏的各种各样的面膜广告，很多人无所适从。

所谓的"微商"，兴起的时间并不长。微信的商业化过程中一直有电子商务的探索，而微信朋友圈更是成为了很多年轻人实现创富梦想的舞台。于是，很多人开始琢磨着在朋友圈卖点东西赚点外快。

我们不禁有一个疑问，千千万万的朋友圈微商，为何偏偏是面膜最火？如此火爆朋友圈的面膜电商，最终的命运会怎样呢？

### （1）市场大，面膜野蛮生长赢利前景看好

有资料显示，大大小小的面膜品牌在近两年间增长了4倍。面膜从几年前的功效型产品已经变成了护肤的快消品，面膜市场的体量也在逐级增大，中国的面膜市场规模已达100亿元左右，目前正以每年约30%的速度增长。面膜在中国的使用人群中渗透率已接近45%，超越了韩国。

另据媒体报道，2012年面膜在全国化妆品专营店的销售比占了7%，且面膜市场达到130亿元，并以快于2.5倍的速度在增长；2015年，中国大陆市场总额达到300亿元。奥美集团数据显示，国内的面膜产业在这两年经历了跨越式的野蛮生长，大大小小的面膜品牌两年间增长了4倍，目前市场上至少有300多个面膜品牌。

### （2）需求多，白富美让很多人心向往之

面膜市场之所以如此火爆，可能得益于中国的糟糕天气质量与空气污染，也得益于现在人对美貌和财富的向往。

其中之一，女性，也包括很多男生，都在爱美，而美与白有关，面膜能够对皮肤进行保养，达到返老还童的效果。世人皆爱美，而白又是美的一个很重要的特征。白富美更是很多家境普通的女孩子的追求。所以，面膜也就以其使用简便、价格便宜而成了很多人的首选。

第二，很多网络上的白手起家的微商故事让人热血沸腾，最重要的是，这些创业故事并非都是大富大贵，往往是以月入一万等来做诱饵，让很多年轻人觉得这个不是梦，是自己完全可以实现的眼前的目标。于是，很多人便开始着了面膜的道。

### （3）客户好，女性是强关系的主要影响群体

不可否认，面膜的主要用户群体是女性，而且是年轻漂亮的女性。这个群体是社会公认的三个最容易被"骗钱"的好商业机会之一。

恰恰，微信的朋友圈中，女性的使用率极高，很多女性是重度的刷朋友圈的用户。研究表明，男女在选择好友类型上有差异，更多的男性会在朋友圈添加"客户""同事"类好友，女性则更多地关注"密友"和"亲人"，女性使用微信的情感考量更多，对她们来说，微信更私密、更亲近，于是，这也就有了更深度上的营销功用。

既然女性是面膜的消费群体的主体，又是微信朋友圈的活跃分子，更重要的是，女性的消费往往又是深受朋友的口碑影响，三者一拍即合。微信朋友圈中的女性消费者们构建了一个面膜消费的口碑传播大环境，面膜自然就活跃了起来。

### （4）操作易，可以一边工作一边挣外快

面膜属于低门槛、好营销的产品，库存占地小，运输携带方便，非常适合一边工作一边挣外快，特别是在熟人之间，平时的交往中就把物流的问题和支付的问题解决了。所以，面膜对于很多有志于依靠微信赚点钱的年轻人确实非常合适。

此外，微信朋友圈营销推广成本低，软件使用免费，使用各种功能都不会收取费用，所产生的上网流量由网络运营商收取比较低廉的流量费。如果需要一些高级功能，可能需要花费少许经费，但普通的草根完全可以勤能补拙，通过一些技巧性和重复劳动来弥补营销推广技术方面的空缺。

### （5）挣钱多，低投入却高回报

自2014年起，新兴起的微商平台让很多年轻创业者跃跃欲试，就是因为微

商平台对创业者的资金没有过多要求，也不需要交押金，一般销售对象是比较熟悉的朋友或者网友，这也就是微商发展如此快速的直接原因。

小本经营就如同卖茶叶蛋，薄利多销的走量模式很难行得通，所以往往对产品利润率非常关注，都希望低投入高回报，于是纷纷盯上快消品和暴利产品，而女性化妆品自然是首选。

在女性化妆品中，很多产品都已经形成了品牌壁垒，不好被普通的年轻人下手，而面膜就成为了首选。

### （6）有机会，山中无老虎，猴子称大王

有媒体报道，在中国，超过一半的城市女性保持购买和使用面膜的习惯。与此同时，各种品牌市场竞争活力异常活。调查发现，一个消费者面部使用同一品牌的情况逐渐在减少，行业的发展正在走向专业化细分化。在国内护肤品细分市场中，面膜已经成为新兴的重要市场缺口。

化妆品专家分析，由于面膜不同于其他护肤品类，而是属于一次性消费品，使用频率极高，但目前市场上的面膜无论品质和价格都没有一个优秀的性价比，好品质的面膜，价位过高，普通消费者使用难度很大，而低价位的面膜功效又差口碑不好，从而没有形成一个良性的面膜市场竞争。

所以，面膜市场至今都没有形成足以影响消费者购买选择的消费品牌，也就是说，消费者仍在不断体验各种同类产品，并没有一个确定的意向性产品，这就给很多微商一个把握的机会。山中无老虎，猴子称大王。因为业界无老大，大家都可以从容地去进行产品推广。

### （7）大乱局，面膜微商火爆背后潜藏危机

虽然我们看到很多人都在微信朋友圈里卖面膜，但拥有自己品牌的并不多，主要都是小打小闹的忽悠，而更多的人只是某个品牌代理之后的小代理。由此，面膜微商已经出现了严重的危机。

第一，很多人为了销售，频繁地刷屏或者给朋友发信息，导致很多朋友厌烦，很容易被朋友进行屏蔽，从此自绝于朋友圈，不仅业务没做成，朋友也没得做了。

第二，绝大多数的朋友圈销售者都是无证无照经营，自己的进货也缺乏渠道监控，商品质量并无保障，因此产品出问题概率非常大，如果产品质量出了大问题，势必影响到购买自己产品的朋友利益，从而引发争端失去友谊而得不偿失。

第三，微商们的门槛非常低，整个供应链的控制能力也非常差，一旦在层层合作过程中遭遇欺诈，连讨回公道的能力都没有，所以，微商经营中的商业案件可能会激增。

第四，由于朋友圈的隐蔽性和小范围传播，更因为其朋友之间合作的特点，朋友圈的销售容易被非法传销盯上，如果在此间只重视商业利益，很可能让很多微商不知不觉间误入传销陷阱。

微商是给很多年轻人的一个机会，面膜更是让微商们抓到了容易上手的挣钱工具，但所有的微商都应该记住，君子爱财，取之有道，那些小利远远比不上朋友们金子般的友谊。微商们的最爱，应该不是人见人爱的面膜，而是人见人爱的面膜真的能给朋友带来舒适与健康。

## 微商运营需要知道的四件事

微信电商被简称为微商，在火热了一段之间之后，最近陷入到了争议之中，各种各样的所谓培训演变成了传销，面膜的质量被质疑甚至导致了一些人容颜受损索赔，微商的道路走起来已经步履蹒跚。

我们不能说所有的微商都是有问题，也不能说微商都没有问题，可我们还是可以判断，大多数的微商确实有问题。如果你正在做微商，或者心中有一份微商创业的梦想，以下三个问题也许需要知道。

### （1）微商不可能支撑起普通人的致富梦想，当个副业可行，当主业困难

微商人人都可以做，但也正因为其门槛太低，商业价值不会很大。按照基本的逻辑，进入门槛越高的行业，收益会越高。比如，人人都可以买羊肉串，所以卖羊肉串的一般不会大富大贵，可能够为保险公司提供精算的人才极少，所以精算师的收入一般都很高。

微商只能当个个人的副业，在工作之余向朋友推荐点很好的货源的小商品，但要是全职去做，很多人根本养活不起家人。有些微商已经不再卖产品，而是做什么渠道，那已经就是涉嫌传销了，而且，正因为要做渠道，除了发起人就都会成为下线，自己或者当了消费者或者当了二道贩子，钱是挣不到的。

### （2）朋友圈电商不是不可以做，但绝对不能瞎做

很多人为了卖东西，拼命地在朋友圈里发广告，一天发很多，这样的微商完全不懂得商业，因为这样的宣传已经不是宣传而是讨厌，你都已经让你的潜在客户觉得讨厌，还怎么可能卖出东西？

朋友圈电商不是没有，实际上，农村里的小卖部就都是朋友圈商家。这些农村的小卖部对客户极其熟悉，都是亲戚朋友，而且，往往农村里的很多人会根据亲疏远近来决定买哪一家的商品。

但是，谁见过这些农村小卖部天天跑到这些朋友家里做广告？谁见过他们一遍一遍地向亲朋介绍自己的商品？朋友圈之间需要的是基本的信任，告知就可以了，或者只要有个广而告之，朋友就会自动上门的，否则，一旦你让朋友感觉到了厌烦，估计连朋友都没有了。

### （3）微商也是商，不能违背基本的商业伦理和道德

微商现在还处在草莽阶段，企业没有注册，商品没有质量保证，售后没有监督机制，一切都凭借人与人之间的信任，可这种信任禁得住利益的诱惑吗？很多人违背了基本的商业伦理，甚至赚一把就跑，把所谓的朋友当成了小白。

另外，很多人为了卖产品，千方百计地吸引和加好友，如此形成的朋友圈根本就已经不是朋友的圈子，连基本的利益共同体都不是，这种圈子根本不能当成朋友圈电商的基础，只能当成传销的基本盘。

### （4）微商一定是要和位置相关的，否则就没有生命力

微商是建立在移动互联网基础上的，与互联网电商最大的区别就是社交性强和位置感强，未来，所有的微商都会与基本的位置服务结合起来，否则，那就与传统电商没有差异性，也不会具有生命力。从这个角度看，很多现在的O2O实际才是地道的微商。

据说，微商已经变成了"危商"，简单地依靠朋友圈进行售卖的其实并非是真正的微商，不要相信那些一夜暴富，因为那些暴富的都是建立在大量的梦想暴富的小白的奉献之上。踏踏实实地在朋友圈里为朋友推荐点合适的货真价实的好东西，即使你没赚到很多钱，但可以赚到朋友的心，未来难说不会是最大的财富。

## 6. 炒作

## 跟风营销：缺乏想象力的低成本投机

自从风口论被人经常挂在嘴边以后，很多人自主或者不自主地每时每刻不在找风口，不管是投资的银行家，还是创业的草根，也不管是想着卖产品的企业，还是为企业做公关广告的公司。于是，只要风来，大家就会因风而起，不管这风是不是邪风。

这不，因为美国人宣布发现了地球的表弟，一个远隔1500光年的"大地球"突然就开始成为了营销元素，各种各样的广告纷至沓来，很多网友直呼被刷屏。

其实，当大家的屏幕上都是两个地球的时候，好基友也提不起大家的兴趣了，这样的营销更像是自说自话的安慰。

当然，这早已经不是第一次，只是愈演愈烈而已。前段时间，当优衣库不雅视频半夜出现之后，一时间风行网络，各路企业都被卷进来，PS和段子手们也着实高潮了一段。

再往前，由于万里之外的美国有几个法官煞有介事地宣布不允许个别州不让同性恋结婚，据说就等于是宣布了同性恋的合法化，还据说法官引用了孔老夫子的名言，以至于整个不相干的中国人也激动万分，以此主题展开的活动不计其数。当然了，不仅仅是中国，据说世界各地到处彩虹飘飘。

如果我们再好事一些，看看那条蓝黑还是白金的裙子，多少的公司都如此抓时机地开展了营销活动，几乎就是见缝插针地来一嘴。过几天，大家也就都忘记了，留下的是手机微博、微信里的垃圾存储。

中国人本来就好跟风。从心理学上讲，大众化的行为或潮流的引导下，个体的观念与行为会向着与多数人相一致的方向变化，这就是跟风。以前，看见别人穿什么衣服，自己也会弄一件，即便是现在很多人怕撞衫，也有很多人要买个名人同款。在炒股的时候，听说谁挣了钱，自己也会跟风入市，听说谁买了哪只股票挣了钱，自己也会不管不问地买来等着挣钱。当然，这种跟风的习惯也许本来就是全人类的，从众心理谁也不能免俗。

但是，在互联网传播高度发达的今天，跟风已经变得更严重。我们如果知道谁的生意好做，就一定要山寨一个上马，大家齐上阵的后果就是一窝蜂之后迎来产能过剩的低谷。至于营销，本来应该是求新求异的创意行业，但在时效性要求极高的互联网时代，也已经演变成了最简便的跟风PS。

说到底，跟风是创意枯竭的产物，否则即便是跟风，也会搞得不同凡响。当年，刘飞人在奥运会上再次摔倒，几家被代言的企业都以最快的速度发布了自己的"声明"，同样的事件，几乎没有相同的图片，没有雷同的用语，通过不同的侧面给出了自己的回答，这样的跟风其实不讨人厌。

也许，有人把所谓的跟风营销看成是事件营销，但其实与事件营销有所差异。网上有人把杜蕾斯在2011年的北京暴雨中的鞋套事件看成是跟风营销，其实是大错特错了，那是事件营销，杜蕾斯是自己的创意，并没有跟着社会的风在走。

跟风营销往往只是借机炒作一下，并无明确的市场目的和后续计划，有些几乎是千人一面，目的无非是浑水摸鱼，即便自己的广告不被社会重视，也会冲淡竞争对手的创意。不过，也有人刻意去挑逗，以至于形成跟风营销的大潮，每年的京东618都会采取这样的策略，京东会以略带攻击性的激将法引发营销跟风，从而形成大规模网购的社会氛围。这种跟风与被跟风，都是胜利者。

在很多人看来，营销创业那是要付出血汗的，也几乎是只有高手带领团队经过长期的琢磨才能搞定，可那已经是老皇历了，如今自媒体横行，社会热点太多，时效性压倒一切，信息传递又快，只要有人能最快速度截获别人的好创意，就可以略微加工在网络上扔出来，很多兔子在一起跑，谁能辨别出来雌雄，也就没有什么人能发现到底是谁最早进行的创意了，于是，跟风变成了最高效低成本的营销模式。

看了有些人的营销秘籍，真的感觉中国的互联网营销被一些人给玩坏了，竟然还有人用这样的指标来选择话题，"越被讨厌的话题越说明它很火"，如果以这样的方式去抓营销时机和使用营销素材，只能让中国的互联网营销越来越低俗。

在特定的情况下，为了特定的目的，跟风营销可以用，但一定要注意场合注意频度，不要招人讨厌，否则，一定会得不偿失。

## 如何去识别无底线营销炒作手法？

一则来自优衣库试衣间的视频突然之间走红网络，再次让互联网营销炒作探底，获得了亿万传播点击之后，我们是否应该反思，这样的营销活动还要持续到什么时候？

已经有网友进行了多方面的论证，认为这段据说来自"监控"的不雅视频有极大可能是一出"表演"，甚至完全可能是优衣库自导自演的闹剧。当然，不管怎样，这出闹剧都已经成为了2015年的新营销经典。

优衣库本来就是互联网营销的高手，而且很多都是成功利用试衣间来作为载体，还有人总结过其SNS推广经验，包括游戏要有趣，而且充分调动社交性，和开发平台的SNS对接要深入，以刺激实体门店销售为目标，本地化元素设计等。这些元素都在本次视频传播中有所体现，属于SNS营销的升级版，甚至已经被人称为"AV营销"。

近些年来，随着自媒体和社交媒体的流行，无营销不炒作，无炒作不营销，为了吸引眼球，很多商家不惜触碰社会底线，不断地利用人们的负面心理来提升社会关注度，在获得了大流量的点击之后也丧失了社会道德，并使得整个社会的道德水准下降。

下面我们来历数一下最近一段时间以来的营销炒作，看看这些公司都是怎样玩出的花样，又是怎样将自己置于舆论负面的中心，让炒作对自己造成伤害的。

### （1）加多宝与烧烤事件，侮辱烈士成全民公敌

4月16日早上，加多宝开始感谢活动，9点02分，作业本是第一个被感谢的。

加多宝在感谢文字中写到："恭喜你与烧烤齐名。"作业本与烧烤齐名，是因为他在2013年曾发布微博称"由于邱少云趴在火堆里一动不动最终食客们拒绝为半面熟买单，他们纷纷表示还是赖宁的烤肉较好"。加多宝对作业本侮辱烈士言行的肯定，引爆了舆论。

### （2）友加软件炒作挖掘机车震和带着身体旅行被下架

一名自称"95后萌妹"的女网友，在网络上发布《用身体旅行："95后"萌妹向全国征集各地临时男友陪游啦！》一帖，公开宣布了自己"0元游中国"的计划：面向网友展开"临时男友"的征集。

网传，2014年10月13日上午，上海市普陀区某派出所民警接到了这样一起令人不寻常的报警，据报警的一对青年男女表示，自己不小心闯入了某工地现场停放的挖掘机中，由于意外将驾驶室的门反锁而被困其中。但警方均表示上述时段的110警情中没有相关报警情况。

以上两个事件都是友加软件的营销策划，事后被追究责任。国家网信办有关负责人指出，近年来我国加强互联网法治建设，出台了一系列法律法规，对互联网服务提供者提出了明确要求。"友加"软件未能落实管理主体责任，违反国家法律法规，违反社会主义核心价值观，突破底线。对这种行为，国家网信办予以公开谴责，并依法严肃查处。

### （3）杭州小女孩爱心打伞却是保险公司的活动传播

一则新闻被广泛转载：一名女清洁工中暑后，昏倒在广州市天河区东圃客运站附近的黄村东路。其他路人只在观望，不敢贸然施救。这时，一个跟妈妈路过的小女孩停了下来，用自己的雨伞遮住了女清洁工，稚嫩的声音说道："妈妈，快救人！"年轻的妈妈迟疑了一会，最后还是把小女孩拉走了，留下一把伞，撑在地上。在网络上，能看到小女孩所撑的伞上，有一个"感恩漂流·爱心伞传递"的logo。经查，这把伞来源于当地某保险公司。

以上这些营销炒作都具有相同或类似的特点，我们可以从几个要素简单的识别出营销炒作。

① 炒作的事项往往具备不可追查性，很难在后期找到目击者或者相关的证据，也就是常说的不可回溯。如优衣库这个视频显示的事件是春天，基本超出了营业场所监控保存时限，可以做到查无对证。

② 事件的发生地点或时间无从查找或者被莫名其妙地引向某个特定的场合，也许寻找的过程就是营销的真实目的，或者发现的地点正是营销的指向。在挖掘机和带着身体旅行的传播中，故事里都会出现友加的身影，并且都是通过这款软件达成的"交易"，等于是给感兴趣者提供了照葫芦画瓢的路径。

③ 传播是突然发生的，而且传播的速度极快，各路大V参与的程度很高

并密集，敏感内容却被传播平台迟迟不予处理。大多数文字或视频都在深夜或凌晨突然发生，于早晨发酵疯传，在社交媒体上被大量不同的人进行转发和恶搞。

④ 在事件的传播过程中，不时出现某品牌的LOGO或广告语，或者背景上显示，或者与某品牌谐音，甚至是某品牌的代言人或即将发布的产品有关。某演员主演的电影要上映，此前就传播了其出轨的谣言，在传播与辟谣之间吸引大家的眼球。当年在微博上寻找世界杯丢失的电脑炒作中，无时无刻不显示出某品牌的标志。

⑤ 事件具有争议性，并且网络上会出现截然不同的评论声音，不管是支持还是反对，都显得具有组织性，在网络热度下降之后会有新的相关热点出现或被人再次挑起。

在这个信息泛滥的时代，人们拥有太多的媒体通道，如果一个营销活动不能出新出奇就没有办法获得理想的社会关注度，也就不会有多大的影响力，作为商家和营销策划公司自然会想尽办法地进行创新，所以各种炒作也就不可避免地发生。只是，这种炒作总是要有底线的，只想要社会传播效果，却忽视了社会的公序良俗，甚至可以践踏道德和法律，这样的企业即便获得一时的兴旺发达，未来也会被消费者所抛弃。

## 对攻大本营，京东、天猫这是要整死谁？

不是冤家不聚头，在中国的电子商务江湖上，京东与天猫算是扛上了。"双11"的商户选边站队硝烟还未散尽，继购物晚会唱起对台戏之后，"双12"的网上超市之争再起，虽然这一次的鼓声不是很响，但战火却一点不小。

媒体报道，京东超市在2015年"双12"前夕点亮杭州大楼，与此同时，京东宣布在杭州、上海、广州、武汉、沈阳、深圳、西安、北京、天津、成都这十个国内热点城市"1分钱抢爆品"活动，提前打响了"双12"的购物战。

不用过多的想象，也知道这次杭州的行动是针对此前天猫北上将北京作为公司总部的呼应，一南一北一上一下，天猫和京东相互进入到了对方的大本营和主阵地，一场围绕网上超市的厮杀在所难免。在微博上，京东的相关负责人甚至还呼吁天猫员工去京东超市踩手购物一醉方休。

作为一种新业态，网上超市在中国兴起的时间并不长，地道的网上超市"1号店"是国内首家，也是在2008年7月才上线，最近一两年才发展壮大。目前，网上超市业务仍主要集中在一二线城市，处于快速起步阶段。

一般来说，网上超市不同于传统意义上的电商网站，主营的产品与传统的超市类似，集中在生鲜、百货、日常用品等方面，由于互联网的无限性，商品的种类要比传统线下超市更加丰富。不同于传统超市，网上超市因为没有实体店铺，所以大幅降低了其店铺成本、人力成本，从而也能降低商品价格。当然，网上超市也不是没有缺点，购买的即时性比较差，虽然价格可能更便宜，但太小件的东西会造成运输成本的比重过大，此外，购物者也失去了逛超市的乐趣。

因此，网上超市要想颠覆线下超市，一是要物美价廉和更多尖货，另外一个就是要送货快，如果不能解决消费者油盐酱醋的燃眉之急，也要能够让巧妇能在一天左右解决无米之炊，否则，消费者就会选择离家十几分钟的大中型超市甚至是街头小店。显然，这些网上超市的痛点恰好是京东的优势，这也是京东敢于南下挑战天猫大本营的本钱。

不过，在中国电子商务发展的人背景下，网上超市已经成为了重要的发展潮流。首先，大型电子商务企业都在加紧布局网上超市，在采购、仓储、物流等方面下足了功夫，以京东和天猫最为典型，背靠沃尔玛的1号店也不甘示弱。线下商超也加入到了建设网上超市的行列，大润发建设飞牛网，中百集团不久前也宣布加紧布局网上超市，而更多的线下超市选择与电商巨头合作，比如永辉超市选择和京东联姻，后来又与京东到家合作，未来还将与京东联合采购。

网上超市的起步和拓展，是中国电子商务向纵深发展的重要标志，也会进一步牵引整个电子商务的商品质量提升，让网购与老百姓的日常生活更加贴近，也会带动整个中国商业模式的彻底转型。

借助2015年的"双12"促销，京东超市发起10城市回馈活动，凸显出京东超市高品质、低价、极速的品牌形象，敢于在天猫的根据地发起挑战，也说明其有胆量和能力要为消费者带来切实的实惠。按照京东的规划，"1分钱秒杀活动"将在"双12"当天早上11点启动，一直持续到晚上8点，每个整点都会放出数万份的爆款商品，供消费者以1分钱秒杀抢购。此外，这次活动还有"满199减100""买1得2"等优惠，还可以参与"火锅节"等主题促销。

我们可以看到，网上超市的覆盖面全面超越传统线下超市，可以举办全国性但有差异化的同时大型促销，商品也比线下超市更为丰富和跨界。通过这种网上超市大战能够将优质、高性价比的商品汇聚一处，最大化为消费者提供生活便利，将是中国电子商务发展的又一里程碑。几家欢喜几家愁，网上超市的发展势必会对线下的一些超市构成生存压力，客流的稳定性会大不如前。正如此前多年互联网世界上演的一幕幕悲喜剧一样，两大巨头争夺的结果是另外的观战者受伤，而传统领域的同行受伤最深。面对"双12"的京东天猫网上超市大战，会有人坐在城楼观风景吗？

## 7. 造节

## "双11"：网购狂欢节已终结，全球购物节将新生

"双11"自从2009年淘宝商城发起以来，已经进入第七个年头，912亿元的交易额创造了新的历史。伴随不断提升的销售额的是这个节日到底能走多远的争论，如今很多人更是发出了今年"双11"将是最后一战的结论。

不过，马云做出了正式回应，认为"双11"还要做100年，甚至比阿里巴巴存在的时间还要长，因为购物节是属于全社会的。

实际上，马云这样的说法也许并非是随口说说，种种迹象表明，"双11"正在走出阿里巴巴的平台，也在走出电商的平台，不仅走到了乡村山沟，也走到了五湖四海，"双11"正在变身全球购物节。

当天猫淘宝平台在几个小时之内就超越了美国购物节之时，当仅仅一天的销售额就超越了中国全社会一天的消费品零售总额的时候，当全球媒体甚至纽约证券交易所都24小时关注的时候，我们已经很难将其定位为一家公司的营销活动。

初期的"双11"只有当时的淘宝商城在做，成交量也很小，社会影响不大，但随着中国电商的快速发展，社会公众的积极参与，"双11"的影响力开始急剧膨胀，快速走出了阿里巴巴的平台。

随着京东、当当、苏宁、国美等国内电商平台在"双11"这一天的激情加入，天猫淘宝不再寂寞，虽然各家电商之间不乏口水战和价格战，但共同将这个日子的网购气氛推上了高点却是切切实实的成果。

当然，电商们的业绩飙升，受伤最大的便是线下的商场和超市，眼看自己的蛋糕越来越小，这些商场超市不甘心坐以待毙，纷纷在"双11"这一天推出自己的促销活动，甚至折扣力度和时间段超出了线上，由此也吸引了一些消费者重新走入了商场。在不知不觉中，线下的商场也被卷入到了"双11"购物节。

仅仅是在商场内进行促销是不够的，面对电商的无界和随时性的优势，一些商场超市开始触网，很多线下企业也开始选择走到线上，开自己网络购物平台的有，在网络购物平台开设旗舰店的更多，由此，每年的"双11"也成了这些企业的购物节，线上线下全面进入到"双11"购物节中来。

唯品会、聚美、京东、阿里巴巴等在美国上市之后，"双11"更引起了全世界的关注，更重要的是，当中国人买遍了中国大陆之后，眼光已经盯上了港澳

台、日韩、欧美，中国人的全球购物能力早已经是世界很多国家的救世主，现在又要网购遍世界了。在"双11"这一天，世界各国的商家和创业者都看到了赚钱的机会，海淘让"双11"成为了世界商业的狂欢。

全世界各国的节日都不是天生的，都是因为某个理由在某个机缘巧合之下被人们记住和传承，只要这一天具有了某种典型的意义，并且持续具有存在下去的价值，那么就会逐渐成为一个被普遍接受的节日。

"双11"来自阿里巴巴，但并不属于阿里巴巴，也不属于电子商务，可能也不会仅仅属于中国，未来两到三年，"双11"很可能变成世界范围之内的一场席卷全球的购物狂潮，全球买全球卖，线上和线下，只有购物和狂欢。"双11"这一天可能随着西太平洋的太阳升起，然后跟着时区走遍全球，世界在同一天享受购物的乐趣。

## "双11"幕后主谋，能力大阅兵为蚂蚁金服打江山

"双11"不断地在创造奇迹，如今成为了全世界的焦点，说每年的11月11日属于阿里巴巴一点都不过分。每年的这一天，处在聚光灯下的都是天猫、淘宝和马云，以及各种各样的物流与送货信息，但实际上，"双11"现在早已经不是售卖的货场，而是阅兵的舞台。

### （1）阿里云承受了巨大的压力，也显示了无与伦比的超能力

来自蚂蚁金融服务集团的数据显示，其旗下品牌支付宝在2015年"双11"期间，共完成7.1亿笔支付。支付峰值出现在凌晨0点05分01秒，达到8.59万笔/秒，这一数值远远超出全球其他支付机构的处理能力。200余家银行与蚂蚁金服共同打造了世界上交易处理能力最强的支付平台。

全世界最大的信用卡组织VISA的系统处理能力是每秒1.4万笔，"双11"当天晚上支付宝的能力是VISA的6倍还要多。实际上，从历年"双11"的数据来看，2009年订单创建每秒钟只有400笔，今年达到了14万笔，相当于2009年的350倍左右；支付能力在2009年是每秒钟200笔，今年是8.59万笔，大概是430倍左右，这就是这几年飞速增长的过程。

在"双11"的现场，阿里巴巴的技术负责人介绍了阿里云的状态。目前支撑整个阿里数据运营的数据库叫Oceanbase，采用的是分布式数据库技术，把读和写进行分离，满足我们一秒钟创建14万笔交易，一秒钟进行8.59万笔支付的能力。

同时，在"双11"中，阿里云异地多活的能力也获得了非常直观的呈现。蚂

蚁金服首席技术官程立介绍说，支付宝采用了蚂蚁金融云的分布式架构，具备"异地多活"能力，支付系统支持每天100亿笔交易已经没有任何技术障碍。阿里云在整个公共云计算平台上还具备一键部署的能力，在90分钟内，就可以创建一个像淘宝或者天猫，或者支付宝这样量级的大型架构，去满足技术的灾备需求。

也许阿里巴巴集团首席风险官、阿里"双11"技术总指挥刘振飞的话最能代表"双11"活动的心声。他说，我们的技术代表我们的普惠的能力，我们希望把阿里巴巴每一年"双11"所积累的技术能力，能够开放出去。事实上，正是经历了"双11"的考验与宣传，12306才登上了阿里云的舞台，经过2015年的"双11"之后，又会有多少银行选择被招安呢？

### （2）蚂蚁花呗信贷业务借船出海，支付路径瞬间开阔

2014年的"双11"，阿里巴巴推出了天猫宝，2015年取而代之的是更加清晰的蚂蚁花呗。蚂蚁花呗是蚂蚁金服旗下一个配备消费额度的支付服务。用户开通后，可免费使用蚂蚁花呗的消费额度购物，且蚂蚁花呗可以避开银行间的交易链路。针对"双11"免息分期优惠，将联合天猫放出近100万款免息分期商品，这是"双11"史上规模最大的一次免息分期大促。结合蚂蚁花呗"确认收货后，下月还"的特点，用户买买买最长可以超过1年还，且没有任何手续费。在"双11"之前，为了促进蚂蚁花呗的使用和分流支付压力，11月3日，蚂蚁花呗宣布将当天定为"女王日"，并单独给女性用户提额，人均提升5000元。从11月3日到8日，蚂蚁花呗给女性用户派发"双11"消费额度，额度从200元到10000元不等，人均有5000元，用户可以在支付宝钱包的蚂蚁花呗页面里直接领取。

蚂蚁花呗对接的是蚂蚁小贷公司，用户每笔消费，对应的是蚂蚁小贷的一次信用贷款。早在2011年，蚂蚁小贷（当时叫"阿里小贷"）就开始资产证券化的探索，是国内最早开展资产证券化业务的小贷公司。证监会和保监会批准的第一单小贷资产证券化，均是由蚂蚁小贷完成。截至现在，蚂蚁小贷已经成功发行近200期资产证券化计划。蚂蚁花呗产品负责人粗略估算，资产证券化支撑下的蚂蚁花呗，帮助整体支付系统成功率提升了2～3个百分点，而每一个百分点的提升，意味着至少可以促进1.3亿元的消费。

资料显示，首次参与"双11"的蚂蚁花呗，全天交易笔数达到6048万笔，支付成功率达99.99%，平均每笔支付用时仅0.035秒。在实践中，很多人也发现，"双11"抢购中，使用蚂蚁花呗付款不仅可以享受分期、免息等优惠，还比其他支付方式更快捷，一次"双11"就等于是为蚂蚁花呗做了充分的客户体验营销，将大大提升蚂蚁花呗的知名度和使用率。专家分析，蚂蚁花呗彻底避开了

银行链路，不走银行通道支付，就算央行最严支付管理办法正式下发，也对支付宝支付不起作用，这种B端渠道自身的借贷不受丝毫影响，同时还能借助管理办法，让自己的信贷业务飞速发展！

蚂蚁金服并没有出现在阿里巴巴天猫"双11"的前台，但背后的一切都离不开蚂蚁金服的支撑，而"双11"所经历的一切也都让蚂蚁金服的能力一览无余，每一次的"双11"都是一次最好的广告。不管是金融云，还是余额宝、蚂蚁花呗，平台已经搭建完成且经过"双11"的考验，就等着愿者上钩了。

## 造节购物，"双12"与"双11"其实很不相同

每年都有很多节日，有些是老祖宗创造出来给我们遗留的文化遗产，有些是洋人过惯了西风东渐传过来的舶来品，有些是现代人无聊或者无意间杜撰出来的人造节。不过，这些节日不管由头是什么，要想过得好，都是商家在煽风点火。

过年吃饺子年糕送年礼，卖面的卖米的卖肉的卖礼品的借机会发财；中秋节卖月饼，端午节卖粽子，看似都是与吃有关，实际却是因为吃最能将老百姓的大众化消费集中起来激活而已。至于洋节，情人节的鲜花巧克力避孕套，万圣节圣诞节的道具与礼物，看似高雅，实际上也不过是西方人在吃上套路太少且已度过温饱将商业集中在玩上而已。

可以这么说，就商业社会而言，如果没有商业活动和商家的参与感，任何的节日都不可能长久的流传。节日的起源可能与宗教或者祭祀，但兴起与普及却一定和商业有关。中国的元宵节如果不是古代与民同乐和中国式的情人节氛围，不可能无缘无故地活跃到今天。

同样的道理，很多人质疑"双11"购物节，实际上只是因为其缺少点"仙味"，将节日的概念赤裸裸地呈现在社会面前。但是，和所有的节日一样，商业元素的强悍让任何抵抗和嘲笑都成为枉然，购物节不仅没有消亡而且还在拓展，从网购节发展成为了购物节，从中国到了世界。

### （1）"双12"和"双11"实际上是一个年底购物季的正常延伸

"双11"是全民热潮，已经无可阻挡，但一个月之后的"双12"显然与"双11"不同，活跃程度明显下降。这个所谓的"节日"被很多人当成是"双11"的陪衬，可事实真是如此吗？

按照很多人的理解，"双11"是天猫主导的，"双12"是淘宝的大集。据发起者淘宝官方的说法，"和'双11'不同，消费者逛天猫是为了品牌，到了

'双12'，淘宝希望用购物的乐趣吸引人们。你在天猫购物，接触的更多是品牌，而在淘宝，你接触的店主，这种关系对于消费者来说是更亲近的。"这种说法也印证了以上分析，但实际上可能并非如此简单。

"双11"对于阿里巴巴意义重大，成功失败在此一举，是检验其整个公司各方面能力提升的关键场次，也是向外展现赋能的舞台，所以，最终的销售量一直是"双11"所重点宣传和强调的对象。到了"双12"，销售量从来不是追求的重点，也从来没有公布过类似数据，不仅不会和"双11"比销量，同比的数据都没有。

根据第三方全网"双11"的大数据，包括天猫、京东、苏宁易购、国美在线、1号店、亚马逊、当当网、易迅网、我买网等18大电商B2C平台。数据显示，"双11"当天全网交易额共计1229.37亿元，较2014年的805亿元增长52.7%，全网包裹数达6.8亿，较2014年的4.1亿增长65.7%。其中，天猫是"双11"最大的赢家，全天交易额912亿元，占全网的74%，较2014年的70.9%又提升了3%。

可以这样讲，与西方的黑五和圣诞促销季一样，中国的年底购物节也持续一个月，只是呈现出来的曲线不同，中国是一个大大的U形。"双12"的存在类似于歌曲中的一唱三叹，如果只有一个太高的高潮，歌曲会让人感觉缺少结尾，也会不完整，在"双11"配送基本完成之后再来个次高音，过程就完美了。"双12"之于"双11"就如同正月十五灯会之于春节除夕过大年，让意犹未尽有个结局。春节是那么热闹，守岁是如此激动，随后的元宵节却是轻松愉快，让人放松心情步入下一个新年的正轨。

当然，对于商家来说，"双12"有些更现实的意义。那些在"双11"卖断货的厂商，可以在补充了新货之后弥补空仓的缺憾，那些"双11"销售不佳的商家更是需要通过"双12"清理一下库存，将损失减少到最低。从这个角度来说，"双12"就是"双11"的延续，是购物节买卖双方的余温消散。网络上还有一种说法，"双11"是天猫大店家的盛宴，而淘宝的小卖家收益并不大，淘宝官方通过针对淘宝商家的"双12"活动可以安抚淘宝小商家对"双11"截流的不满，也能在年底再提升一下整个平台业绩和关注度，花小钱办大事。

### （2）网上销售额是"双11"的主线，"双12"却是线下商家的高峰盛宴

也许上面的说法并不是玩笑，每年的"双11"主题实际上差异不大，但"双12"的定位却一直在变化。最近几年，淘宝官方一直在推出新的"双12"玩法，并非简单的直接下单购物，而是在创造一种消费者"逛"的感觉，更深刻地说，电商寻求让买家和卖家建立一种人与人之间的人性化关系，而非冷冰冰的商业利益。

京东将"双12"定位为网上超市的活动。借助2015年的"双12"促销，京东超市发起10城市回馈活动，凸显出京东超市高品质、低价、极速的品牌形象，敢于在天猫的根据地发起挑战，也说明其有胆量和能力要为消费者带来切实的实惠。

通过几年的寻寻觅觅，O2O终于成为了"双12"的首选。2015年的"双12"无疑已经与O2O密不可分，网上超市之争愈演愈烈，而O2O企业更是成为了"双12"的主角。照这个发展，以后的"双12"注定会成为O2O的节日，在这一天，人们将从网上下来，进入商场、超市、便利店、理发馆、电影院、餐厅、酒店等，吃喝玩乐构成了"双12"的最核心要素。也就是说，"双11"人们要黏在网上，"双12"人们要玩转线下。

根据淘宝官方发布的"双12"数据播报，仅一个早上(截至上午10点)，全国市民通过支付宝口碑"双12"，总共买走了近86万份牛奶、61万份面包。到下午14:30，有40万份炸鸡、25万个汉堡通过支付宝和口碑被买走。截至下午14:00，商超便利店中最受欢迎的日用品是手纸和纸巾，总共卖出了20.75万份。上海五角场的西贝莜面村在"双12"中午的2个小时内，总共接待了500桌客人，翻台率达到4，比平时的翻台率多了一次。在台北宁夏夜市，有大陆游客12月12日一早就要结束旅行返回大陆，为了不要错过"双12"特别优惠，他们特意等到12日0点才正式开吃。宁夏夜市在12日第一小时的交易笔数已经超过了平日一天的量。商户客流量大幅增长。一鸣真鲜奶吧的交易量相比平常增长了8倍多，其中最畅销的单品是温酸奶，截至下午16:00，已卖出了15万份，销售一空。截至17:30，家乐福"双12"通过支付宝的交易额已经突破1亿元。截至18:00，"双12"当日淘宝电影观影出票数达到112万张，占全国票房近30%。

同样是12月12日，百度糯米将其定性为生活服务的消费日。百度大数据对历年生活消费趋势大数据分析，12月份几乎年年都是火锅消费高峰，2015年的12月12日，糯米发起的"双12火锅节"应运而生。在"双12火锅节"期间，百度糯米推出"火锅在线排队"功能，还有全景地图查看等功能协同服务。基于大数据的分析，分析出各地区人群口味的不同，根据这些大数据对参与火锅节的火锅店提供营销指导，打造一个有技术含量的火锅节，不单是折扣更是精准到服务的全线打通。

### （3）购物节顺应市场潮流，但主题却永远都是物美价廉

购物节看似凭空捏造，但如果没有老百姓的真心参与和众实体商家的积极响应，注定不会成功，不管是"双11"还是"双12"，其成功的背后都并非高人策划和平台运作那么简单，实际上都是顺应时代的产物。古话说，时势造英雄，这

个评价用在"双11"和"双12"也应该是恰如其分的。

据统计,从1月到12月,每个月份基本都有节日,只有11月缺席,电商网站造的节日让我们每个人实现了儿时的梦想——月月有节天天过节。如果把众多节日按照季度分类,发现第二季度节日最多,占比36%,这跟上半年传统节日较多有关,但是第四季度节日占比14%,因为下半年传统节日较少,所以"双11"横空出世,成为本季度最大也是年度最受关注的节日。

除了"双11"和"双12",京东还创造了6.18购物节,百度的3.7女生节,蚂蚁金服的6.6中国信用日,每月28号的支付宝日,一年到头,电商们为我们创造了连续不断的踩手机会,加上线下商场超市那些数不胜数的会员日、年度庆、开业周年庆,我们正生活在一个无处不在无时不在的购物节日氛围之中。最后,不管造多少节日,不管怎么去炒作,物美价廉都是永恒的主题,要想节日长久兴盛要想让老百姓喜欢,万变不离其宗,否则一定会是过眼烟云。

## 年货节,春节这块电商荒地能借来东风吗?

2016年的春节又是电商们争夺的舞台,2015年的春节疯抢红包,2016年的春节变成疯抢年货,以前电商们是把购物变成了节日,现在要把节日变成购物。

媒体报道,首届阿里年货节于2016年1月14日预热,17日(腊八节)正式开售,一直持续到21日结束,电商购物节这一次是真的要下乡了。

### (1)春节本来是电商的荒地,现在终于要被开发了

春节与电商以前本来是水土不服,电商在春节前都会打烊,老百姓回归到线下购物过节,但随着电商深化发展,2016年的春节显然会成为电商发展历史上的分水岭。

春节一直是电商的低谷,因为中国人有春节回家过年的习惯,而这个时候是城里人回到农村的时刻,城市空了,电商也都偃旗息鼓,于是大家相约都回家安安静静地过年。

另外,正是因为春节都要回家过年,物流陷入了一年中最难熬的时刻,一方面是人流拥挤货物流动受限,一方面是快递回家过年无人撑场子,所以,电商也就只好休眠。

不过,随着电商的发展,移动4G网络和手机购物的兴起,中国物流体系的进一步完善,特别是农村物流的建设和农村淘宝村的兴起,终于给电商迎来了春节发展业务的机会。

### （2）春节会成就农村电商，万事俱备终于吹来东风

从2014年开始，多家电商企业都挂出了春节配送客服"不打烊"的公告，其中既有京东、易迅这样的自营型B2C，也包括天猫平台中的部分品牌店铺。北京商报报道，京东、苏宁易购、易迅网、乐蜂网、1号店、亚马逊和当当网等企业均承诺在春节期间正常配送。

据北京商业信息咨询中心监测，2015年大年三十至正月初六，120家重点商业服务业企业实现销售额36.6亿元，而这一时期的电商却是销售惨淡，连网站的流量都急速下降。

基于中国传统文化，消费者会在节前置备好过年时所需的年货，对于已经门庭冷落的大城市来说，即便电商在春节期间不打烊也不会有多大的市场空间，赚吆喝维持品牌形象的意图更明显一些，而这个时候的农村却是一年中难得的一次最热闹的时节，也是农村商业最繁荣的时刻。

如果你翻开农村商业的教科书，都会看到，反复重申的是春节期间的商业促销方案，春节也是中国各企业和商家在农村市场必争的最关键时刻。于是，借助春节的东风，电商真的要下乡了。

### （3）春节正好是进行乡村电商启蒙教育的最好机会

中国的电商已经壮大，特别是城市市场，增长的空间越来越小，但广大的农村地区还处在启蒙阶段，让农民参与网购和加入到网络销售中来，是中国电商行业下一步发展的重头戏。

"双11"在前几年一直起到电商启蒙的作用，这个目的已经在城市实现，而农村和西部的四五线城市还处在待开发状态。春节期间人口流动，大城市的打工者和寻亲访友者往来城乡，正好是拓展电商业务和启蒙教育的最好时机。

据相关数据显示，2014年全国农村网购市场规模达1800亿元，全国农村网购市场规模到2016年将突破4600亿元，未来农资市场容量有望超过1.5万亿元、农产品市场容量超过4万亿元、农村消费电商也在万亿元级别。年货、年礼和年夜饭是春节的主要消费，但是，春节年货这一线下商家一年中最大的挣钱时节，现在也要被电商攻陷了。今年过年不送礼啊，送礼也就来叫个快递，也许会在几年后成为新时尚。

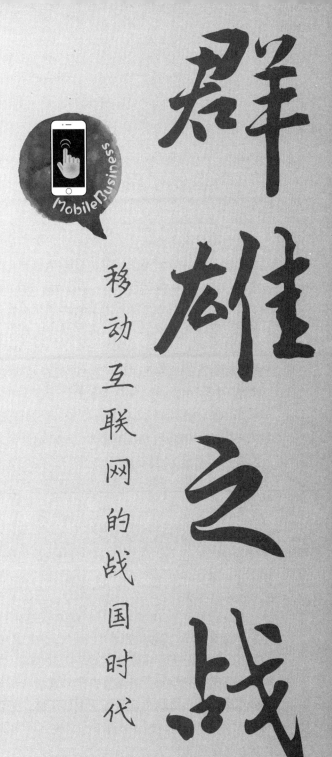

群雄之战

移动互联网的战国时代

三、万物生长

## 1.O2O

# 非典造就了电商，雾霾能成就O2O吗？

　　中国电商为何这么火？网上流传英国爵爷也看不懂，而中国的电商行业发展之快也早已经让华尔街的分析师晕头转向。实际上，他们要是到中国特别是北京住上几天，一定会脑洞大开。中国的电商发展有其独特的原因，向经济上问，是房地产导致的高租金转嫁到实体商店让价格虚高推动老百姓在网上购物；向社会上问，中国大城市的堵车与雾霾减少了外出，网购自然会更多。

　　行业里都知道，没有非典，可能就没有电商在2003年的兴起，也就不会有现在淘宝和京东的电商巨头，而现在肆虐中国北方的雾霾，很有可能成为O2O行业的催化剂。

　　根据媒体的报道，雾霾天气，北京地区的订单量明显增长。百度外卖数据显示，2015年12月7日至8日，北京地区的外卖订单量相比平时提升了24%。饿了么外卖平台12月6日至12月7日，其北京地区的订单量增长了5.76%。美团外卖统计发现12月7日和8日雾霾较为严重的两天，订单量同期相比也增长了27%左右。

　　天气对于商业的影响非常大，特别是雾霾，商场超市和室外旅游场所受害严重。2013年十一黄金周期间，假期受到不良天气影响，北京市区居民景点休闲游488万人次，同比减少6.3%，旅游消费10.39亿元，同比减少1.7%。城市公园类景区和以欢乐谷为代表的现代娱乐型景区接待量同比下降分别为6.8%和23.7%。

　　另据报道，2013年10月，哈尔滨遭遇特别严重的雾霾天，据说哈市两家正在促销的商场因雾霾遇到"寒流"，21日几乎门可罗雀，22日的客流量也较平日减少六成，由此给商场经营造成严重影响。

　　一份全国性的分析报告指出，雾霾天气对于线下实体商业也产生了较大的影响，各类商业物业的营业额都有所下降，地铁上盖的销售额影响有限，距离住所较近、出行时间较短的社区商业下降幅度也较小。可见，雾霾影响出行，出行减少影响商业销售。

　　中国旅游研究院发布《中国入境旅游发展年度报告2015》指出，雾霾成为了影响我国入境游增长的主要负面因素。全国大范围雾霾的天气，对入境游客满意度产生直接的影响，入境游客对空气的敏感程度远大于国内游客，雾霾天气甚至被某些国际媒体列入了一个全球的警告，对入境旅游也产生了一定的负面影响。

其实，雾霾天气不仅仅影响商场和游乐场，对于电商赖以生存的物流的影响也非常大。由于雾霾严重，高速公路封闭，送货车无法行使，机场航班严重延误或者取消，甚至，由于港口雾霾严重无法卸货，导致北京天然气紧张，不得不降低了冬季供暖的温度。比如，在著名的2013年东北雾霾时，湖北至东北三省快递连续两周延期至8天才能到达。

可以这样讲，雾霾天确实对于电商是利好，大大促进了老百姓待在家里或办公室里通过网络进行采购的需求，也促进了一些产品的大销售，比如口罩、空气净化器等，但雾霾的严重也会影响物流和人们的消费意愿，总体上影响整个社会的消费能力。

据相关专家对淘宝搜索的分析，随着雾霾不断加深，运动品类大幅上升，12月1日更是上升187位而高居榜首。而且，对于安全套的搜索和购买数量城市排名，和雾霾城市分布，有很强的正相关。

对于O2O来说，一般可以分类三类。一类是线上定制服务，线下等待上门服务的，比如家政、订餐送饮，还有其他一些上门提供服务的，这些O2O商家一定是雾霾天气的最大受益者。另外一类，线上定制服务，线下去使用服务的，比如旅游、团队活动、看电影、团购聚餐等，只要是需要客户出门享受服务的，多数都会是受害者，因为雾霾，人们减少外出，这些O2O商家的业务会大受影响。还有一类，如打车等，双方线上约定，线下聚到一起，这种服务会因为出行减少受到影响，但也会因为雾霾而更多地使用，因此喜忧参半。

也许雾霾的蔓延真的会促进一些O2O商业的繁荣，但这种繁荣的代价却是那么高昂，如果健康都没有了，还需要那么多送来的外卖有什么用？更重要的是，你在点外卖的时候，考虑过快递小哥的健康吗？

## O2O忌大跃进，强扭的瓜不甜

据说窝窝团作为第一支地道的O2O概念股在美上市，道路虽然曲折，股价也并不理想，但却给国内其他做O2O的企业打了强心针。实际上，这两年来，国内O2O领域的投资非常活跃，甚至到了炒作概念讲讲故事就融资数千万的地步。

此前不久，京东宣布成立独立的O2O部门，将O2O列为公司重要的战略。其他的大型互联网公司也都在O2O领域投入巨资。但是，以美国资本市场对中国O2O市场的关注度来看，这个概念还疯狂不起来。

### （1）O2O只是电子商务从实物到服务的一个必然阶段

中国的电商比美国发育得晚，但因为中国互联网的快速发展和制造业的空前繁荣，加上老百姓收入与经济增长的不协调，中国电子商务产业却比美国发展得快，一直到世界领先的程度。

为何O2O概念突然在中国火热起来？这主要是得益于移动互联网的发展让中国的互联网产业得以落地生根，与实体经济和社会有了更多更扎实的结合，而线上和线下的一体化重要迎来了发展的春天。

但是，说到底，O2O是渠道发展趋势，只是借了移动互联网的手段。所谓的线上和线下，那只是商家的管理学分工，与消费者关系并不大。消费者关注的是渠道的融合，如何用最简便快捷的方式获得自己需要的服务，至于是否在线上或者是在线下，其实无关紧要。

就此而言，任何的O2O服务，都需要能够缩短流程、提高效率，而像很多人所讲的社区O2O，不仅没有为客户提供多少便利，相反却将温情脉脉的简单交易变成了冷冰冰的多此一举，效果自然不会好。

### （2）如今大多数所谓O2O不过是O2O的初级阶段

最近很多人在热炒所谓的按摩O2O，也就是说，通过一个手机APP，需求方就可以将按摩师邀请到家里或其他私密场合完成交易。我们可以肯定地说，如果没有其他的问题，这个O2O一定会火起来，但事实上却一定是其他的问题比这个O2O更火。这样的O2O其实谈不上是什么O2O，不管是手机上网还是电脑上网，这APP实际只是中介搭桥或者有一定的支付及评价功能，并没有实现渠道的融合，套成O2O也只是为了炒作方便。

如果我们只是把线上与线下的结合看成O2O，那么几乎所有的电商都可以是O2O，实体商品总是要通过物流来送到家的，与我们现在热议的O2O的差异也只不过在物流和服务提供者上。一般的实物电商，物流只是送货的，并不承担本商品的服务职能，而服务类的O2O的"物流"就是服务的提供者。

也就是说，我们现在很多带着O2O帽子的业务不过是服务型电子商务而已，所以才出现了团购网站纷纷改唱O2O大戏的情况。电子商务从实物到服务，是必然的发展趋势，在去除了实体商品交易中大量的中间代理渠道之后，电子商务已经有能力给服务行业开启了"降维"模式，这也许就是我们理解的现阶段的O2O公司。

因此，我们大概可以把现在O2O称为O2O 1.0阶段，也是O2O的启蒙时期，下一步才会迎来真正的渠道融合模式和具有表率性的公司业务。

### （3）O2O业务的发展需要更多的等待而非催熟

O2O是互联网的中国化落地，也是电子商务发展的必经阶段，应该是水到渠成的，并不会被外力所谓的战略催熟。即便对于超大型的互联网公司，这几年强推的O2O活动也几乎都是赚了吆喝却没看到收益，这种结果并不能仅仅用前期市场启蒙和烧钱占据市场来解释，因为中国很多O2O的火候还未到，再怎么推也不会有成效。

除此之外，未来的O2O的公司并不会是传统意义上的互联网公司，因为这些公司不可能仅仅做信息的中介，必须参与到服务人员的管理和实际经营中来，将变成以互联网资本为主体、以对人的直接服务为根本的一种相对"重"公司。也就是说，这些O2O业务天生就是互联网+，而且可能是+互联网+，而这个+的完成需要更多的系统支撑和社会共识方面的协作和努力。因此，布局O2O是假命题，强行推进的O2O不会有成熟的果子，我们在这个时候需要更多的等待。

# 为何说一切O2O都是纸老虎？

2015年，网络热点领域仍然是大数据和O2O，当然，与此相关的就涉及了云和平台。现在，几乎所有的大型互联网公司都在讲大数据，也几乎所谓的互联网公司都在做移动互联网O2O，而且，只要做大数据的就要上云计算，而谈O2O的必然要做大平台。

据说，已经有若干个煞有介事的O2O号称估值超过了百亿美元，此等独角兽在中国将来可能遍地皆是。在这里，如果提名字，可能引来无数谩骂甚至法律纠纷，可仍然不得不说的是，在当今的中国互联网行业，还没有一家纯正的O2O企业能够笑傲江湖，仅有的几个吸引媒体眼球的成功者也只是炒作而来的海市蜃楼。

随着互联网+在中国的战略推进，一大批骗子会自然而然地涌现，这就是中国社会发展几千年来的现实，也是全地球人的通病，否则就不会有《皇帝的新装》这样的童话流传。很多人都想着编造一个故事，用PPT就可以造出汽车，而O2O领域更是可以创造神话的最合适场合。

现在，最为成功的O2O应该算是打车软件，包括出租车的滴滴快的，也包括专车服务与UBER，这主要是其依靠互联网技术以及移动互联网的位置服务、通话集成和支付便利等核心功能大大提升了社会效率。

即便是如此成功的服务，也遭受了各方面的打压，互联网技术的创新无罪，但是强硬地改变了多年形成的利益格局，由此付出的社会成本也不得不考虑，更重要的是，打车软件至今也没找到赢利模式，仍然是陷于打车还是打车的怪圈中。

也许很多人依然抱着互联网思维，只要先把用户数培育起来，达到了规模极限自然会创造出新的商业模式，但面对移动互联网，这个规律真的还生效吗？

看看微信，这个最早号称拿到了移动互联网门票的成功应用，用户数傲视天下，基本上可以说是一统江湖了，可直到今天也找不到属于自己的商业模式，为游戏导流的探索不得不终止，为电商导流的试验惨淡经营，信息流的广告虎头蛇尾，最寄予厚望的O2O的支柱移动支付也几乎要半途而废。

不仅如此，信息流动加快和资源的有限让O2O平台非常容易趋同，于是，一方面所有类似平台都会竞相争夺稀缺的线下资源，保持自己对线下优质资源的垄断性控制，另外一方面则是争取对信息资源的完全掌控，以此来构成对线上和线下用户的独特吸引力。因此，围绕这两类资源的垄断与反垄断之争、盗版与非盗版之争，会在平台之间的竞争过程中上演，这也就大大提高了O2O企业的竞争强度，增加了这些创业的失败可能性，让O2O企业成了勃焉、亡也乎焉。

很多实践都告诉我们，纯粹的移动互联网O2O服务可能是对互联网商业模式的一种重整，在互联网上横行无忌的免费模式有些水土不服。当然，从商业逻辑来说，免费应该是无往而不胜的，只是还没有找到通过免费换来更好的收费的姿势罢了。

既然微信都是这个样子，打车软件也前途未卜，剩下的很多租房的、卖车的、送煎饼的、卖快餐的，能有多大的收获？O2O企业只要是专注于某一个行业或领域的，都不会做大，也只能成为线上线下渠道的互联网解决方案，并不会创造出新的商业逻辑，而这种仅仅的渠道互联网改造绝对带不来足够的商业价值。

按照专业的理解，O2O可以分为三个方向。第一种理解，O2O把线上的消费者带到现实的商店或者服务中去，也就是在线上查询、支付、购买线下的商品或者服务，再到线下去享受服务，比如看电影、餐饮团购等。第二个理解是在电子商务发生的过程中，电子商务由信息流、资金流和物流组成，O2O的特点是把信息流和资金流放在线上进行，而把物流放在线下。直观地看，那些无法通过快递送达的有形产品或者无形服务就是O2O的强项，比如擦车、按摩、家务等。第三个理解是指为客户提供移动互联网时代端到端体验支持，从消费者搜索并且发现自己有需求的商品或服务，到交易和购买，再到交付使用该商品或服务，直到最后的再消费或者分享，这样一个完整的过程构成了端到端的体验，比如打车。

应该说，以上三种移动互联网O2O只是产业发展的表象，并非深刻的内涵，我们至今还没有找到O2O的本质和精髓，那些声称已经做大做强的O2O们也只是纸老虎，在未来大多不堪一击。

谁会对这些大小O2O展开追击呢？答案不言而喻，肯定是互联网的几家巨头与电信运营商，也有可能包括实体经济中的一些巨无霸。不是说百度、阿里巴巴、腾讯以及中国移动或者万达等就能通吃，而是说如果这些单纯地做着O2O梦想的企业没有找到新时代的革新元素，那么移动互联网也就只是互联网的一个延伸，巨头们只要把手伸长一点，分分钟就可以做到。

## 2. 共享

# 错过"共享经济"活该哭晕在厕所

现在这个时代，再老生常谈两三年前的"O2O"、"互联网思维"、"粉丝经济"就OUT了，互联网时代一日千里，滴滴快的撬动上亿市场，Uber、Airbnb风靡全球，一个叫"共享经济"的名词横空出世。

如果说"互联网思维"与"O2O"玩的是大概念，那么以P2P去中介化特征的"共享经济"则是实打实的经营模式。

当P2P兴起，是否意味O2O没戏？严格来讲，O2O的土壤培育了P2P，没有O2O则很难产生"无中介、零流通成本"的环境，该环境也可理解为"平台"，O2O与P2P并非水火，刻意"唱衰O2O"并无意义。

### （1）再伟大的梦想也需顺应时代

谈"共享经济"不可能不谈Uber或Airbnb。关于Airbnb（AirBed and Breakfas）的故事，再简单不过，一个关于床与面包的小点子，引发了"出租空闲沙发"的创意。Airbnb可谓共享经济的先驱，成立初期几度因用户不认可而濒临倒闭，甚至靠3位创始人卖麦片赚取第一桶存活基金。很显然，在7年前，让人们意识到将空闲的一间屋或一个沙发出租给陌生旅人并收取费用，是一件不可思议的事，其挑战的不仅是人们的传统观念还有安全、隐私等问题。

可是，当我们看到Airbnb挺过发展严寒，于2011年呈800%增速，用户遍布167个国家近8000个城市时，这一切简直像突如其来的神话，仿佛"共享经济"一夜之间以一个成功者的姿态来临。殊不知，Airbnb的爆发正是契合了O2O移动互联网的风口，以及互联网交互的大变革。当然最重要的是，一个没有灵魂的产品，再怎么遇上强大的风口，也不一定会瞬间引爆。我们必须承认，以Airbnb为代表的"共享经济"只是满足了人们最迫切的需求，即将"我享受服务"，变为"人人为我，我为人人"，彻底改变用户在消费上的"只出不进"的现状。以利益为驱动力培养用户习惯，使其变身为深度用户，再由深度用户变为内容生产者与传播者。而与Airbnb同属性的Uber与滴滴快的等，除了在后期化身用户与用户之间的监督者，用户在平台上与谁联系、与谁交易，全凭用户做主，平台不做任何引导与干预。

## （2）租房市场的"共享经济"势不可挡

在对的时间做对的事，Airbnb以自己的坚持让人们见证了"共享经济"的魔力。在中国，与Airbnb差不多的租房市场正在悄然革新，所谓"悄然"，即已有声音胆敢突破当前陈年旧规，向用户发声"无中介，零费用，房东、租客直联直签"，这家扰乱租房市场，挑战无中介，去流通环节的平台是一家名为"火炬租房"的新兴的互联网租房平台。

以互联网为载体的租房平台并非"火炬租房"一家，但一上线，即向根深蒂固的租房中介宣战，确是大快人心，并非像其他平台，以收取服务费为名头，曲折实现收费目的。火炬租房像Airbnb得以爆发的很重要的原因之一就是，拥有对用户深切洞察的产品。

据相关考察，火炬租房的产品，不仅让房东、租客用户直联直签，同时推出屏蔽骚扰、安全交易、租金垫付、赠送保险等全面保障用户的功能。租房变成一件轻松、简单、无后顾之忧的事，正如火炬租房倡导的"传递美好生活"的租住服务理念。

对于一个新兴品牌而言，讲产品如果算不上一件十分吸引人眼球的事，那么火炬租房仅用不到一个月的时间，实现用户粉丝的快速增长，注册用户迅速突破十万，或许可以说明这是一个"哎哟，还不错"的互联网租房平台。与此同时，该平台正在推出"解救租客：秒杀中介，租房不求人，还给报销12个月房租"和"援救房东：24小时闪电出租，迟租按天赔付"针对租客与房东的营销活动。

火炬租房粉丝疯长的背后，到底是平台P2P属性吸引了用户，还是其设立的角色、场景的营销活动吸引了用户，目前没有确切答复。不过，在一个空前活跃且成熟的互联网+时代，砍掉人为设立的条条框框，满足用户与用户的直联，与让用户省钱的同时还能实现有利可获，这应该不仅只是互联网产品范畴的事，而是一个因为用户所以用户的满足人性的故事。

## （3）谁还可以P2P，实现"共享经济"

其实"共享经济"在前几年O2O蓬勃发展的时期已然存在，只是2015年随着Airbnb、Uber的爆红而名声大噪。如不少平台提供厨师、美甲师、按摩师等上门服务，与Airbnb、Uber、火炬租房唯一不同的是，这些平台有着很强的控制权与存在感，均会收取一定的服务费或管理费，并且这些上门服务因职业特性使然，存在一定的单方面输出，很难实现用户角色的互换，充其量只能算是O2O环境下的共享。

那么除开租房、打车市场，谁还可以实现P2P模式下的无中介、零流通环节的"共享经济"呢。首要前提"人人皆可、人人皆用"，次之"具备一定的交易价值"，如利用自己空闲时间当清洁工、护理工、辅导老师等，均可实现"资源的优化配置"。

（4）自由是"共享经济"的核心，也可能是最后一根稻草

基于用户需求与时代特性，"共享经济"以一路高歌的态势不断升温，主题"错过'共享经济'活该哭晕在厕所"实乃当前市场的真实写照，风口已然具备，是否成功腾空而起，还需看个人造化。

自由互联是平台给予用户的承诺，但Airbnb曾发生的入室抢劫一事，以及乘客搭黑车所涉及的人身安全等问题，是所有"共享经济"提供者需细致考虑的。以及某些行业的"共享经济"是否触碰既得利益者，违背现有行业法规，也颇存争议。但不管怎样，共享经济正以中国最有名的口号"为人民服务"的号召力疾驰在宽阔之路。

对一种新兴的经济形态而言，"共享经济"只是刚刚开始。前景可期，未来还长。

# 共享经济是互联网的帝国时代

最近，Uber、Airbnb是人们谈论最多的共享经济的典型代表，人们可以借助Uber将闲暇时间利用起来开车挣钱，也可以叫来专车帮助自己出行，人们可以将自家的闲置房屋或者房间给其他人居住，也可以借助网络应用找到适合自己短期居住的Airbnb居所。

## （1）共享经济的主要形式

按照网络上的定义，共享经济的特点就是需要拥有空闲时间的人、产品或者服务，他们并不是时时处于忙碌或使用状态，而是能空出时间为正好有需要的人提供服务，这种经济模式一方面充分利用了闲置的资源，一方面填补了市场对于某些产品或服务的巨大需求的不足，用一句经典的话来说叫"实现了资源的优化配置"

从目前来看，共享经济主要在金融、房地产、二手物品及运输等领域活跃起来。比如房地产领域的共居生活、仓储共享、厨房共享，有些人在家里做好了饭通过网络订购的方法送到不远的食客手中等，还有在金融领域的众筹、P2P，让很多人获得了简便快捷高效的理财手段，也有人通过网络方便地进行图书交换、二手货交换，当然，现在最引人注目的还是自行车共享、网络约租车、拼车服务、停车位共享等。

共享经济也并非是突然产生，而是在互联网的发展中始终存在且已经壮大起

来的经济形式，只是因为此前互联网技术的限制而没有呈现出典型的共享特征。

就目前来看，淘宝完全是共享经济的一种典型样式，而依托微信产生的所谓"微商"也是共享经济。在这些大的平台上，很多人利用业务时间和业务生产能力为其他人提供服务，完全符合共享经济的要求。

我们现在所说的共享经济往往仅仅局限于移动互联网，显然是太过狭隘了。如果我们考察历史，商周时期的井田制就是共享经济的一种开端，只是这种共享并非是劳动者自愿。在互联网经济中也是一样，当移动互联网流行以后，互联网真正进入了以"个人"为主体的时代，也是可以灵活配置资源和时间的时代，共享才变成了可以成为经济模式的主体。

### （2）互联网的三个发展时代

互联网从诞生以来一直在发展演变进化，一刻也没有停止过。就历史来看，互联网大概经历了三个时代，我们可以称为酋长时代、王国时代和帝国时代，而共享经济是互联网社会的帝国时代。

互联网第一个时代是以雅虎、新浪、百度等为代表的门户时代，这个时代的互联网具有强烈的去中心化倾向，网站众多，各做一块，信息繁杂需要索引，每个互联网用户有巨大的自由选择空间，一个人的选择不会受到其他人的选择的巨大牵制和影响。这是互联网的酋长时代，网络中的资源和信息各自为政，各部落之间沟通有限，最多组成部落联盟，酋长管理着各个部落，对部落中的属民有绝对的控制权。

第二个时代是社交网络时代，以QQ、微博等为代表，在这个时代中，出现了巨大的社交平台，每个人的自由选择的机会大大被压缩，几个强烈的中心开始出现，后来者只能被动地跟着使用，因为离群索居是要被看成互联网的弃子，我们已经开始失去自己的中心而只能以众人为中心。在这个互联网的王国时代里，每个庶民都身背自己的王国属性，大的王国征伐兼并不断，用户也可以在王国之间互相流动，只是，每个网民都已经跟着各国的国王而脉动，个体的声音和能量逐渐消淡，网络运营者与大V成为了"国王"。

第三个时代是共享经济的时代，网民已经在移动互联网的世界里变成了低头族，这样的共享包括时间的共享、财产的共享、位置的共享、金钱的共享等，在这个时代，淘宝早已经一统江湖，微商借助微信开始起步，打车专车风靡社会，空房子可以给陌生人来居住。共享经济是互联网的帝国时代，在帝国之中，有完善的组织和强有力的管理，帝国之内可以共享资源，帝国辖区内的诸侯也不再武力征伐，而是五脏俱全地自成一体独立管理，资源得到了最大限度的优化配置。

### （3）共享经济的帝国时代会诞生超级平台

不管是Uber、Airbnb，还是国内的滴滴、P2P，这些被称为共享经济的模式都有一个共同的特点，那就是这些公司从一开始就具有强烈的核心平台倾向。共享经济需要超强的核心平台，是互联网从去中心化向强中心化的高度转型，没有超强核心的共享经济不可能是健康的共享经济。共享经济需要底层的牢牢控制和强力管理，否则共享就会变成分赃，参与者也会变成群氓。

共享经济的发展是对社会治理与网络平台管理能力的巨大挑战，要想让互联网经济健康长久地发展，共享是必然趋势，但共享的前提却是必须拥有最强有力的帝国运营架构和管理制度，这是时代发展的产物，也是互联网发展的必然结果。我们可以预见，在共享经济快速发展之后，一定会出现几家横跨多业务且具有成熟管理模式的超强平台型互联网公司，这些都是互联网上的罗马与蒙古，领袖们也就成为了凯撒、屋大维和成吉思汗。

## 3. 星火

# 专车为何能做到屡禁不止？

虽然有各种各样的限制和打击，互联网专车服务还是在全国快速发展了起来。如今，这种用手机随时随地就可以叫到高档车出行的方式已经不仅仅局限在京沪等一线城市，而专车出行更成为了很多城市小"土豪"们流行的生活方式。

与此同时，各路资本还在持续看好专车发展。继滴滴专车、一号专车之后，易到、神州租车等也快速成长，阿里巴巴旗下的高德也加入洪流中来。

专车服务并不是因为互联网而诞生的，但却因为移动互联网而成了气候。此前，在一些城市的高档酒店门口往往都会有一些开着高档车辆的人"趴活儿"，主要是为了满足高端客人短时间有面子的出行需要。在部分城市，也出现了各种电招出租车服务，很多车辆比相对普通的出租车要高档。这些来自租车公司、旅游公司或者是出租车公司配置的高端车辆应该算是专车的雏形。

由此可见，专车服务的需要本来就存在，并非是互联网公司杜撰开发出来的，所以并不存在互联网公司别有用心地颠覆出租车行业的事情。当然，由于移动互联网的普及，在智能终端和APP应用的背景下，专车服务向有着更多需求的普通人拓展却也是现实。

专车服务对于目前各地的出租车营运市场"秩序"确实构成冲击，但这种冲击却是对多方有益的一种新秩序的建立，会大大提高整个社会的汽车使用效率，也会对大城市的交通拥堵起到疏解的作用。如果这种改变带来的是整个社会的进步，那旧格局旧秩序的阻挠就变成了开社会发展的倒车，终究会变得毫无意义。事实也已经证明，即便再大的打击，专车服务依然获得了飞跃式的发展。

首先，专车服务对于目前的出行市场是有益的补充。我们可以将目前的公共出行市场划分为两类：一种是多人共行，一种是单人单车。对于多人共同出行，有公交车、长途客运班车，但这种车往往按时按点，对于临时出行或需要个人私密空间的出行需求并不能满足。另外一种就是单人单车，如城市的出租车、处在边缘地带的缺乏营运资质的所谓黑车等，但出租车在大多数城市都是僧多粥少，不仅是叫车困难，而且牌照也是难求，远远不能满足社会需求，至于黑车，本身就是违法，隐患很多。有大型互联网公司背书、具备管理能力和技术手段、费用透明且操作规范的专车正好填补了留下的市场空间，甚至因为专车的发展而让"黑车"失去生存空间。

另外，专车服务对于提高出租行业的服务水平大有裨益。出租车行业虽然是非常重要的窗口服务行业，政府主管部门和出租公司各种规范、检查，但因为人员分散、流动性强、与乘客接触封闭等原因，服务质量一直广被指责。竞争也许是提高服务水平的最好途径之一，因为有了专车的竞争，老百姓对服务水平的比较更容易，出租车司机势必会主动地提升服务水平来挽留客户。

此外，专车服务一旦合法发展，很多商务人士或者愿意出适当高价的城市居民将有更大的意愿去绿色出行，从而对解决城市拥堵起到不可估量的作用。很多人因为出行的便捷化和舒适化得到了解决，将减少自己开车的次数，甚至会减少购车的冲动，城市道路的使用效率大幅度提高，而随着个人购车开车的减少，会产生出大量的租车需求，而价格相对较低的传统出租车将承接这部分外溢需求。出租司机接客量下降并非专车带来，而主要是因为中国旺盛的私家车购买和使用。从长远看，专车的健康发展不仅不会造成出租行业的倒闭，相反，出租司机们的日子会更好过。因此，专车的发展将让城市道路不堵了、司机挣钱多了、老百姓出行也更愉快了。

当然，专车的好处虽然不少，问题也依然存在。比如，有媒体报道的女大学生遭受专车司机言语骚扰，乘客的安全存在隐患。还有政府部门及专家担心的交通安全和保险等问题。不过，这些问题通过技术手段都可以得到解决，由于移动互联网专车系统的闭环特性，即便不能做到彻底杜绝，也能做到万无一失，至少可以做到比目前的出租车管理还要规范严格。

专车的快速发展并非洪水猛兽，只是移动互联网的位置服务、社交功能、支付系统与连接能力的集中体现，是互联网＋的第一个成功案例。作为专车，老百姓有切实的出行需求，司机有实打实的收益，还能缓解交通拥堵、提倡绿色环保出行，甚至可以让黑车退出历史舞台，为何就不能正大光明地让其步入正轨呢？

要知道，老百姓如此有需求且欢迎的好事，恐怕是难以一禁了之的。

# 在网上定制汽车，有这个短路"必要"？

拥有一辆属于自己的汽车，是很多人的梦想，如果这辆汽车还是为自己"定制"的，那岂不是真的成为了地地道道的自己的汽车，这样的汽车随着C2B商业模式的创新正在变成现实。

2015年某个下午，吉利熊猫酷趣版汽车开卖仪式启动，这款汽车在必要商城线上发售，售价为41999元起，前66名付款者可享受2000元优惠，再扣除3000元国家补贴，只需36999元就能拿到手。这场汽车秀的最大亮点是，消费者可自行定制车身外观和车内配置等，外观共有11色可选，包括8种单色和3种贴膜双色车身，配置上可自行选择手、自动车型，加装10寸pad大屏等。

据发布方介绍，这次只是吉利和必要商城双方合作的第一步，以后会沿着高性价比的模式，将汽车互联网+突破性创造继续深入下去，在提供高品质、高性价比的基础上，让用户的个性化需求得到不断地满足，比如车灯可以设置成车主的姓名等。

定制这个词并不让人陌生，但此前多是在纪念品或者箱包奢侈品等方面，个人定制汽车还是第一次，至少对于小老百姓是第一次。敢于第一个吃螃蟹的必要商城系全球首家C2M模式的电商平台，在2014年初成立，创始人是百度原市场总监、总裁助理，乐淘网创始人毕胜，7个月运营以来，必要商城的订单数呈逐月增长的态势，由起初的4000单一个月发展到现在的50万单一个月，订单数已成长至刚上线时的125倍。

据说，C2M全称为Customer To Manufactory，即从消费者到制造商。这种模式按需求生产，没有库销比，有订单再生产，没流量就不开工。必要商城打破传统电商运营模式，它一头连着消费者，一头连着奢侈品制造商，旨在通过"短路经济"，砍掉所有的流通加价环节，让顾客与顶级设计师、顶级制造厂商两点直线连接，从而使消费者以最低的价格买到最高品质的产品。也就是说，在必要商城这里，一切非生产制造环节都成了不必要，只有用户的需求才是必要的。

随着信息化的发展，个人定制化的时代已经到来。联想就曾推出具有很强定制色彩的MOTO X手机，而海尔的生产线很早就已经根据订单来逐一生产。可以说，未来的商业零售将"通过数据来驱动制造"，即用户先下单，工厂根据必要商城提供的购买需求数量来进行生产。必要商城的"互联网+"最大的好处即在于"消灭库存"。

C2M最大的优势就在于，传统制造业的厂商在生产商品时往往无法精准地判断未来的市场容量有多大，因此生产产品时往往是"盲判"，一旦对市场销售量预测不准确，便容易导致产品库存问题，而必要商城的模式则是按需求生产，没有库销比，有订单再生产，没流量就不开工。这样的定制方式，最大限度地解决了库存问题。这样的公司可谓是轻中之轻，将互联网+发挥到了极致。

按照规划，在汽车之后，必要商城将一切高性价比的产品都在必要的眼眸之中。必要商城自上线以来，已先后与NIKE、PRADA、ARMANI、MAXMARA等多家奢侈品制造商合作，推出了男鞋、女鞋、眼镜、箱包、运动服、女装等品类商品。毕胜坚信，每个行业都可以用必要的"短路经济"去改造，让用户过上高品质生活的梦，会很快到来。

# 二手车，O2O价值实现的新战场

移动互联网越来越普及，而随之兴起的O2O电商模式已经开始走向社会的各个方面，而继电影票等生活服务之后，二手车交易异军突起成为了O2O发展的最重要领域。

## （1）O2O需要为相关方提供独特的增值价值

人们都在各个方面进行移动互联网O2O商业模式的探索，成功者有，失败者也不少，经验与教训都值得认真探究。而长期来看，价值感始终是O2O模式能否被行业消费者认可并接受的关键，如果硬要把O2O强加到一个传统业务之上却并不会创造新的价值，一定不会成功。

一般来说，价值感可以体现在服务降价上，也可以体现在服务增值上，或者消费便利等方面。举例来讲，购电影票，很多人选择在网站平台进行团购或专业的电影网站购票，甚至是到了影院的柜台前却通过网络来购票，即便有点麻烦，但却享受了超值的价格折扣，所以黏性很强。在这种模式中，商家是少数，消费者是多数，消费者人数多且消费的频次高，能够帮助客户省钱的O2O注定很有生命力。

当然，O2O既可以帮助普通消费者省钱，也可以帮助消费者多挣钱。在二手车市场上，消费者通过开新这样的O2O平台出售自己的汽车，可以获得比直接与车商交易更高的价格。因此，虽然销售汽车的车主使用这个O2O平台的频次很低，甚至是一锤子买卖，但使用者众多且一次标得很大，只要能让这些使用者实现足够多的收益，O2O平台便能持续不断地获得新用户而具有生命力。

## （2）传统交易中处于弱势的一方要从O2O中受益

O2O的绝大多数商业环境都是C2B，也就是大多数的普通消费者通过O2O平台实现与服务商家的对接，要想成功，主要在于线上的聚客能力和线下服务的保障水平，也就是说让链接的双方满意。

当然，O2O成功的核心在于到底为谁服务，追求双方满意也要有主次，最好的自然是为消费过程中占据资源优势却处于交易弱势的一方。比如，在买电影票的时候，看电影的虽然是拿着钱的消费者掌握主动权，可交易的定价权却掌握在电影院手里，通过O2O的模式完全颠覆了传统，消费者享受了最低价的观影，由此也对业务产生了牢固的黏性。

对于卖二手车来说，车主虽然手里握着车，但交易的主导方却是车商。因为车主对二手车行情缺乏了解，并且还缺乏专业的检测知识，很容易被车商故意压价，甚至出具虚假的检测报告，最终导致车主利益受损，这也是一直困扰二手车交易的老大难问题。而像开新二手车帮卖这样的O2O模式却可以解决这样的问题，实现了信息对称，最大程度上保护了车主利益。

## （3）线下的服务一定要有价值

我们观察了很多失败的O2O模式，大都是简单地用网络平台将交易链接起来，但线下的服务却非常简单，甚至对客户的感知无足轻重，个别的还会造成客户体验的变差。

二手车交易存在很难实现难题，"一车一况一价"的交易模式让整个市场充满风险，但也刺激了交易双方对脱离了具体利益纠葛的二手车O2O交易平台的需求。像开新二手车帮卖这样的O2O模式，在线上形成了成规模的二手车车商，因为信息的透明化和大容量，完全避免了个别车商联合起来蒙蔽消费者的可能，在线下通过具有公信力的检测机构进行全方位的科学公正检测，然后通过线上公平的竞价实现双方交易，帮助车主最大化的获得公平交易价格，使二手车O2O模式拥有了最大化的商业价值。在这个二手车交易中，线下的聚客、检测及服务保障对交易的双方都很重要，甚至成为了交易得以进行的关键因素。

## （4）O2O也要让全行业增值

中国已经成为了汽车大国，越来越多的二手车也随着时间的推移进入市场，但以往却限于交易模式的落后和交易双方的不信任而形成的瓶颈无法正常发展，正是在有了二手车O2O平台的情况下，这一困局才得以彻底打破。

在不同的二手车交易模式中，开新这样的帮卖模式并没有改变行业的既有格局，只是将原来存在的令人深恶痛绝的黄牛替代掉，车商、车主都是赢家，更因为大大提高了交易量，使整个行业的交易速度和商业规模得到了本质上的扩大，为二手车行业带来了巨大的现实价值。

如果一个模式只是考虑了部分从业者的利益，甚至会剥夺合法经营者的权益，势必造成整个行业的重构，面临的阻力也会很大，弄不好有夭折的风险，可二手车帮卖很好地解决了这一问题，实现了全产业链的共赢，自然发展的速度会比较快，成功率也更高。

总结来看，O2O并不是简单的线上与线下的打通，而是要为行业及参与方都创造价值，自身的服务也要具备客户所需的独特价值，由此才能有所成就。

## 餐饮O2O如何借互联网+飞起来？

互联网是懒人经济，而懒人也正是催生技术进步和商业模式创新的动力，越来越多的人喜欢坐在家中或办公室里享受上门的美食，餐饮O2O应运而生，而且已经是越来越火。在国家发展互联网+的大背景下，互联网+餐饮的未来充满想象。

**（1）餐饮O2O市场发展快，已经成为互联网+餐饮的推动力**

互联网+餐饮肯定不只是餐饮O2O这样，还包括餐饮行业的信息化管理改造、食品安全信息监控、餐饮制作上的互联网化流程创新等，但目前成型的却几乎只是餐饮O2O，因为餐饮O2O需求大、可行度高，而且适应了现代化的城市生活。

生活在大城市的白领和学生估计都有过电话或网络点餐的经历，而及时送上门的美食更是让人足不出户就填饱肚子。随着城市化的推进，流动人口膨胀和城市扩大导致办公人士难以有足够的时间回家做饭，餐饮外卖的市场将更加火爆。

根据日前易观智库发布的《中国互联网餐饮外卖市场专题研究报告2015》显示，2014年中国互联网餐饮外卖市场交易规模已突破150亿元，订单规模达到3.7亿单。目前，饿了么、美团外卖、淘点点、百度外卖四家占据近80%的市场份额，其中饿了么在市场份额以及细分市场方面均居行业第一。据预测，未来餐饮外卖市场将是万亿级别的大市场，由此引发了互联网巨涌入互联网外卖市场。

**（2）餐饮O2O市场日趋成熟，行业格局成型，巨头林立，实力强大**

餐饮O2O市场并非现在刚刚起步，而是早在几年前就已经开始在全国范围内兴起。作为国内较早的在线外卖订餐平台，饿了么目前覆盖全国260多个城市，用户数量2000万，加盟餐厅近20万家。美团外卖依靠本身的团购优势，经过一年多的扩张，已覆盖全国250多个城市，日最高订单量已经突破170万单。百度外卖是百度旗下专业的外卖服务平台，虽然进入外卖市场较晚，但扩张迅速，目前已经覆盖了全国84个大中城市。到家美食会扩张节奏略慢，但目前也已经覆盖北京、上海等八个城市，用户规模超过100万。

根据易观的报告，2014年中国互联网餐饮外卖市场订单份额方面，饿了么以30.58%位居外卖行业第一，排名第二至第四的分别为美团外卖（27.61%）、淘点点（11.20%）、百度外卖（8.55%），四家占到整个外卖市场规模的近80%。

以上数据足以说明，在餐饮O2O市场上，饿了么、美团外卖、淘点点、百度外卖已经牢牢占据了行业前四位，成为了餐饮O2O的领军企业，这个市场日渐成熟，具有充分实力的企业的不断成长也让整个市场有了进一步规范发展的可能。

### （3）三大瓶颈正在被突破，客户拓展、安全管理和物流配送

如果要问客户，对餐饮O2O有何期望，那答案一定是安全健康和丰富多样的美食，当然，还需要按时按点地给送到才好。但是，如果要问餐饮O2O企业，在发展过程中遇到的难题有哪些，自然会是客户拓展、安全管理和物流配送的瓶颈。

餐饮O2O企业虽然各具优势，但总体来看，客户群都是集中在学生和城市白领，这部分客户已经被挖掘的差不多，存量客户的激烈争夺也导致客户的忠诚度下降，长此以往，整个行业会陷入到恶性竞争的漩涡。为此，一些餐饮O2O企业开始实行差异化运营，积极拓展中高端客户，比如，来一火定位为专业的火锅外送平台，为顾客提供足不出户品尝品牌火锅的服务，百度外卖联合吉野家、星巴克、庆丰包子、丽华快餐等知名餐饮品牌，而在学生、白领市场占据优势的饿了么也在积极拓展中高端餐饮用户群体，甚至开始布局城市普通家庭。

对于安全问题，始终是餐饮行业的命脉，如果在餐饮外卖的过程中出现食品安全问题，再强大的企业都可能在一夜之间烟消云散。所以，整个餐饮O2O行业都在不断加强对食品安全的监督管理，还积极探索新的经营模式。比如，饿了么与中国人民财产保险公司合作推出业内首款食品安全险——"外卖保"，美团外卖也联合众安保险推出了相应的外卖险，保障用户权益。

至于物流配送，餐饮O2O企业可以选择餐饮企业自己送、O2O企业自己的物流配送或者第三方物流承担。从安全和及时的角度看，第三方物流的风险最大。于是，饿了么引入大众点评、京东、腾讯等合作伙伴，并忙着自建物流体系；美团鼓励餐饮企业自送；到家美食会则选择了与京东物流的合作。

毫无疑问，互联网+是餐饮行业发展的良机，而餐饮O2O行业将首当其冲，只要运营得法，积极拓展市场，突破三大瓶颈的制约，就很有可能被互联网的大风吹上新的台阶，老百姓也能享受到又快又好的送餐服务，大家也就都有口福了。

# 二手货，O2O取代C2C让优品驱逐假货

二手货有人要吗？当然。只要东西好，二手货依然可以是香饽饽。在以前，各地都存在大量的二手交易市场，一些商贩会把回收来的二手商品摆摊销售，但其中掺杂大量的假冒伪劣，很多人想买却心有余悸。

## （1）二手商品乱局，信息平台都无法避免假货交易

互联网出现以后，以电商模式为基础，网络上出现了各种各样的二手商品交易平台，大多数都是C2C。具体来说，网站搭建一个信息沟通和商品交易的平台，二手商品的卖家将信息公布在上面，有购买意向的买家在网站上搜索寻找，然后和卖家进行沟通，双方自行完成交易。

这种交易模式充分利用了互联网的特点，让交易的双方可以最大可能的信息对称，但二手商品交易中的难题却一直没有解决。作为互联网信息平台，有平台型企业共通的局限性，单凭一己之力确实无法解决困扰平台型企业的虚假信息问题。最近，一些新闻媒体报道了有关58同城二手频道的深圳用户的投诉，实际仍然是这个问题的延续。

从原理来看，58同城的模式来源于美国分类信息网站Craigslist，对恶意信息进行一定监控，并且依赖于客户的反馈，形成以信任为基础的良性循环。这种以信息发布为主的开放性质平台，秉承互联网的开放性和免费性，任何有需要的人都可以在平台上免费发布信息。这种开放模式与百度搜索、淘宝店铺是相似的，但这也正给一些不法分子提供了可乘之机。

## （2）交易信息不是广告，平台有责但不应夸大

在国内一系列的网络打假事件中，很多人都把矛头对准了提供交易信息的平台，这是典型的发现了问题找错了对象。

信息交易平台只是提供了信息沟通的场所，所有的销售信息都是卖方自己发布，而交易也是在买卖双方之间完成，信息平台并未提供收款服务，而信息平台也并未收取这些交易双方的广告费，这种信息并非是信息平台发布的广告，因此不适用广告法。

当然，就二手商品来说，二手商品不同于新产品出厂，缺乏统一的评估标准，以次充好时常发生，很多商品仅仅凭借购买者的个人经验无法判断真伪或真实的价值，而且，产品在交易过程中的送货也存在难题。在这种情况下，信息交易平台有一定的监管责任，在接到用户举报之后可以进行必要的查证，可以对有

欺诈或作假的一方进行网络上的处罚，比如封杀账号、降低级别、删除信息等。

但是，如果非要这些信息平台在交易未发生之前识别出虚假信息或杜绝假货交易，是绝对没有可能的，任何网络公司都不具备这样的能力，这样的查证和处理应该是政府有关部门的责任和权限。

实际上，"高仿"、"A货"、"山寨"这样的字眼在社会中随处可见，政府相关部门取证范围广、打击难度大，随着互联网的发展，网络骗术、售假模式、售假渠道也在不断地升级变化，更给相关部门的监管和打击提高了难度。因此需要媒体、政府部门及相关企业多方联手，从源头予以打击、在渠道予以查处、在过程予以监督。当然，提供信息服务的互联网公司也要借助移动互联网技术来提高打假能力，尽最大可能保护交易双方的利益。

### （3）技术进步，O2O取代C2C有望从源头解决问题

随着移动互联网应用的发展，O2O越来越深入，二手交易的新时代已经到来。依靠线上和线下的融合，互联网O2O企业不再仅仅提供信息沟通的平台，而是深度介入到商品质量评估、价格建议和物流等环节，能够更好地让二手交易变得现实可行。

不久之前，58同城宣布，其二手业务板块新增产品服务——"二手优品"。该产品服务从高品质二手手机作为切入点，为用户提供全流程的二手物品寄卖服务，旨在建立规范化的交易流程，保障二手交易的公平性，同时为用户提供更为便捷高效的服务。

据了解，"二手优品"将采取一种全新的交易模式，与其他二手交易服务不同，二手优品将坚持O2O服务而非传统电商。"二手优品"是为买卖双方提供包括上门取货、专业质检、估价、增值、延保、寄卖销售等一条龙服务，而非直接销售。如果有买方愿意购买，58同城"二手优品"将负责送货，采用货到付款的方式，并根据货物情况提供相关增值服务，如延保、清洗等。支付方面，目前支持现金或刷卡支付，未来58同城二手优品将会开通第三方支付，买方可以在线直接完成付款，还会提供预付或分期付款的服务。

这种O2O二手交易模式和从2014年开始就已经风靡全国的二手车交易模式类似，互联网公司不再是简单的信息平台，而是通过专业的手段保护买卖双方的利益，让卖家卖出好价钱，让买家买到放心的产品，还通过自身的能力帮助买卖双方进行点到点的物流服务，让二手交易更简单、更安全也更具有可行性。

通过O2O的模式改造传统的二手交易是大势所趋，但也会存在很多困难，毕竟，二手市场商品太过繁杂，产品价值评估也需要更多的专业人士和经验积累，即便像58同城也只是先从手机开始起步，甚至也只是从苹果手机开始试水。通过吸收苹果genius bar资深售后质检员加入团队，并开发实用的估价器，可以

让二手交易保证顺畅。目前58同城"二手优品"服务上线初期，将暂时以二手苹果手机（iPhone）的寄卖服务为主，成功会才会逐渐拓展品类，算是比较稳妥的方法。

假以时日，二手商品的O2O将会广泛被社会接受，任何人都可以借助这样的平台实现物尽其用的目标，也将大大提高整个社会的资源利用效率，为老百姓造福。

## 火炬租房触动了传统租房O2O哪些痛点？

毕业季一到，租房市场就进入旺季，而在移动互联网O2O的冲击下，今年租房市场的竞争火药味十足。不仅传统的中介公司摩拳擦掌，新兴的租房O2O们更是掀起了颠覆式营销大战。

在爱屋吉屋收半月租金之后，思源宣布只收取买卖中介费1.5%，而火炬租房在业内第一家喊出了对房东租客零佣金，无中介，房东可在线自主发布房源。更差异化的一点是，火炬租房允许房东和租客直联直签。何谓直联直签？就是说，房东和租客可以通过专门的免费电话直接洽谈，并且双方的电话号码对对方来说，都是可以隐藏的，从而避免了假房东冒充真房东的事情发生，而且也避免了房东或租客受到二次或多次电话骚扰的可能。

如同当年免费模式引入杀毒市场引发市场洗牌一样，网上租房的免费模式，以及绕过中介允许业主、租客直接商谈的模式，也将引发该行业彻底改写商业模式，传统的中介公司能生存下去吗？

实际上，传统的中介行业也没有闲着，2015年年初链家地产就宣布推行经纪人加盟模式，并提高经纪人提佣比例，2月，链家地产与西南地区龙头企业伊诚地产全面合并，并上线全新租房APP，采取的策略是"租房者免佣金，出租者仅收5天佣金"，应该算是主动拥抱移动互联网的大动作。

但是，面对吸收了打车软件大战经验的租房O2O们，要比传统的中介公司走得更远，从逐渐降低中介费一直杀到了免费，势必让中介公司们很难应付，毕竟，拥有传统运营模式的中介公司不如这些跨界而来的互联网公司轻装前进。

多年以来，租房市场一直因三个行业顽疾而被广泛诟病。一是中介费高昂，并且漫天要价，还经常会出现中介吃差价的问题；二是中介发布了大量的房源，很多房源多次重复发送，还有很多只是为了吸引客户上门的假房源；三是租房市场上有很多二房东、三房东，租客多付了很多房费，还会有法律上的纠纷，难以保障租房者的合法权益。

正因为如此，很多人都期盼着互联网技术能够改变中介行业的弊端，但是传统的租房网站如安居客等，由于商业赢利模式的限制，很难从根本上杜绝中介公司或中介人员刷单或发布虚假信息，仅仅充当了房源信息的发布平台，并为从根本上改变租房市场的痛点。

移动互联网O2O发展以来，几家租房公司借助新技术和新的运营逻辑，很快就针对行业痛点展开了逆袭。特别是，火炬租房以移动互联网为主阵地，通过APP、微信、网站等多样化的平台，为用户提供房屋租赁服务，彻底改变了行业发展模式。

资料显示，火炬租房目前业务仅覆盖北京，稳扎稳打开发局域市场，在线上已拥有上万套真房源，且每日有上千套房源实时更新。这些真实的可核实的房源成为改变行业现状的重要根基。

根据权威机构统计，去年的北京租赁市场，一套出租房从登记到成交平均周期是23天，这意味着房东手中的房源，通常会空置将近一个月的时间，这无疑是非常不划算的。如此，实现了真房东与租房客之间的安全沟通，保证了房源房主的真实性，还提高了房主的收益，何乐而不为？

此外，火炬租房还对租赁双方都提供安全担保，如遭遇欺诈，可先行赔付，租客成功入住还可获赠价值40万元房屋财产保险保障及租客人身意外伤害保险。

在传统的经营模式下，租客中介费为零是不可想象的，因为中介公司的运营成本很高，其商业模式就是通过信息的掌控来收取中间费用。但租房O2O们则不同，基于移动互联网，可以有效提高信息连接和转化的效率、去掉冗余环节，还可以寻找其他的互联网思维的商业新模式。

在互联网公司的降维攻击中，婚姻介绍所已经基本成为了历史，家政服务公司也受到了巨大的冲击，现在，最为顽固的租房中介被颠覆的时刻也注定要到来了，传统的中介们准备好了吗？

## 配送柜大战，O2O阵地谁主沉浮？

最近互联网江湖上流行跨界PK，智能手机领域正在上演新老势力对决，而移动互联网的O2O上也激流勇进，各路诸侯展开了暗战。当然，这不同的跨界斗争都有一个活跃的参与者，那就是号称拥有核心科技的格力。

自从格力开始进入手机领域之后，就有人玩笑说，"小米负责制热，格力负责制冷"，手机温度可控时代到来。如果这是一个玩笑，那接下来发生的事情就不再是玩笑，2015年6月12日，格力电器携手乐栈517推出目前业界唯一基于物联网技术、支持"即食餐品"配送的智能设备——"乐栈"智能配送柜，这款产品的核心竞争力依然是格力的核心科技温控技术，据说可独家实现0～60℃控温，让餐饮和生鲜O2O大开方便之门。

不管是智能手机，还是被炒得火热的配送柜，按照互联网行业的说法，都是商家必争的"入口"，而且是离消费者最近的第一入口。占据了这些入口的优势，就会在未来的互联网+战略发展中占据制高点。

### （1）配送柜混战，电商企业没有人敢掉队

在移动互联网发展过程中，大家都一直看好餐饮O2O，如淘点点、美团、饿了么等，这些企业利用自建或合作物流，通过手机上的APP将所在地的餐饮企业外卖与食客连接起来，发展速度很快，甚至还出现了以专门送火锅上门服务为主要业务的O2O企业。不过，这些企业都面临一个难题，那就是餐饮服务的质量保证，包括配送中的食品保温和与客户的便利交接。

实际上，并非只是餐饮O2O面临这样的困难，其他电商企业也一样遇到了困难。随着国内电子商务的飞速发展，包裹量激增，快递压力巨大，随之而来的便是这些快递企业的不断创新。

就在前不久，国内快递的几家巨头包括顺丰、申通、中通、韵达、普洛斯共同投资创建深圳市丰巢科技有限公司，研发电商物流使用的24小时自助"丰巢"智能快递柜，提供平台化快递收寄交互业务。简单地说，这些企业将在一些居民小区或单元楼下设置快递柜，客户的包裹将放置到这些柜子中自行提取。实际上，在此之前，顺丰早已经创新自提模式，开设"嘿客"店，而自2013年起京东、圆通、韵达、城市100、顺丰等电商和物流企业都已经纷纷开设快递自提柜，已经遍布高档社区、大学校园、地铁站点等区域。

当然，这场配送柜的竞争中，阿里巴巴不会袖手旁观，目前，阿里已经全国拥有超2万个菜鸟驿站，提供"最后一公里"综合物流生活服务，在2015年6月初刚刚推出升级版菜鸟物流APP"裹裹"，快递配送柜也是其主要业务选项。

### （2）乐栈配送柜走差异化路线，奇兵占领餐饮高地

在各路电商巨头都纷纷投资布局配送柜的背景下，格力携手乐栈将智能配送柜这一销售终端延伸到了社区、写字楼、地铁站、医院、学校等城市的各个角落，形成遍布智慧城市的毛细血管。社区、写字楼等只需2～3平方米的场地，即可设立智慧配送柜，这从根本上改变了传统餐饮O2O行业的服务方式，抵达了餐饮配送的"最后一公里"。

与其他电商布局的配送柜不同，格力的核心竞争力在这一智能配送柜的产品中得到了充分发挥，智能温控便充分体现了格力的优势，也让整个产品更加适应餐饮O2O的独特需求，为第三方线下餐饮店、快递公司、商超、生鲜食品、电商平台、

外卖O2O平台以及各类社区服务商可以提供本地化智能配送服务，优势明显。

按照乐栈的介绍，通过智能配送柜，以高频的餐饮切入口，打通消费通道，把用户归拢起来，随后会带动低频的销售，以高频带低频，低客单价带高客单价，最终发展成为O2O市场的重要平台型入口。

在未来，智能配送柜只是入口，连接商户与用户才是成功的关键。目前，乐栈除了为顾客提供即食外卖、生鲜即烹食材、农副食品与休闲小食，还可以为顾客提供基于精准数据开发出的不同品类型的定制化餐饮产品，如孕妇餐、月子餐、低脂瘦身餐、低糖餐、高钙餐等。随着智能配送柜的大范围铺开和使用率的增加，因此会积累大量的数据信息，借助大数据应用还会有能力开发出更多新的业务和产品。

不管智能配送柜的未来走向何方，有一点却是确定无疑的，动态整合供应链、产品、物流以及社区服务进而涉足基于大数据应用的社交化电商都拥有极其广阔的前景。因此，被誉为中国两大创新智能便利柜平台，"南丰巢、北乐栈"将掀起一轮中国智能物流发展大潮。

## 平台陷阱：拉卡拉的社区O2O难抑沉浮

拉卡拉是支付领域的先行者，按照有关数据报告，至今仍是支付行业三强之一，另外两个是支付宝与财付通。不过，也就是在最近两年，与阿里巴巴的支付宝和腾讯的易付通及微信支付高速增长形成鲜明对照的是，拉卡拉的风光不再，有点日薄西山的感觉。

不久前，拉卡拉电商公司宣布，旗下"拉卡拉身边小店"正式上线"生鲜速达"频道。拉卡拉推出的生鲜速达涵盖进口水果、蔬菜、生鲜肉制品等类目，目的是通过已经升级为"拉卡拉小店"的社区便利店，为社区居民提供生鲜配送服务，这应该算作拉卡拉自去年推出开店宝之后的又一重大拯救行动。

### （1）支付场景建设，社区O2O不是救命稻草

随着移动互联网的发展，O2O越来越受到业内重视，而以各家自身核心优势为基础，不同的互联网公司甚至传统企业都在拓展商业边界，希望能执未来互联网发展之牛耳。

正是在这样的大背景下，社区O2O被热捧，而在这个链条上，支付与物流两个环节的企业最热心。顺丰速运一方面在主要城市的社区门口建设"嘿客"店，一方面联合社区门口的小型超市、零售店等，希望打通社区O2O的整个关节。京东商城依托自建的物流系统希望与社区门店进行联盟，从而在线上和线下

的融合过程中掌握先机。而支付行业里，支付宝钱包与微信支付更是血拼到底的架势，从大商场到小门市都成为了争夺的对象。

在这场争夺中，拉卡拉自然也不会缺席。根据拉卡拉的运营数据显示，2014年拉卡拉在全国已有2万个小店，2015年拉卡拉小店在全国达到15万家，除了生鲜，未来将会提供更多的商品与线下小店主进行合作。

在一定程度上看，移动支付带给商家的价值远远不止于支付的便捷性，在支付之外，其账户体系、开放平台和数据能力，都将给线下商业的转型带来极大的帮助。与此同时，支付地位的稳固更需要支付场景的存在，如果没有大量的支付场景建设，移动支付也就成为了无源之水无本之木。由此，拉卡拉在社区门店上的布局就显得非常必要，也几乎是关系生死存亡的争夺。

可是，社区O2O至今仍是一个缓慢发展的朝阳行业，社区门店的整合面临很多难题，所提供的便利性更是不难满足社区居民的消费要求。从现在的发展状态看，不管是资金实力强大的阿里巴巴和腾讯，还是物流天然占优的顺丰与京东，在社区O2O上都只是赚到了吆喝，除了能拿得出手的规模数字，几乎没有一个成功的典型案例。

我们可以得到这样的结论，社区O2O确实未来前景广阔，但发展却会很缓慢，适合那些资本雄厚的土豪们去烧钱布局，而面临发展困局的拉卡拉如果将宝押在这样一个不靠谱的地方，未来很难说会不会等到社区O2O开花结果的那一天。

## （2）支付大战，拉卡拉被意外打死

互联网上流行一个说法，A和B打架会把C打死。这确实是一个真理，在很多的竞争行业都得到了实践。

在移动支付领域，拉卡拉布局很早，也有过几乎要一统江湖的辉煌，可是那都已经成为往事，而现在的移动支付市场早已经成为了支付宝与微信支付的双龙会，拉卡拉日渐被边缘化，而且，随着百度钱包在未来的发力，拉卡拉的探花地位也将失去。

人人都知道，离钱近的生意最好做。所以，围绕支付这一"真金白银"的流通渠道，运营商、中国银联和第三方支付机构等各大利益方的博弈始终火热。特别是移动互联网兴起之后，互联网公司掌握了多快好省的终端与网络工具，移动支付的天平逐渐倒向了互联网公司。

媒体报道显示，2015年阿里巴巴仅仅是用于支付宝线下红包发放的资金就将超过10亿元，而腾讯也在不久前宣誓要提高对微信支付的投资。这些豪言壮语我们不得不相信，毕竟，以两家为后台的"快的"及"滴滴"打车软件仅仅在2014年春节时间段就各自烧钱15亿元左右用于吸引客户，2015年两家公司的投入大大高于去年。

以支付宝为例，据阿里巴巴数据显示，支付宝的实名用户数已经超过3亿，支付宝钱包的活跃用户数超过1.9亿。在过去3年，支付宝移动支付的比例从3%上升到了54%。2014年双12促销节，是阿里巴巴挺进线下的重要活动。据支付宝截至当天下午3点半的数据显示，支付宝钱包全国总支付笔数已超过400万笔。全国消费者买下了超过90万个面包、100万瓶牛奶、15万个毛毛豆蛋糕、35万个水饺、2万个披萨、21万个馄饨、5万个甜筒和50万包芒果干。这是只有土豪一掷千金才能收获的数据，而拉卡拉显然不具备。

资料显示，拉卡拉前后共计进行过三轮的融资，总资金规模约为2.45亿元，这些钱不仅不能和腾讯、阿里巴巴这样的土豪相提并论，就是与这两年风生水起的移动互联网创业公司都无法比肩，更何况，拉卡拉声称生鲜小店扩大到15万。根据业内人士的分析，拉卡拉铺设终端的成本每台在3000元左右，10万个终端花费在2亿～3亿，这点钱几乎是杯水车薪。如果仅仅靠拉卡拉自身的赢利积累和资金周转，也肯定不可能。

### （3）干爹很重要，没后台的平台注定无法独立生存

在电子商务的发展过程中，支付确实是至关重要的一个环节。没有便捷的支付，就不会有成功的购买，而拉卡拉前期正是凭借把POS机与互联网结合用线下传统的刷卡方式解决网络支付的问题而一炮打响，算是将互联网的优势接到线下并成功落地的先锋。

不过，不管怎么重要，支付都还只是电子商务的一个环节。没有支付，电子商务做不起来；而只有支付，电子商务也一样做不起来。随着电子商务越来越成熟，支付的手段越来越丰富和完善，依靠单纯的支付来打天下已经不可能，即便是希望苟活都很难。

按照央行的规定，每笔收单交易的结算手续费只能按照交易金额的1%～4%收取，在此基础上再根据7∶2∶1的比例分配。一般来说，发卡行拿手续费的70%，收单机构拿20%，清算机构即银联拿10%。

拉卡拉的主要收入一直来源于交易的手续费，也就是说，拉卡拉要争抢的即是其中的20%。但是，因为受到互联网金融的冲击，这个费用日渐萎缩，即便是发卡行和银联也都已经自顾不暇，更不要说那些收单机构。

原理上看，支付宝可以免费，因为阿里巴巴有电商挣钱；微信支付可以免费，因为腾讯有游戏和增值业务支撑。拉卡拉一直仅仅做支付的交易平台，当对手免费来袭，没有能力招架。于是，有着互联网基因的拉卡拉最终被互联网公司的"降维攻击"击中，依靠收单来获取利润的模式已经基本快要烟消云散。

反观对手，阿里巴巴对外传递的信息是，淘宝不再是简单的商品销售平台，而是一个全方位的生活服务入口，而支付宝在移动支付领域的不断完善和普及，也为线下商业的交易提供了一个更高效率的平台，一个完整的生态圈就足以让企业寻找到差异化的赢利模式，直接对没有资源来应对的企业以毁灭性打击。

当然，并非是拉卡拉没有看到这样的行业趋势，而是缺乏足够的应对资源。其实，也正是因为此，拉卡拉才不惜采取豪赌市场的办法推进开店宝，争取进入互联网电子商务企业还立足未稳的社区O2O领域。只是，具有单纯支付能力的拉卡拉在不接受任何电商外力的作用下去进入相关领域，确实有些力不从心。

从这一点上看，拉卡拉的未来最好和有实力的电商平台走联盟道路，否则很可能退隐江湖。如果拉卡拉最终没落了，也不要责怪管理层，这是时代更迭的大趋势，要怪也只能怪这个社会是资本为王，移动市场被巨头看中实属无奈。

### （4）智能手机太强大，硬件挣钱难敌互联网思维

拉卡拉一直属于互联网行业里的"硬"派，始终坚持要从硬件上获利，这也符合小米雷军系的一贯风格。可是，小米的智能手机与支付终端差别很大，分属于个人消费品和商业企业两个不同的领域，至今的手机市场仍然还是硬件挣钱一统天下，而支付却早已经免费占据主导。

当拉卡拉火热兴起的时候，智能手机才刚刚露出小荷尖尖角，独立的终端是必需的，当然具有相当的市场空间，可如今的智能手机性能几乎已经超过当年的电脑PC，手持终端毫无例外地都在智能终端化，拉卡拉的终端不再成为必要。

阿里巴巴、腾讯等公司的移动支付完全依赖智能手机，其主要承担的是后台的建设和软件的升级，用户的智能手机上的支付仅仅是附加功能，甚至可以不分担一点成本。拉卡拉的终端是功能简单的，硬件有成本，且升级更需要耗费资本和人力，这与软件的升级差别是天上地下，维护成本和营销费用的空间几乎无法与支付宝钱包等相比。

以拉卡拉主推的社区电商O2O的"开店宝"为例，这款社区网购终端采用Android平台，拥有8英寸电容触摸屏，市场零售价2980元。如果是商户购买，还需另交2000元的加盟费。即便按照拉卡拉的描述，这款终端也只是可以完成传统POS机支付功能，还可以让店主帮助顾客完成普通Pad在网上的下单功能，何况还是要单独购买。

当然，由于金融的特殊性，央行在2014年已经暂停了二维码扫码收单，这几乎是给拉卡拉以最后的喘息机会，可在"双11"活动中，支付宝已经将"枪口反转"，依托智能手机的用户持有的灵活性进行反向扫码支付，移动支付的空间被突破。何况，央行的管制时间也不会太长，留给拉卡拉的时间不多了。

拉卡拉是移动支付的先行军，率先运用互联网思维大大提高了线下支付的便利性，但是在时代的发展变化中没有跟上步伐，也因为其专业化的局限性无法抵御来自互联网巨头生态群的集团冲击，逐步被边缘化是必然的结局。如果拉卡拉能够果断转型或实现与大平台的结合，从此构建可以抵御冲击的支付场景，未来或仍有足够的发展空间，但一味地追逐还未到风口的社区O2O平台，并不是最好的选择。

群雄之战

MobileBusiness

移动互联网的战国时代

四、淘金狂潮

## 1. 掘金

# 互联网金融：伟大的开局，广阔的未来

　　互联网+已经席卷中国大地，与各行各业的结合都迸发出火花，特别是在金融领域，互联网金融更是让传统的金融行业面临天翻地覆的改变，而中小企业的融资环境和老百姓的理财观念也随之革新。

　　金融领域曾经是中国最为传统的铁板一块，银行、证券公司、保险公司及各种金融机构垄断市场，在这些企业获取了高额垄断利润的同时，很多企业融资难，老百姓更是只能以极低的利率将钱存到银行获取根本不足以抵偿通货膨胀的收益，社会资本越来越失衡。

　　不过，这一切都在互联网时代被彻底颠覆，金融成为了互联网冲击的第一对象。互联网拥有信息传递速度快、用户沟通简单和成长速度快的特点，特别是当互联网思维运用到金融革新中的时候，让传统金融绽放了新的活力。

## （1）网络技术和大数据应用让互联网金融如鱼得水

　　传统金融的交易成本很高，大量的营业网点和复杂的产品设计都使得金融企业发展速度相对较慢，也造成了广大中小企业不受银行等的待见，社会资源配置严重失衡。但是，互联网金融最大的优点就是借助互联网工具，资金的交易和管理成本都很低，金融第一次有了根本性的渠道改变的机会。

　　依靠我们每个人在网络上的一言一行汇集起来的海量数据，在强大的IT技术的支撑下，金融机构变得能比以前更加准确及时地预测未来做出决策。有了大数据的支撑，互联网金融公司可以精准地开发产品、推荐用户，更容易地将大量小微用户吸纳进来，积小流以成江海，使金融产品的成长更为迅速、业务规模超出以往任何时代。

　　金融的本质是风险和信用，对于产品风险和用户信用的评估决定了金融的未来。作为电商和交易中心地位的阿里巴巴凭借支付宝、淘宝、天猫、阿里巴巴、微博等形成了完整的用户资料、个人收支及消费行为数据链条，这个数据聚合的能力已经超越了银行，也真正可以做到仅凭线上数据就能完成征信评价，如此就具备了做金融的基础能力。

　　金融产品的诞生都需要大量的分析，是完全建立的理性的模型基础上。在没有网络之前，社会经济生活是分散在不同的店铺进行的，用户的消费行为很难被记录，即便被记录也会散落在太多的小账本上，难以综合与分析。统计部门为了了解国家经济运营情况，会收集台账式的报表逐级汇总或者进行抽样调查，把数据整理到一起便是困难重重且代价高昂，对这样的数据进行分析更是难上加难。

随着电子商务的发展，特别是大型电子商务平台的成长，以往分散的经济数据开始聚合在像阿里巴巴、京东、亚马逊这样的巨头手中，而且几乎可以实时完成汇总、瞬间完成数据分析，于是，这些电商数据成为了了解社会、行业甚至细化颗粒到企业的数据百宝库。经历过数年的积累之后，如今的电子商务平台拥有了史无前例的商品交易数据，可以分析出消费者的行为进行精确的推荐营销，当然也可以预测企业走势或者行业兴衰，将这些数据结果当成催化剂应用于金融，便会让金融行业发生剧烈变化。

## （2）互联网金融的主要形式

最为大家所熟知的互联网金融就是余额宝。作为目前中国规模最大的货币基金，余额宝规模在 2015 年第一季度已经大搞 7117.24 亿元，环比增幅达 23%，按照这样的发展速度，余额宝将毫无悬念地成为世界上第一支资金万亿的货币基金。

实际上，余额宝就是一种货币基金，与我们原来在银行购买的同类产品没什么区别，不过，借助互联网这个便捷平台，蚂蚁金服创新地实现了 T+0 模式，用户可以随时变现，更因为互联网的交易成本极低，支付宝沉淀了大量的电子商务用户和富裕小额资金，导致余额宝上市之后就掀起了一股旋风。

在余额宝之后，蚂蚁金服又推出了招财宝、娱乐宝等理财产品，还在此基础上又推出花呗、借呗等小额信贷产品，使整个互联网金融的体系越来越完善。

与蚂蚁金服的花呗类似，京东推出了"京东白条"业务，这些都属于小额消费信贷，而招商银行旗下全资子公司香港永隆银行与中国联通各占50%也组建了招联公司，从事的业务也是小额消费信贷，这是电信运营商与传统银行企业进行的一次深度的互联网金融合作尝试，也是运营商转型过程中的一次有益探索。此前运营商主要精力放在移动支付上，三家运营商也都曾经推出过类似余额宝的产品，但社会反响都一般。

此外，还有一种典型的互联网金融业务，就是P2P网贷，意即"个人对个人的贷款"，网络信贷公司提供平台，由借贷双方自由竞价，撮合成交。资金借出人获取利息收益，并承担风险；资金借入人到期偿还本金，网络信贷公司收取中介服务费。最大的优越性，是使传统银行难以覆盖的借款人在虚拟世界里能充分享受贷款的高效与便捷。P2P网贷在中国发展非常快，相关企业已经数千家，在初期这些公司提供给客户的利率收益能达到50%，现在已经在逐渐降低，大概能在20% ~ 30%。不过，这种模式风险也比较大，在快速发展的同时也一直受到平台跑路的困扰。

互联网金融的创新才刚刚开始，未来将越来越深化，而传统的金融企业也不会坐以待毙，大量的银行和基金公司都将重心放到了互联网金融发展上来，或者独自开发，或者与互联网公司合作，而电信运营商也可以借助手中的大数据资源、庞大的用户基础以及独具特色的业务支撑系统加入到互联网金融的创新中来，未来的前景仍十分广阔。

## 大数据当道，金融游戏还能玩得下去吗？

媒体消息，蚂蚁金服针对网购消费推出的赊购服务"花呗"上线20天用户数已经过千万，而旗下招财宝平台上线一年来累计成交金额超过了千亿，为投资用户赚了超过50亿理财收益。千万用户、千亿成交，这样的成长规模如果在传统的金融时代，几乎要数年才能缓慢实现，而这一切发生在互联网金融的今天，可能真的已经"度日如年"，快到无法想象。

此外，如果一支基金半年可以赚到60%，如果一支基金在5年时间收益6倍，我们是不是应该很眼红？这样的金融产品既不是依靠内幕消息或机会主义，也并非得到了巴菲特的赚钱秘籍，只是因为它们应用了互联网金融大数据。

### （1）金融博弈本质上就是信息的多寡快慢

在世界发展史上，战争与金融都是技术创新的重要场合，原因很简单，快一秒钟都会决定一个人的生死、一家公司的荣辱或者一个国家的命运。反过来，技术的创新也会深刻地影响金融与军事。从金融的历史来看，一封电报和一部电话都曾经改变了证券市场的运行规则，首先掌握这些手段的人都成为了当时的赢家，也引发了后来趋之若鹜的跟随潮。

近十几年来，互联网的发展让证券交易不再依赖交易所的大厅，人们点点鼠标或者轻触屏幕便可以随时随地完成任务。与此同时，以前不敢想象的信息量也因互联网的发展得以形成与收集，而最近兴起的大数据技术更是让这些信息能够开始为我们所用。大数据改变金融的时代已经到来。

实践证明，应用大数据的方法来作金融市场预测，会到来巨大的价值。媒体报道，博时基金依托"淘金100大数据金融指数"设计的一款理财产品，从2009年12月31日的基日计算，五年的收益率超过572%，也就是说1块钱的投资到已经产生接近6块钱的收益。同样，创立于2014年10月的百度百发100指数基金也赚钱迅速，至2015年4月8日净值涨幅达64.2%。大数据的应用成为这些金融产品得以傲视群雄的核心基础。

## （2）电商大数据构成行业晴雨表，已成为市场预测的必需品

在没有网络之前，社会经济生活是分散在不同的店铺进行的，用户的消费行为很难被记录，即便被记录也会散落在太多的小账本上，难以综合与分析。统计部门为了了解国家经济运营情况，会收集台账式的报表逐级汇总或者进行抽样调查，把数据整理到一起便是困难重重且代价高昂，对这样的数据进行分析更是难上加难，即便得到了一些结论，至少已经是滞后经济现实两三个月，实效性很差。用这样的数据治国还算过得去，可要用这样的数据炒股，显然只能当事后诸葛亮。

随着电子商务的发展，特别是大型电子商务平台的成长，以往分散的经济数据开始聚合在像阿里巴巴、京东、亚马逊这样的巨头手中，而且几乎可是实时完成汇总、瞬间完成数据分析，于是，这些电商数据成为了了解社会、行业甚至细化颗粒到企业的数据百宝库。经历过数年的积累之后，如今的电子商务平台拥有了史无前例的商品交易数据，可以分析出消费者的行为进行精确的推荐营销，当然也可以预测企业走势或者行业兴衰，将这些数据结果当成催化剂应用于金融，便会让金融行业发生剧烈变化。

互联网电子商务与大数据绝对是"春风玉露一相逢，便胜却人间无数"，立刻让传统的金融分析方式都落后了到刀耕火种的年代，这种分析的结论因为有更广泛真实的数据基础而变得更准确，也因先进的大数据分析技术而更迅速。按照蚂蚁金融推出的"淘金100"指数的现实证明，在很多行业，分析的结果往往领先社会商业活动三个月，单凭这样的时长就足以秒杀传统分析师们的多少个日日夜夜的实地考察和模型计算。

## （3）大数据已经成为互联网核心资源，仅为自己所用太可惜

资料显示，作为阿里巴巴的关联公司，蚂蚁金服拥有电商大数据的得天独厚的资源，其数据日处理量超过30PB，相当于5000座国家图书馆，而电商分类目录超过6000个，这是巨大的宝库也是巨大的难题。

因为，这些纷繁复杂的数据需要多方面的整合，打通一个又一个信息孤岛，不仅要实现不同行业数据库之间的连接，还要实现数据的有效性整合。显然，大数据的收集和积累只是应用的第一步，单纯依靠这些底层数据并不能解决实质上的问题，更不会自动实现对股票市场的预测。

蚂蚁金服采取的策略是与各行里的专家进行合作，淘金大数据指数就是博时基金、蚂蚁金服、中证指数、恒生聚源四家联合进行研发，分工明确，合作扎实，把6000个电商目录映射到中证指数上的35个子行业，而这35个子行业正好覆盖A股市场1740支股票，从而实现了数据的无缝链接，也可以实现采集、分

析和输出的全系统集成，才能带来实实在在的使用效益。

海纳百川，有容乃大。即便是电商巨头，拥有无与伦比的大数据资源，但如果这些资源仅仅是为自己的平台销售服务，或者仅仅是自己开发利用，显然是对数据资源的巨大浪费，也是对社会资源的一种暴殄天物。

大数据需要的是多层级多领域的整合，更需要开放的系统和开放的思维，大数据的提供者应该是厨房，为各类企业提供原材料和工具，金融产业的使用者都是独立的厨师，同样的原材料可以做出不同的菜品甚至满汉全席。如此，大数据的价值被最大化，而大数据平台的利益也会随之而来，实现了社会与企业的多赢。

大数据"入侵"金融业已经成为事实，也必将更深刻地改变整个金融业的未来，先行者们挣得了第一桶金，后来者会有分享技术进步的机会。当然，我们也不要忘记，在越来越多机构长上了大数据的翅膀之后，个人投资者该如何应对大数据的挑战呢？下一步，肯定是要让大数据惠及小人物，而普惠金融实际上正是大数据平台的真正优势所在。

## 金融云交易1元/笔，大数据助传统银行涅槃重生

不久之前，招商银行宣布取消一切转账手续费，随后宁波银行也跟进。我们可以预测，很快就会有更多的银行会加入到免费大军。这是为什么呢？

其实，不仅仅是转账收费，很多人也疑惑自己的钱存在银行还有可能被收取小额账户管理费。从银行的角度讲，传统银行的IT系统在用户进行转账或是账户管理上都是有成本的，而且还不低。据测算，银行单笔交易成本以"角"计，单账户年成本按银行规模在30～100元不等。

不过，这一切都在被金融云彻底改变。喧嚣了多年的云计算终于在2015年前后开始落地，特别是微众银行、网商银行等云中银行的诞生，更是将云的作用充分发挥出来，而金融云更已经是炙手可热。

传统金融企业要建设网点，要建设规模庞大的IT系统，这些投入都会分摊到金融业务的成本之中，由此造成了这些金融机构的经营模式局限，特别是服务中小企业或小额低价值用户的时候捉襟见肘。

不过，以上这些劣势恰恰是互联网公司的优势。比如，互联网公司为了发展各种各样的丰富互联网应用而建设起来的数据中心以及云服务，同样可以为其金融业务服务，甚至可以为其他金融机构提供云服务支持。这些云能力已经经过严苛的互联网业务考验，安全性有充分的保障，低廉的成本更是让传统金融机构望

尘莫及。

据公开资料显示，2011年移动银行的用户数量是3200万，到2013年这一用户数量已经超越2个亿，到了2017年移动银行的用户数会将近到5个亿，渗透率将近1/3，1/3的中国人口将会使用移动银行服务。这样的用户使用习惯的变化催生了移动端的金融业务兴起，也造就了微信红包和支付宝钱包的火爆，更让银行业不得不去主动适应，否则传统银行一定会被淘汰。

根据估算，如果依然采取传统方式不做改变，到2020年，银行的ROE（净资产收益率）可能会从今天的19%降低到5%，如果能够从业务模式以及成本上面做出一些调整的话，有可能会维持在10% ~ 12%，这是一个市场普遍水平。这种改变必然来自云服务，而中小银行完全自建云服务基本不可能，也不经济，选择与互联网云服务商合作就成为了必由之路。

据测算，如果采用云服务，作为银行主要运作成本的IT架构的运维成本会大大降低。据不完全统计，小型银行每个账户IT成本100元，大型银行每个账户的IT成本20 ~ 30元。蚂蚁金服报告认为，金融云把单笔支付交易成本降到1分钱左右，单账户成本已经降到1元以下。微众银行数据也显示，利用海量服务分布式的架构，将成本下降了80%。因此，我们可以说，使用了云服务，只需要小型银行的5%单位成本，就可以服务好用户，这种竞争力没有一家银行可以视而不见。

因此，我们可以预计，当金融机构逐渐用金融云等云计算代替现有IT系统后，面向个人用户的转账收费、小额账户收管理费都将成为历史，而面对中小金融的服务也将提升到新的高度。

面对正在到来的互联网金融时代，很多中小金融却没有技术能力，也没有财力去搭建一套与之相应的系统。比如，很多地方性银行甚至没有能力搭建网银系统。这些中小金融机构，恰恰是服务三四线城市、偏远地区的主力。通过金融云等金融基础设施公共服务，让中小金融机构可以拎包入住，用较低成本快速开展互联网金融业务，大大提升金融普惠性。同时以往金融行业的IT系统多是以产品为中心的交易式结构，而金融云带来的将是以用户为中心的交互式结构，所以基于金融云生长出来的金融产品，在用户体验上会更好。

不仅是低价，金融云带来的大数据处理能力，还能够让金融机构利用大数据，低成本地实现信贷业务。金融机构可以在线判断用户信用水平，无需用户再当面提交各种证明材料，或是担保抵押，就能让那些小微企业、草根用户非常方便地通过网络贷到款，而且贷款成本也会更低。

蚂蚁金服首席技术架构师胡喜认为，未来金融云普及后，金融机构可以根据平台上积累的数据，实时发现客户的贷款需求，在发现一个人或一家企业可能需要贷款后，主动第一时间来找到客户。在理财方面，投资者也不用再担心没有理财知识，看不懂复杂的产品说明了，系统会自动根据数据，在平台上推荐合适投资组合。

总之，云计算让我们从IT进入DT时代，它带来的大数据必将极大改变金融行业。在IT时代，数据是应用的产物；在云时代，应用是数据的表现形式，数据本身即是应用。金融云已经在改变金融业的传统力量，在一些大的互联网金融平台更加成熟之后，整个金融业都将发生根本性的变革，传统银行也将拥有更加低成本发展的能力，金融业的历史新时代正在到来。

## 微信零钱收费是为了什么？

微信红包到底有多少钱在流动，微信运营方至今没有给出答案，而这些钱显然是"只进不出"，或者说是微信不希望这些钱再从微信里徒劳无功地溜出去，所以，对于"提现"开始收费。

### （1）微信零钱提现收费是精心设计好的营销局

正如微信对外发布的，很多人的微信"零钱"并不多，所以，收费并不会影响大多数用户的体验。可是，就在这次宣布对零钱提现收费之前，微信却利用春节的机会高密度多渠道的进行微信零钱理财宣传，这些因为奖励150%利息而进入零钱理财的资金应该很多都远远超过了1000元的限额，这些钱取出来的时候只能回到零钱，而零钱提现却要收费。再看看时间点，正是黄金周结束，很多微信零钱理财的加息周期结束的当口，那些想捞一把就走的"游资"被套了。

0.1%并不多，可要是算算，现在微信零钱理财的货币基金也就是在年化3%左右，通过加息活动，很多人的利息达到了5%，可这仅仅是不到10天，收益只是不到1/30，通过所谓的"加息"，获得的年化2%的1/30只有0.05%，你要是现在提现，这几天的收益不仅没挣到，还赔了。

有一些银行人士表示，用户钱从支付账户到银行卡相当于存钱进来，银行巴不得，不会去收费。一家第三方支付人士说，钱从银行卡到支付账户，银行是要收快捷支付手续费的，但钱从支付账户到支付账户以及从支付账户到银行卡，银行是不收钱的。也就是说，微信拿银行做挡箭牌为自己收费做解释是说不通的。

### （2）微信零钱有六种用途，对微信的价值却相差极大

微信的"零钱"主要有六种用途，包括储存、转发、消费（自产品）、理财、支付（线上）和支付（线下），而微信最希望用户将零钱用于支付，特别是线下的支付。

　　储存指的是零钱就躺在微信钱包里睡大觉，有人说这样微信就可以随意使用甚至去投资赚钱了，恐怕微信不敢，要想用起来只能是用户去零钱理财。

　　转发是指用户拿零钱去发红包，不管这钱是怎么来的，总之是发红包发出去了，当然自己也可以参与抢回来，这种行为至少给微信带来了活跃度，还给其他人的微信钱包起到了充值作用。

　　消费指的是用微信支付去购买腾讯自己的产品，最典型的就是购买Q币，然后可以用Q币在腾讯产品线上去进行其他消费，这等于是将零钱变成了腾讯企业收入，算是最直接最充分的财产转移，可腾讯的产品有很多的购买渠道，并不缺乏微信零钱，如果都去用于买Q币，腾讯并不喜欢。

　　微信最喜欢的是支付，包括线上和线下，线上支付包括在一些腾讯系的电商网站购物还有生活缴费以及公益捐款，线下支付只要是在实体店的扫码支付替代真正的"零钱"。如果非要比较起来，线下支付是微信的最爱，因为这是未来微信支付甚至腾讯金融的最主要目标。

　　如果微信用户的零钱不去支付，那微信也不希望用户将这些钱提现，但是如果这些钱长期没有增值，用户的黏性自然会有问题，所以，微信就鼓励大家去零钱理财，也就是通过腾讯的理财通来购买货币基金。

　　在这次收费风波中，微信特意强调，理财通不受零钱提现收费的影响，可是，很多人却看错了解释。至少在目前，微信零钱转入理财通进行"零钱理财"后只能取出到零钱，而零钱要继续提现是一样要收费的，并没有提供绕过零钱提现的小门。

　　微信零钱理财走的是支付宝到余额宝的道路，但与"银行卡-支付宝-余额宝-银行卡或支付宝"的自由转换不同，微信却设置了区别性的进出障碍，"银行卡-微信零钱-零钱理财-微信零钱"并不能实现从零钱理财直接回到银行卡，也就是说，钱可以随便进，可并不能随便出，进水很容易，出水却很难，微信在做蓄水池，也就是金融上常说的"资金池"。

### （3）微信零钱汇小流成江海，六条支流却仍难保活水源源不断

　　现在，微信里面的零钱主要来源于六个方面，朋友发红包抢来的，企业发红包收来的，劳务或者其他业务转账来的，线下收款，用户自己充值进来的，还有就是通过微信活动挣来的（比如红包照片、公众号文章的赞赏）。

　　在这几种来源里，朋友发红包抢来、通过微信活动挣来，虽然活跃了微信业务，但在微信支付上意义却不大，这也就可以理解，为何微信最爱公布这两种数据，因为对自己没什么重要意义，不是机密。

　　企业发红包、业务收款往往会增加微信零钱的整体资金量，用户自己充值就更是微信所最喜欢的零钱来源，这些都特别值得鼓励。其中，微收益是微信最近

一段时间以来重点关注的，因为这些会给用户带来额外的价值，增加微信的产品黏性和整个生态的产业价值。

### （4）微信支付为何会入不敷出？

以上微信零钱的一进一出分析得很清楚了，在其中，微信可以赚到钱的方式并不多，这也是微信现在最大的困惑。与支付宝相比，微信始终没有找到适合自己的商业模式。

互联网上一直流行是羊毛出在狗身上，第三方付费支撑下的免费模式，支付宝因为有大量的支付场景，可以通过B端收钱来赢利，对于普通的用户就可以免费，而微信缺少支付场景，红包多数是在朋友之间来回折腾，微信在其中根本收不到钱。

从以上的分析看，消费自家产品是可以算有收益的，可腾讯不缺这个通道，微信的价值也就没有体现。支付是最好的方式，包括线下和线上，因为可以找到后端付费的"大头"。所以，在零钱提现收费的同时，微信通过各种渠道推荐用户可以用零钱去进行支付，还不厌其烦地列举出各种各样的花钱场所和网站名称。

目前，通过电脑端的支付宝进行银行卡转账，实时到账和2小时内到账的收费为最低每笔2元，上限为25元。次日到账的收费标准较低，为0.15%，同样也是最低每笔2元，每笔上限25元。不过，目前支付宝手机客户端免费，支付宝提现手机和电脑端都是免费。其实，微信要为用户的支付部分埋单，支付宝也一样，双方都需要通过补贴的方式让用户免费使用。从这个方面来讲，微信对用户收钱理所当然。可是，就互联网公司的发展模式来看，这笔费用可以算作是企业的营销费用，与支付所付出的成本实际上没有关系。

因此，我们可以说，微信如果真的是因为无法继续承担这笔费用而向用户收钱，并非是微信觉得不需要再承担，也并非完全出于逼用户去消费支付的考虑，而是微信的整体营收的压力让其不得不冒着千夫所指出此下策。

### （5）微信的零钱提现彰显了其用户管理思维

据说，微信活跃用户数已达到6.5亿，而目前微信支付绑卡用户数也超过2亿，其中活跃用户超过80%。因此，管理这样庞大的用户群，显然是非常困难的事情，需要高超的运营能力和艺术。

在微信的意识中，只要你使用了微信，就是微信的用户，任何一个用户将失去其他相关客户属性，比如，你用了微信，使用的中国移动的手机号或者是中国联通的手机号，这对于微信都不重要，也不会加以管理上的属性区分。对于微信支付来说，用户绑定的银行卡是哪家银行的、是什么性质的卡，微信一概不区分对待。

严格来讲，即便有银行对微信支付用户提现（到银行）收费（实际上这个提现等于是向银行存款，银行笑还来不及呢），那么也并非是所有的银行都收，而且，银行与第三方支付之间的结算往往是打包收费，加上互联网金融的成本已经非常低，微信应该是区别对待客户，银行向用户收了钱的，微信就代收费，银行不要费用的，微信就不要收费，这才是合理的。

因为微信的客户管理思维，依据"自家用户"这样的思维模式，在这次零钱提现收费的设计中，再次以自己的规则划线，根本不去区分客户的行为与交易中的差异，只按自己的1000元标准来划线收费。

## 2. 闹剧

## P2P网贷将重演比特币还是团购的历史呢？

立志要跟上国际节奏，在商业评级领域掌握话语权的大公国际最近发布了对于P2P网贷行业的评估报告，直言不讳的风险揭露让整个行业很不舒服，也招致了网贷行业协会及业内知名公司的口诛笔伐。

如果说大公国际的报告算是一种警告的话，那银监会设立的普惠金融部门，将P2P行业的监管正式纳入其中，应该是扎实落地的正式行业监管开启。

有些人不禁要问，难道P2P网贷已经进入到了监管法眼，会在不久之后遭遇重拳，重蹈2014年比特币的覆辙吗？

### （1）P2P不会如比特币一样突然死亡

行业专家也发出了不同的声音，很多人认为，P2P网贷市场的草莽时代早就该结束了，野蛮式的增长换来的一定是最后的"落草为寇"，整个行业也会声名狼藉甚至会半途而废，严格的正式的监管，特别是出台相关的法律法规及制定公开透明的监管程序，才是保证整个P2P网贷行业长期健康发展的必由之路。

根据目前的态势，我们大概可以得出一个简单的结论，P2P网贷所遭遇的社会及金融风险远远没有比特币那么严重，虽然出现了很多负面，但社会各界及政府管理层都对其正面作用给予了充分的肯定。国家统计局局长在刚刚进行的社会经济发展报告会议上就把P2P网贷市场的100%增长特意拿出来作为了中国经济2014年的亮点之一。

更重要的是，从2014年开始，包括金融、保险等传统金融巨头及联想控股等传统产业资本都在快速进入P2P行业，整个行业的社会根基已经十分牢固，

P2P网贷的命运已经掌握在了自己手中。

## （2）P2P网贷也难以获得余额宝一样的市场待遇

2014年是互联网金融大发展的年份，以余额宝为代表的理财产品是绝对的明星，也开启了互联网工具改造传统金融时代。在2015年，P2P网贷毫无疑问是新的明星，但未来的发展结局却未必如余额宝一样美好。

从收益的角度看，余额宝完全无法与P2P们相提并论。余额宝等理财产品最高曾经达到过的年化7%和现在维持在4%左右的水平，而P2P们动辄就要15%甚至20%或者超过30%。因此，余额宝吸引的是风险厌恶投资者，而P2P对于风险偏好者的吸引力非常强。

也正是因为收益上的差距导致风险上的本质区别，余额宝在阿里巴巴和支付宝的背书下获得了极大的信用，甚至很多人将其与银行的信用画等号，由此在几个月内就吸引了数千万的用户达到了数千亿的规模，而监管部门也没有从风险的角度打击甚至扼杀。

但对于P2P网贷，收益太高而风险巨大，伴随其高速发展的一直是跑路、自融资、崩盘等等负面消息。据P2P行业数据，在遍布全国的超过1500多家的P2P网贷公司中，不断有公司倒下，新增的公司数量比2013年多了百分之几十，可出问题的公司数量却激增了3倍多。所以，面对P2P网贷行业的疯长，监管部门肯定要下重拳治理，否则将逐渐蔓延开来形成严重的社会问题，特别是在高收益之下吸引了大量没有风险承受能力与心理准备的所谓投资者的情况下。

## （3）P2P网贷市场将重演团购的历史一幕

我们没有忘记，也就在几年之前，团购如雨后春笋般在全国绽放，据说达到了千军万马做团购的疯狂，而这种场景仅仅持续了不足一年就突然掉头向下，几乎99.9%的团购网站关门倒闭，大量投机资本血本无归，剩下来的仅仅是行业里的几家大佬，而这些大佬在产业寒冬中也不得不抱上BAT们的大腿才熬到了现在O2O救命的春天。

如今的P2P行业投资之疯狂并不亚于当年的团购，而命运也不会好过当年的团购。随着严格监管和风险控制，大量的小P2P公司肯定将逐渐淡出，而中国及世界经济的不景气也会拖累P2P贷款方的偿付能力，行业的信用短板被更加放大，P2P网贷行业将迎来大洗牌。最终，会有几十家公司成为"剩者为王"，这些企业并不会是P2P行业的先行者，而是会成为大资本大企业的盘中餐，一个以互联网思维改造金融的行业最终仍然摆脱不了传统金融对其平台的控制。当然，P2P的产品属性不会变，也会有更好的信用评价体系，也会有更安全的投资回报，前提是收益率将大幅下降到10%左右。

# P2P健康理财，要收益更要安全

随着2015年中国股市的火爆，大众的理财意识被激活，每个人都在寻找高收益的投资产品。但是，很多人也忘记了一个基本事实，一般来说，收益和风险成正比，高收益的产品也往往伴随着高风险，一着不慎，可能会造成无法挽回的损失。

除了股市，对很多老百姓最具有吸引力的投资产品首推P2P网贷，也就是个人对个人的网络借贷，这种投资往往有着理想的收益水平，投资门槛也比较低。

最近两年，有很多P2P新兴平台，收益设定非常高，同时期限也都极其灵活，甚至有秒标、天标这样的娱乐性质借款标的，吸引了非常多的理财人来投资。然而，非常令人遗憾的是，高收益的背后是高风险，有些平台很快就跑路或倒闭，投资人蒙受重大损失。

之所以出现这样的结果，一方面是行业鱼龙混杂，个别平台不自律，也缺乏必要的监管；另一方面，部分投资人自身缺乏风险意识，只关心结果，收益是否达到预期，但是并不了解P2P的模式，不了解平台运作机制，盲目投资造成恶果。

实际上，P2P平台的风险主要来自平台的运作模式、资金池问题、虚假交易和坏账等，这些风险如果投资人做好功课，实际上是可以避免的。

了解P2P平台的背景资质和产品属性还是比较容易的，平台的成立时间、团队专业度、公司实体是否在工商局的企业信息网站有备案，这些都是一个正规平台的基础信息，也都非常容易查询到。平台的资产类型、资产质量、投资流程、保障措施、交易合同这些信息，如果是正规透明的平台，也一定都会披露。

投资人根据自身风险承担能力和产品属性，分散配置资产，将P2P这样的固定收益类资产作为资产配置的一部分，就可以获得比较稳定的高收益。

就国内的P2P平台来说，数以千计却商业模式迥异，一些企业借P2P的名义却做着与P2P并不相符的业务，由此给客户带来极大的投资风险，但也有很多企业始终坚守P2P基本运营模式并加以改进，为客户提供更为安全可靠的投资环境。比如，作为国内领先的P2P平台，宜人贷只专注做个人对个人信用借款与理财咨询服务，每一笔交易都对应真实的借款人和出借人，每个借款人平均借款金额在10万元左右，平台采取小额分散出借方式，降低风险。而且，宜人贷平台的模式，一定是先有真实的借款需求发生，然后再去与投资人的理财需求对接，从商业模式本身杜绝虚假交易和资金池。

与此同时，从钱到人，这家公司都做到了很好的业务防护，特别是对于借款人有严格的筛选与管理。根据大量的数据分析，宜人贷用户大都是有稳定收入来源、良好的信用记录、有互联网行为、受过良好教育的优质城市白领借款人，80%以上为男性，年龄集中在25～40岁。

P2P平台出问题，主要是处在资金池和卷款跑路方面，一些P2P平台将客户的资金挪作他用，给客户带来巨大投资风险。

为解决资金安全问题，宜人贷在广发银行开立了交易资金托管账户、风险备用金托管账户和服务费账户三类账户，广发银行会对用户在宜信宜人贷平台上的每一笔交易进行全面托管，理财用户出借时并不是把钱放在宜人贷平台，而是在广发银行的资金托管账户中，真正实现用户资金与平台的有效隔离。截至2015年6月，宜人贷风险备用金账户余额超过2亿元，完全可以应对正常的P2P业务风险。

当然，要保证P2P投资的安全性，就需要平台、行业协会、政府、媒体和评级机构共同努力。平台要坚持信息真实透明，主动与用户沟通交流；行业协会要制定规则，实施数据共享，推动行业自律互律、健康发展；政府一方面要给予规范引导，另一方面要鼓励创新，尽快落实监管政策，还要推动财商教育；媒体应当以专业负责的态度传播正确的内容；评级机构应当本着公平公正的原则进行测评。

当然，最重要的仍然是投资者个人拥有清醒的头脑，在投资时多选择优质平台，多选择稳定可控风险的产品，对自己负责，实现互联网金融理财的利益最大化。P2P是典型的互联网金融应用，也还处在发展的初级阶段，广大投资者更应该谨慎小心，通过优质的平台进行投资，规避可能的风险。

## 如何选择P2P理财中的短期和长期？

如今，国内互联网金融风起云涌，P2P更是成为了很多人理财的首选。对于一些白领上班族来说，P2P理财主要在网上操作，方便省事，不必像在银行买理财产品一样麻烦，可以有充分的时间进行理财。

也正是因为方便，很多人在使用P2P理财的时候往往会尽量选择短周期产品，一是这样感觉比较安全，二来也容易操作，出现资金闲置的时间不会很长。一时间，短期或者超短期的高收益理财产品受到热捧。

显然，用户选择1～3个月这样的短期或者只有几天的超短期产品也是一种理性的选择，因为，这种产品的流动性好，而P2P短期理财收益比货币基金宝宝们也高，对于刚刚参与到P2P投资中的新手或者短期有资金使用需求的人比较合适。

但是，一般来说，长周期的产品都要比短周期的收益率要高，比如，一般的

P2P平台中，3个月的产品的年化收益率大多有5%～6%这样的水平，而在宜人贷平台可以看到，宜人贷24个月的宜定盈年化收益达到10.2%，一个月的预期年化收益也在9.6%，这样的收益水平是半年以下的产品达不到的。

所有的投资者都希望资金的流动性高、收益也高，这样的P2P产品是最好的，但是两者在金融理论上却是相悖的，很难兼备。当然，一些P2P平台为了迎合投资者的需求，往往会尽量缩短产品周期且同时提升产品收益，比如个别平台的10天产品收益率可以给到15%，这样的产品的风险之大不言而喻。

从P2P的生态来看，P2P平台也应当设置合理的短期理财资产配比。如果一个P2P平台都是短期理财，就会有很大的流动性风险，承担风险能力较小的投资者尽量不要碰这样的平台。如果以长期投资项目为主打，P2P平台显然更为安全可控，而且长期的项目投资收益更划算，适合普通的投资者。

其实，仅仅是站在投资人的角度，投资一个一年期的长标和投资三个或者四个短标的收益率基本差不多，而短周期的产品却需要投资人在一个固定的投资期限中面对多次选择，只要一次选择失误，立即就会吞掉前几次的盈利，甚至反噬本金。很多人可能觉得，自己的一笔投资很快就可以到期收益，拿钱出来，这样更保险，但实际上又有几个人会这样做呢？多数都是连环投入，长期在同一个平台中投资，与长期投资的所面临的平台风险没有差异。

反之，如果投资者有闲置资金，选择一个优质的长标，就成为了一种现实性很强的选择，只要下点工夫或者选择靠谱的长标平台进行投资，省时省心，风险低且收益高。

总结起来，要是投资者短期内没有大额支出，而且闲置资金比较多，且资金持有人工作繁忙平时没有时间管理理财账户，或者对互联网金融了解不深，最好去选择宜人贷等的长期标，要是你短期内有资金使用计划，那就选择陆金所、招财宝等的短期产品。当然，投资者也可以根据自身实力配置资产，搭配不同期限、不同收益和不同平台的标来减少因风险可能造成的损失。

## P2P，严格监管之后的路将怎么跑？

互联网金融发展非常迅速，特别是P2P更是成为很多人理财的首选，但是，风险问题也不可忽视，很多P2P网贷机构违规操作给投资人造成了很大损失，越来越成为P2P健康发展的障碍，也是众多P2P合法企业的公敌。

为了规范互联网金融的发展，最高人民法院在不久前发布了《最高人民法院关于审理民间借贷案件适用法律若干问题的规定》，而央行、银监会等十部委也联合印发了《关于促进互联网金融健康发展的指导意见》。在两份法律法规文件中，明确了很多有关P2P网络借贷的行为准则和法律责任，成为未来行业稳定发展的基石。

结合两份法律法规文件，我们可以对未来P2P企业进行合规审核，还可以总结出一些考察这些企业运作风险高低的标准，为以后的民间投资提供更多的有益参考。

### （1）股东团队要可信，偏向网络不安全

对于P2P企业，我们最应该首先去看的就是这家企业的股东与团队的可信度，如果人是可信的，未来的业务合作就有了基础。

按照专业的分析，如果一家P2P机构团队主要由互联网方面的人士组成，往往会在控制风险方面有所欠缺，潜在风险的把握能力是短板，跑路概率就相应会高一些。互联网金融有很强的金融属性，需要金融专业人才对平台经营风险、P2P产品违约风险进行有效控制。在这方面，来自平安的陆金所等有着很强的实力，而宜信公司的宜人贷在业内也有着良好口碑，风控团队大部分来自于招行风控的原班人马，风控能力比较强。

### （2）风控体系需研发，运营支撑要成熟

金融的核心是风险控制，不仅仅是要人来操控，还需要有一套完整的体系和强大的系统支撑能力。如果风险控制能力不足，很容易造成投资的损失。

国内的互联网金融企业中，蚂蚁金服借助阿里巴巴的电商数据资源开发的大数据应用具有得天独厚的优势。同时，据了解，通过互联网大数据风控创新，宜人贷也开发出一套业内领先的授信技术，从源头把控债权质量，从而有力保障出借人资金安全，利用云技术数据处理中心提供强大的数据支撑，广泛采集多维度信息及用户行为进行交叉比对，逐步建立一套成熟的风控体系。

### （3）钱放哪里太重要，资金托管不可少

金融是离不开钱的行业，而钱的安全至关重要。如果一家P2P机构将钱拿在自己手中，很难保证其始终合法使用，于是，是否找第三方支付机构或银行进行资金托管，就成为了P2P公司资金安全的分水岭。一旦客户资金被托管，客户的钱不在P2P机构手中，P2P企业就触碰不到客户资金，很难做资金池，卷款跑路的驱动力就减少了。宜人贷是宜信旗下P2P平台，和第三方支付机构合作，托管方是上海汇付天下。宜人贷是符合不踩红线政策以及有第三方资金托管的不碰钱平台，资金安全比一般的P2P企业要高很多。

### （4）收益太高是忽悠，适度获利才安全

根据央行和最高法的规定，过高的收益是不受法律保护的。与此同时，过高的收益承诺事实上也很难兑现，越高的收益越有可能是陷阱。从逻辑的角度看，适度的P2P收益才是安全的。比如，在收益方面，宜人贷的整体年化收益率在

12%左右，在行业中属于中等的收益水平，符合法律的保护范围，投资人投资3个月后便可债权转让，安全性也有保障。

### （5）去担保化成大势，风险保障需创新

一般来说，P2P网贷产品是否有保险，与实力强劲的担保公司提供担保保障，是很多投资人考察是否安全的重要指标。但是，根据央行文件和最高法的解释，虽然网贷公司公开承诺的担保是有效的，可未来却毫无疑问会去担保化，风险自担成为行业发展的必然趋势。

不过，在现阶段，如果让投资人完全承担风险，也并不现实，需要P2P企业能够在风险承担方面有所创新，既要符合未来发展的大趋势，也要解决现实的问题。

宜人贷就设立了风险备用金，单独开立了一个账户，对出借人提供保障服务，这种方式在现阶段还是非常有意义的，对平台安全性和风控都能起到很好的效果。

总之，P2P行业的未来是光明的，随着法律法规的完善，一大批不合规的企业将被淘汰出局，而剩下来的将是更多的合法的规范企业，不仅对投资人的投资安全有很大的提升，也将大大有利于整个P2P行业的健康发展。

## 3. 支付

### 场景金融落地，移动支付开始以"人"为中心

我们每个人智能手机上的APP非常多，但至少会有一个与支付相关的应用，大多数人安装的都是支付宝。不过，也许很多人只是在需要转账或者查看余额宝的时候才会想到打开支付宝，也就是说，支付宝是以"钱"为核心的应用，我们只有用到钱的时候才会想起它。

不过，这种局面正在被改变，新版的支付宝在界面上进行了大手笔的改造，突出了"商家"和"朋友"两个功能，也就是明确了未来向商业场景与社交关系两个方向发展的战略。可以说，新的支付宝，正在做一个以人为中心的、基于实名与信任的场景平台，这是金融场景化探索的关键一步。

### （1）金融场景化是互联网金融未来的重要趋势。

在移动互联网时代，场景很重要，这已经是整个互联网界的共识。支付的本质是真实身份的连接。而且，相比社交、搜索平台的连接，支付是更有价值的连接。这个连接是直接与场景进行沟通，还是仅仅作为一个离开消费者视野的后台

工具，显然具有不同意义。

对于支付来说，在PC时代，支付仅仅是后台工具，当我们购物或进行其他商业交易需要用的时候，支付才会被调取，而支付宝在这个时候更多的是工具而已，人们甚至根本不需要知道支付宝页面长什么样子。

而在移动时代，人们可以随时随地的购物、消费，支付就变成了连接世界的工具。这个时候，人们遇到消费场景的时候是打开支付宝，还是在消费场景中后台使用到支付宝这个工具，对于支付宝来说就显得极不一样。

蚂蚁金服认为，金融场景化是互联网金融未来的趋势。在移动互联网时代，用户的所有行为，包括支付在内的金融服务与社交互动，都将融入到具体的场景里。正如人们不会为了使用支付宝而去购物，而是在某个具体的消费场景里自然而然地使用支付宝，人们的理财需求也不仅仅只是孤立地为了赚钱，最终都是为了满足生活场景中的某个目标。

因此，支付宝要直接和消费场景关联在一起，让人们在遇到消费需求的时候，会直接打开支付宝进入消费界面，而不是进入消费界面之后的支付环节才出现支付宝的链接。

对于我们每个用户来说，不管是网购还是转账，每一个单项都不是特别高频的应用，但是我们却是在一直花钱，花钱对每个人都是高频应用。按照蚂蚁金服的设想，如果一个人所有花钱的需求都可以通过支付宝来满足，那么支付宝就会变成一个打开频次很高的APP，更快地固定用户移动支付的使用习惯和使用路径。新的支付宝让用户的使用频率更高，增加用户黏性，这就是蚂蚁金服的金融场景化的新追求。

## （2）家家都做场景化金融，成功与否还要看自身禀赋

可以说，金融场景化是金融行业的未来，也是金融业产生的本质由来。金融的诞生是由商业驱动的，并非凭空而来。历史上，因为晋商广泛经营粮盐茶布贸易，山西票号因此遍布全国。因为淘宝网的发展，支付宝成了全球最大的支付公司。所以，无论是支付还是其他金融业务的发展都离不开场景。谁拥有了场景，谁才拥有未来的互联网金融的机会。新版的支付宝，又增加了商户、关系链等模块，让场景的拓展变得系统化、生态化。

也正因为看到了金融的场景化本质，无论是有支付的金融机构，还是有场景的互联网公司都在积极布局。从去年开始，支付宝、微信等就在打车、医疗、商场、停车场等各个领域展开争夺。而其他的O2O公司更是大手笔投入，大众点评近期升级了团购业务，推在线优惠支付服务"闪惠"，百度糯米扬言200亿美元争夺线下市场。

与此同时，国内的主要商业银行，如工商银行、建设银行等也都积极开展电

商业务，工商银行于2015年年初还宣布了新的互联网金融战略，推出的融E联也加入了各种支付场景，以及消息等功能，可以直接联系客户经理，购买理财产品。在互联网金融上用力最大的中国平安更是宣布依托壹钱包，推出333项生活场景应用的整体互联网金融战略。

不过，即便大家都做金融场景化的布局，但支付宝显然具有最大的优势。和其他公司相比，支付宝在场景化金融拥有着更好的基础。

简单地看，支付宝的账户体系最为完善、用户基数最为庞大，拥有超过4亿的活跃用户，在中国第三方支付和移动支付领域占据超过半数的市场份额，有了这样的支付能力方面的核心基础，向外拓展更为容易。

此外，线上方面，支付宝服务淘宝生态的近千万卖家，还有数十万的线上商户。线下方面，通过过去两年的开拓，支付宝已经在餐饮、商超、便利店、医院、出租车、专车等众多线下场景实现覆盖。在超过13万家的线下餐饮和超市门店、200多家医院和数十万辆的出租车，用户都可以通过手机用支付宝付款。通过双12和每个月的支付宝日的活动，已经开始逐渐形成用户黏性。服务窗的尝试，也让线下商户对支付宝在引流、营销、变现等方面的价值有了一定认知，更通过红包等活动，积累了关系链。

可以说，支付宝为今天的金融场景化已经做了长达两年多的布局，现在改变也就是水到渠成。面对未来更加碎片化、高频化的移动支付场景，支付宝的目标是让其与用户的生活和消费相互融合，创造出基于用户个人的金融关系链，这其实也是未来整个场景化互联网金融的雏形。

## 钱包和手机，到底哪一个会留在跑步的路上？

自从进入智能手机时代，很多人就得出了结论，如今人们出行主要携带三件东西就足够了，钱包、钥匙和手机。除了钱包和钥匙，一般人只需要带着手机就可以搞定一切，这也被中国移动前董事长称为"瑞士军刀"。

不过，智能手机的功能越来越强大，智能门锁已经不是问题，用手机开家门也即将变成现实，更重要的，钱包的作用更是越来越小，手机支付变得非常简单。不管是用支付宝钱包，还是用NFC，挥挥手机就可以搞定付款，还不用费劲找零钱。据说，不久之后一款支付表也将上市，离线支付也变成现实。

对于携带来说，如果是出门带包，即便是带上钥匙或者钱包问题也不大，不会带来很大的麻烦，但如果是穿上行头在城市道路或公园里跑步，沉重的钥匙与钱包就变成了大累赘，减负也就成了必然。当然，手机是万万不能离手的，只是我们必须让手机尽可能轻薄。

要想让手机支付替代钱包，前提就一定是要足够便捷，更要有足够的使用场景。我们可以假设，如果你手机上安装了支付宝，里面也有足够的金钱可以使用，但四下观望到处寻找却无处使用，或者商家不接受这种支付手段，就真成了抱着金碗要饭了。

不过，最近一年来，支付场景的建设速度大大超越了所有人的预期。就支付宝而言，一年来，医院、菜市场、超市、饭店、停车场、机场等遍地开花。

据支付宝提供的一份报告显示，2014年中国连锁百强企业中，已经有58家接入支付宝。这份百强企业名单是由中国连锁经营协会发布的，涵盖了家电零售、商超、便利店、百货商店、餐饮、娱乐、家居等行业的知名连锁品牌。榜单中，不仅有世界500强沃尔玛、家乐福、麦当劳、宜家家居等，也有国内知名的大润发、世纪联华、屈臣氏。用户在这些商家消费，不用再带现金或银行卡，只需一部智能手机，用支付宝就可轻松付款。据支付宝方面公布，目前线下已经有超过30万家店铺支持支付宝付款。

不仅是在境内，2015年10月27日，蚂蚁金融服务集团宣布，支付宝从2015年四季度起正式进军台湾地区，并推出台湾地区市场跨境O2O业务。支付宝用户未来到台湾旅游时，也能和在大陆一样直接使用支付宝消费。

11月2日，支付宝又宣布了一项"便利店补水站"计划，鼓励热爱跑步运动的人群出门跑步的时候使用手机在便利店购买饮料。目前，全国支持支付宝付款的50多个品牌、数万家便利店门店均加入这一计划，北京、广州、深圳、厦门、青岛、武汉、成都的10大品牌5000多家便利店会成为首批"示范店"，除了店内会有引导使用的标识之外，还会有一定的折扣优惠活动。

与此同时，支付宝页面可以查到每天的天气情况，未来还会为户外运动爱好者推荐户外运动指数定制服务。目前支付宝也已经通过与合作伙伴"动网"的合作，与全国3000多个体育场馆、北京全市1700多个体育馆达成合作，用户都可以通过支付宝来预定、付费，此外部分场馆也支持场馆内使用支付宝消费。

此前，支付宝"爱心公益"频道也推出了"行走捐"公益栏目，每天总共走超过5000步，就可以去兑换1元爱心捐款，支付宝则会联合爱心企业，将"行走"兑换的爱心款捐赠出去，以此鼓励用户积极参与跑步运动活动。据支付宝方面介绍，未来支付宝的"我的保障"中将上线"跑步险"，为参加马拉松等赛事的跑者提供突发人身意外保障。

可以这样说，有了移动支付的便利和场景的丰富，我们以后跑步的时候就可以将钱包放在家里，轻装上阵，不管是饮水还是"加油"，都可以通过手机上的支付宝随手完成，还可以享受更全面的社交服务和保险服务。

最近流行一句话，身体和灵魂至少有一个要在路上，还等什么，带上你的手机，出来跑步吧！

# 苹果、三星虽悍，但当不成移动支付野蛮人

据说，在移动互联网的江湖中，得入口者得天下，所以微信号称获得了第一张门票，而在入口中又以支付为近水楼台，移动支付涉及众多应用场景，掌握着众多用户支付数据，使用频率虽低却笔笔倾心，所以，移动支付也就成为了2015年微信与支付宝两强争夺的焦点。

当然，移动互联网时代躺着挣钱的机会并不多，既然移动支付这样重要，掌握网络的运营商、掌握终端的手机企业和那些仍有恃无恐的银行，都不会眼睁睁地看着BAT们垄断移动支付的江湖，并且有联合起来逆袭的可能。

媒体报道，苹果和三星几乎同时公布了各自的支付服务Apple Pay和Samsung Pay 正式进入中国的消息，而且，中国银联与本土15家银行将与这些"踢门而入的野蛮人"达成合作联盟关系，这架势真有点"联盟拒曹"的感觉，也可以看作是银行系借助明星终端企业外力争夺市场的最后一战。

不过，从目前的形势来看，这种在移动支付上的合作冲击已经不占任何优势，很难撼动互联网企业的移动支付江山。

## （1）天时不在，错过了移动支付成长的黄金时期

毫无疑问，2014～2015年是移动支付发展最为关键的两年，因为这两年是中国4G网络建设和大屏智能手机普及的最重要时期。数据显示，2014年中国移动互联网市场规模为2134.8亿元，同比增长115.5%，移动互联网接入流量消费达20.62亿G，同比增长62.9%，2015年这一数字更惊人，4G和智能手机的结合催熟了此前千呼万唤也难以普及的移动支付。

正是在这样的背景下，中国的大型互联网公司抓住机遇，采取抢红包、打折扣等方式将移动支付发展到了新高峰，2013年、2014年的行业增速分别达到800%和500%。2015年2月中国人民银行公布的数据显示，2014年，全国共发生电子支付业务333.33亿笔，金额1404.65万亿元，其中，移动支付业务45.24亿笔，金额22.59万亿元，同比分别增长170.25%和134.30%。据易观智库发布的《中国第三方移动支付市场季度监测报告》显示，截至2015年第二季度，移动支付的交易规模达34625亿，首次超过PC端的32588亿元。

与此同时，从2015年市场数据来看，中国的互联网巨头已经牢牢占据市场主导权，蚂蚁金服（阿里巴巴系）和腾讯的支付宝及财付通两家企业共占据了超过90%

的移动支付市场份额，支付宝一家甚至占到了70%以上。反观中国银联，2013年占据第三方支付平台份额40%，现在却只有9.2%。在一个用户使用率已经很高的市场，用户已经有了形成习惯的支付手段和品牌，想虎口夺食，难度可想而知。

中国银联当初是自绝于移动支付之外的，前有阿里巴巴主动上门寻求合作而顽固不化拒绝接受互联网，后有中国移动为代表的三家运营商合作联盟意向却逡巡不前达成双输，等到这个市场已经被互联网企业捷足先登之后，寄希望于国外终端企业的实力来争食蛋糕，已经太晚。

在移动支付上，有三种类型，第一类是移动互联网远程支付，用APP实现手机端转账、消费等功能；第二类是O2O支付，基于移动互联网的交互技术，使用二维码、蓝牙、手机刷卡器、刷脸等支付技术实现支付功能，这两种都被互联网公司占尽优势，且已经形成了规模化；第三种类型是NFC近场支付，由银联、银行和移动运营商主导，虽号称技术先进却因为产业链复杂和内耗不断而市场惨淡，大概只占移动支付市场的6%。

有一条互联网的发展规律，已经得到广泛认可。一种技术是不是先进，不是设计与生产厂商说了算，而是用户和市场说了算，即便是看起来在技术上落后的一方，只要先入为主形成规模，就会拥有成本优势，也会掌握主导权和话语权，后来的所谓先进技术也无法立足，最终往往被这些先导厂商在技术升级的过程中吸收消化掉。苹果、三星用NFC连美国韩国本土的市场都没有形成优势，更靠什么来敲开已经在移动支付领先全球的中国互联网市场？

## （2）地利缺乏，移动支付场景和习惯已成

从金融发展的历史来看，支付从来都不是凭空产生的，缺乏场景的金融都是空中楼阁。在互联网金融的发展过程中，电子商务的发展促进了互联网金融的诞生，而移动端的业务增长才催生了移动支付的火爆。

互联网金融中，阿里巴巴的电子商务孕育和培养了支付宝，腾讯的微信和游戏让其支付站稳了脚跟，最近百度又借助智能设备和O2O机会杀入移动支付市场。这两年，人们通过打车软件、团购送餐、停车、酒店门票、便利店超市购物等熟悉了移动支付的操作，也享受到了移动支付的好处，使用习惯已经形成。

实际上，觊觎移动支付蛋糕的并非只有终端企业，拥有更大入口优势的运营商早在互联网公司行动之前就将其列入重点业务，经过数年奋斗却一无所获，原因也仅仅是缺乏与支付相关的场景土壤。

苹果和三星拥有众多的终端用户是事实，银联和银行拥有比支付宝们更多更稳定的银联卡商户也是事实，但这并不等于拥有强势的"地利"，也不等于有足够的支付场景。移动支付是从小额支付开始的，也是依托于现在快速发展的O2O业务，可这些正是银联的短板，即便最近银联也在改变自己，可效果并不明显。

这种合作依然是此前与运营商合作的翻版，造成支付两段用户分属不同公司，支付用户是苹果、三星的，接受商户是银行和银联的，怎么与辛辛苦苦讲两端彻底打通的互联网企业相提并论。可以说，因为这样的合作关系，只是会给用户提供一种新的支付选择而已，无论是营销效率还是使用效果，都会反差很大。

### （3）人和难望，国产终端强势政策支持难觅

苹果、三星选用类似的技术，联合中国银联、中国15家银行，这样的合作阵容强大，但在实际中却仍然只是NFC近场支付产业链的一部分，还缺乏NFC产业链中非常重要的移动运营商、应用开发商、系统集成商、商户以及移动终端用户，庞大的产业链一直是NFC无法做大的根源，苹果和三星也解决不了。

苹果和三星自然是现在世界上炙手可热的手机企业，移动终端用户非常多，在中国更是有着强大的品牌影响力，可如今的国内智能手机市场已经是群雄逐鹿，华为、小米等企业已经分庭抗礼，用户数增长迅速。在这种情况下，苹果和三星号令商户和消费者的能量已经大不如前。在这种情况下，面对几乎可以覆盖全用户的支付宝、微信与智能覆盖一小部分用户的苹果、三星，商户资源会更偏向谁呢？

金融是关系到国计民生的关键领域，有着各种各样复杂的进入限制，现在的终端企业又不是简单地售卖终端，而是会通过云计算掌控用户的各种行为数据，苹果和三星这样的国外终端企业注定没有占据中国移动支付市场的可能。在合作中，中国银联和中国的这些银行如果让渡过多的敏感信息和资源，势必遭受监管，这些中国的金融机构也肯定不敢"引狼入室"，所以，苹果和三星的移动支付战略在中国一定是雷声大雨点小，如果能实现重度参与已经算是胜利。

中国的移动支付市场已经被BAT占据主导，中国银联和运营商已经错过了发展良机，苹果和三星的加入可以更进一步地催熟市场，也会给中国老百姓一种新的支付选择。虽然苹果和三星已经没有能力改变现有格局，但蛋糕会做得更大，所有的参与者都将是获益者。

## 超越万无一失，支付安全能说到做到吗？

最近一系列的网络安全事件引发很多人对互联网金融的担忧，甚至开始怀疑互联网金融的支付安全。实际上，互联网金融的安全风险并非主要来自系统端，而是来自用户端。互联网金融公司的系统建设有规范、有标准，还有各种行业监管，其安全风险是完全可控的，而用户在使用过程中带来的风险却更复杂更高危。

不过，支付安全与否并非是互联网金融公司的承诺与声明就可以让用户相

信，而支付安全的程度更是互联网金融公司生存的基石，绝对容不得一点马虎。

## （1）感觉安全对用户来说非常重要

多数人都知道在网络上进行资金的交易存在安全隐患，所以，往往使用很复杂的密码，或者经常更换密码，以此来提高安全水平。这种做法是正确的，使用含有数字、字母或者其他特殊符号的密码当然有利于提高安全等级，但这种做法在很大程度上也只是提高了用户自己对安全的感知。

安全是一种个人的感知，就如同我们离开家的时候都会锁上门，甚至会为了更强的安全感而选择安装最贵的防盗门或超B门锁。可事实上我们也都清楚，这些防盗门和门锁对于职业盗贼都是小儿科，并不能保证家庭财产的安全。不过，正因为在安全上的投入增加，我们的安全感也增加了。

同样的道理，账户和密码在网络上也是防君子不防小人的安全程序，并不能抵抗黑客或诈骗分子的各种攻击与圈套，我们要保障网络上的支付安全需要更为先进的理念或方式，其中最重要的安全依靠的是支付系统的后台安全机制。

在这方面，支付公司会在用户的支付环节上设置多种安全"印象"，比如，要求用户两次输入账号或密码，而且不能使用拷贝，这样可以很大程度地保证用户不会支付到错误的账户。还有，在用户登录账户或进行支付的时候还会要求输入验证码，包括随机数字、字母或文字、图片识别等，甚至12306网站现在都在要求用户输入需要经过"智力测验"一般的图形问题。正是因为这些的"麻烦"，用户会感觉到比较安全。

更重要的是，对于用户的安全感知来说，互联网金融公司在安全领域的投入越大，用户对安全的感知就会越好。这些投入包括资金方面的投入，也包括在科技研发、人力资源及系统建设上的持续加强等，让用户知道这些努力，会大大提高用户的安全感知。

当然，要让用户有更强的安全感，并不能完全依赖技术的提升，还必须通过保险设计来达到。按照现在的技术标准，支付宝已经达到了百万分之一的风险控制率，这样的标准在业内都是领先的，但也不能完全打消用户的担心。于是，支付宝推出了账户安全险，通过金融的方式解决金融的问题，0.88元可以一年保100万元，出现支付安全问题可以全额得到赔偿，也就打消了用户的担心。

## （2）密码仍然是用户安全的第一道防线

虽然更高级的密码并不能更好地保障用户的支付安全，但密码仍是用户安全的第一道防线。对于非职业的网络攻击或者意外引发的安全隐患，密码还是具有很好的保护作用，至少可以让用户躲过很多初级的安全风险。

根据支付宝的数据和安全防护经验，用户密码的被盗取或丢失有几种类型，占比最大的是扫号和社工。

所谓扫号，是指你在别的网站的账号密码被坏人知道了，然后坏人用这套密码来登录支付宝等，因为不少懒人在所有网站用的都是一套密码，所以很多坏人会利用其他渠道得到的密码来试着打开你的支付账号。因此，要想保护密码，我们最好将重要的支付账号和密码设置成与其他普通的网络账号密码完全不同的名称或组合，这将大大提高你的支付安全性。

所谓社工，就是假冒各种公检法、熟人好友、假客服等，通过短信、聊天工具，把你的各类信息骗走，然后盗取或是更改你的密码，以此来使用你的支付工具进行转账或消费。这种方式最难以防范，属于典型的诈骗犯罪的受害者，最好的应对便是掌握根本原则，密码绝不告诉任何人，打死都不说，因为合法的机构或者客服是绝对不会向用户索取密码的。

此外，钓鱼和木马也是盗取密码的重要方式。所谓钓鱼，就是搞个假网站，比如弄个tiaobao.com，长得和淘宝很像，蒙骗你去输入，当你一输入，信息就泄露了。木马就是中毒，这些木马隐藏在你在电脑或手机中，记录下的各种录入传送给黑客。面对这种威胁，最好的方式是多个心眼，不乱打开网络链接，不随意安装不明的应用程序，还要安装相关安全软件定期更新。

支付宝的数据显示，之前外界很担心的手机丢失导致的问题占比并不高，大概是2%，可见大家的密码保护等还是有一定的帮助，特别是手机锁屏等。当然，一旦手机丢失或发现自己原来的手机号被二次放号，就应该快速地更改重要的账户密码信息，或者与运营商进行沟通处理。

### （3）有密码也取不走钱是支付安全所追求的重要目标

在这个互联网大发展的世界里，只要上网，每个人的信息都不可能绝对安全。事实上，安全只是相对概念，世上没有绝对的安全。对于用户来说，账号和密码的被盗始终存在可能性，再高级的密码设置也不能彻底保障用户的安全。

对于互联网金融企业而言，也不能将支付安全寄托于用户自己的安全意识和安全保护，系统建设和安全机制发挥作用才是保障用户支付安全的必需。

于是，支付企业会设置安全的几道防线。比如，支付宝会要求用户设置密码保护问题，还要求与用户的手机进行捆绑，这样，当用户密码出现异常的时候，就会通过比较私密性的问题回答来验证是否本人，或者通过短信验证码来保证支付更为安全。当一个用户连续多次输入错误密码之后，还会暂时锁定以防机器破解的发生。

此外，很多互联网金融机构还会通过增加的安全验证程序来进一步保障安全。比如，银行特别流行使用U盾，通过硬件与软件的结合提升安全系数，而支付宝等也会要求在电脑上安装支付证书。未来，随着生物技术的发展，指纹、虹膜、刷脸等都会被利用起来加强安全保证。

很多人遇到过，当你输入错误密码，或者刚刚到达一个从来没有去过的地区，或者使用了一个以前没有使用过的通信网络，支付宝也许会突然要求你在登录的时候输入图形验证码或者通过手机短信来进行验证。其实，这就是支付宝八年来致力于建设的CTU风控大脑正在发挥作用。

CTU风控大脑是目前蚂蚁金服重点研发的安全系统的代号，实际上就是现在火热的人工智能在支付安全上的应用，目的就是要实现密码即便被盗也有能力保护用户的资金安全。简单地说，这个风控大脑通过对用户资料和交易行为等大数据的积累，包括用户账户资料、设备、位置、行为、关系和偏好等方面，对用户进行了系统性的长期信息识别，形成了用户的支付行为画像。如果用户在某次登录或支付的过程违背常理或者表现异常，系统就会自动识别出来，对风险进行评估打分，会要求用户提供更多的资料来审核，甚至会直接叫停支付行为，从而保护用户的资金安全。

风控大脑技术并非未来科技，早已经被应用。据国外实验室测算，这个技术能让判断风险的成功率提升7倍，用了这个技术后，支付宝风控大概提升了5倍。案例表明，2014年6月7日，某人接收了伪基站10086的短信，主动输入了身份证信息和银行卡信息，并中手机木马。当日深夜，骗子结合上述信息，成功获取校验码后修改登录密码，并在广州某小区登录，之后又修改支付密码。接着，得意洋洋下单一台iphone5，打算用别人的钱，给自己换手机。没想到，风控大脑直接判定交易失败，并对账户进行了限制。第二天，支付宝客服给用户打电话，确认用户账户是被盗了，并引导其重置密码，成功杜绝了一次可能发生的安全事故。

安全永远是相对的概念，而现在网络支付的安全相比线下的钱包安全早已经超出了何止万倍，但道高一尺，魔高一丈，来自各种场景的威胁始终不会消除，安全防护也将是永恒的话题。作为用户，要提高安全意识，减少信息泄露的风险，而支付企业更是要通过技术升级与系统建设来构筑更为安全的防波堤，在新时代用大数据的方式来保护大数据的安全。我们相信，只要我们不断进步，安全便会一直伴随着我们，支付安全也就能说到做到。

## 4. 红包

### 腾讯与阿里红包大战，偷袭与逆袭的营销经典

红包这个东西存在了几千年，但估计连红包自己都没想到会被互联网搞得这样火。从2014年的马年春节开始，腾讯旗下的微信就开始利用社交平台发放红

包，一下子就把中国人的娱乐本性挑逗起来，后来，阿里巴巴很快看清了微信红包火爆背后的市场深意，于是一场逆袭开始了。

### （1）红包的参与性让微信成功在移动支付领域偷袭得手

从这两年的实践来看，只要是能充分发挥移动互联网的特点，结合客户群体的实际需求，就能够实现传统产品的互联网升级。我们可以简单地总结，随时随地、支付便利、参与、增值、黏性是移动互联网业务发展的核心五要素，这些要素从功能上讲，就是位置服务、移动支付、社交和产品价值的结合。

打车软件之所以成功，就是其成功地让用户可以随时随地地叫车、充分利用支付场景的便利性、打车族和出租司机实现了全参与、对各方都有实质意义上的增值，但打车软件出现很久却无法形成风潮，根本原因就是增值太小和黏性不够，由此，红包也就适时地登场，将增值与黏性都提高了一个新的层次。

就移动互联网的营销广告来说，信息流广告是一种典型的样式，受到了多数移动互联网公司的追捧，人人网、微博等有信息流广告推出之后，微信也推出了朋友圈信息流广告。之前，这种广告模式有一定的互动意味，但仍然还只是传统的直推式广告的升级版，互动性和参与感都不够。但是，朋友圈的信息流广告在参与感上有了很大提升，至少在前几次的广告推出的时候引发了微信上的分享热潮和吐槽，充分发挥了参与作用。

春节开始，参与式的营销上升到新的层次。微信与电视台进行了合作，通过手机"摇一摇"将数以亿计的老百姓集中在一个时间段上摇手机抢红包，天涯共此时的"一起摇"成就了参与式广告的新高峰。

因为摇一摇和抢红包，很多人被动地收到了"零钱"，而微信更是敞开了口袋给客户，抢到的红包无障碍地收，可是要使用这笔钱或者自己去发红包，就需要用户必须捆绑银行卡，使用其移动支付业务，这样，数以百万计的用户就在这种吸引和被迫下开通了微信支付。

正是因为发现了红包的参与性，微信选择了红包这种方式对移动支付阵地展开了突袭，偷偷地将阿里巴巴的支付根据地打开了一个缺口，被形容成是几天做了阿里巴巴多年未做到的事情，并且也将冲击百度等以广告收入为主的公司。

### （2）红包的增值性成为阿里巴巴逆袭成功的突破口

2014年的春节，发红包抢红包基本上是微信的独角戏，不仅仅让其在移动支付上收获很大，也让其广告营销模式开始丰富，要知道，腾讯一直以游戏和增值业务的收入为主，广告收入占其总收入的比例远远不如其他互联网巨头，而广告收入无疑是其未来重要的增长点。于是，这引起了其他互联网巨头的高度重视，特别是受到冲击最大的阿里巴巴。

作为阿里巴巴的根基，支付宝肯定不能坐视微信蚕食，针锋相对是马云的风格，而马云的反击一般也不会是见好就收，大多是要"变本加厉"。但是，如果仅仅是模仿，在互联网市场营销上是没有出路的。腾讯在这方面一直是高手，频繁的模仿之后是微创新，可这一次在参与式营销上被支付宝以其人之道还治了其人之身。

支付宝在羊年红包大战开启前就挖空心思地创新，虽然样式很多，但很多也并不成功，只是，走的路多了自然就走出了新路。最初，支付宝想到的是万千用户一起戳屏幕，打地鼠实现了和微信摇一摇类似的功能，可仍然是单一的互动模式。加强红包的增值性，同时扩大用户的参与度，也就成为了支付宝逆袭的突破口。

分析起来，这种摇一摇应该说是参与的成功样式，可在营销上的呈现性不够，毕竟，用手拿着手机在那里摇，对于屏幕内容的使用比较少。我们也注意到，微信在让大家摇一摇的时候，手机屏幕上会显示出一段名人名言或者相应时段的春晚节目介绍，显然这是微信在探索和积累未来配合摇一摇而展开的营销广告内容经验。

如果说群红包、接龙红包等并非取得理想中的效果，那么也正是在微信对支付宝红包的狙杀中，支付宝意外地找到了出路，甚至还让互动式广告柳暗花明。当支付宝红包在微信上的分享被屏蔽之后，支付宝不得不另辟蹊径采取图片口令的方式曲线进入微信这个最大的社交网络阵地。

很多创新都是被逼出来，而很多的成功也都是偶然之作，我们只能是事后来论证其成功的秘诀。当支付宝红包口令出现的时候，因为中国人数实在太多，三位数、四位数、五位数，甚至七位数八位数都不够用，中文口令就自然而然地出现了。当中文口令不得不登场亮相的时候，参与式广告的天地豁然开朗。

### （3）参与和增值成为未来移动互联网业务决战的主战场

我们已经看到，以中文作为红包的"口令"，并由此打通各大社交平台，包括微信、QQ、微博、来往、飞信等，通过社交关系链的分享和裂变，成就了巨大的曝光率。如果这中文口令是"有意"安排的商家品牌、商标或者产品名称，那就自然成为了一种新的广告传播方式。可以这样说，支付宝的"红包口令+图片"的方式将广告从单纯的展示变成了用户参与，不仅让支付宝在红包大战中出人头地，还意外地发展出了领先微信朋友圈广告的一种新的成熟广告模式，未来还很可能发展成为一种独立的移动互联网业务。

这种中文口令实现了移动互联网广告中最重要的积聚人气作用，利用了一切社交网站甚至可以扩大到平面媒体，而品牌商出钱，产品和关系链最终还是落在支付宝，支付宝变成了最终聚合的平台，成了无本万利的最终受益方。更重要的是，作为移动互联网时代的象征，口令直接将广告主与受众联系到一起，可以把广告费用，直接变成红包，发给用户，让用户在参与广告的同时获得实惠，更因为用户的分享推动广告的进一步裂变传播。在整个链条上，用户从单纯地看广告，到参与，还能拿到实实在在的红包实惠，参与的各方都是赢家，这样的业务模式显然正是大家探寻的目标。

从未来的发展趋势看，类似于中文口令这样的穿透力强的承载方式会更加直观和易于接受，比较符合用户的习惯和认知，还能更好地实现与线下商业场景的结合，实现了人与服务的连接。可以预见，口令对应的可以是红包，也可以是商家的优惠券，甚至直接是商家的服务窗和收银台，可以直接打折、转化粉丝等，在不久之后还会不断进化，成为一种新的移动互联网业务模式。

围绕着红包这个游戏，腾讯与阿里巴巴上演了一场突袭与逆袭的营销经典案例。微信以社交网络的参与能力作为突破口成功地完成了移动支付的第一桶金，阿里巴巴则迅速反击，以自身优势的支付能力开拓出增值空间，创造出一种所有参与者都获利的商业模式，不管是突袭还是逆袭，都为移动互联网打开了一片崭新的天空。

# 红包升级战，微博与微信谁能包打天下？

随着社交应用的流行，一种另类的"偷菜"兴起，那就是"甩红包"，和当年火热的"偷菜"一样，红包也成了在国内互联网市场中用来发展用户的好工具。简单地看，元旦与春节正是红包营销的最佳时间点，作为国内最大的社交平台，微博与微信今年又将在新年红包上展开激烈的争夺。

元旦之日，微博与微信在送红包上已经展开了明争暗斗，而这其实也只是春节大战之前的预演。微信已经宣布要在春节期间推出企业现金红包，而这其实是微博早在做的事情。对于企业红包的发放，微博和微信究竟谁能笑到最后呢？

## （1）平台定位会决定不同的红包效果

如今的微信继承了当年腾讯的所有作风，希望将其他公司的所有优点都集中模仿起来，甚至不顾及自身产品的特点。这几年，在行业里已经基本形成了共识，微信是服务工具，而微博是传播平台。

在实际发展中，微信逐渐变成了主要为企业提供服务功能的好工具，因此企业发红包最好是用来维护老用户，如果非要演变成营销促销的优惠券，就会背离强关系的社会特点。微博是一个公开性的平台，谁都可以参与，在平台热点的推动下，可以为企业带来巨大的品牌传播与曝光机会。

不同的平台有不同的特点。微信不擅长做营销，非要在商业化的逼迫下走企业营销助手的路就是歪路；微博更擅长做传播，社交媒体的属性让营销传播更具爆点更持久。至于红包，都可以发，但目标和用户群体却应该有所差异，否则就是乱弹琴。

### （2）红包的吸引力各有千秋

如果非要比较微信还是微博的红包哪个吸引力大，那估计很难有准确的数字可供对比。不过，以一年来微信系统至少两次的瘫痪事故来看，微信的稳定性有隐患，而这其实正是微信发展野心的最大障碍。

微博是靠话题来生存的，而节日营销和大型商业促销等也是微博最好的话题，所以，微博率先大大方方地公布了数据，在元旦跨年夜，微博再次刷新发送峰值，第一分钟共发出867408条微博，微博红包活动页面获得了2000万次左右的曝光，红包微博的曝光量则高达4.1亿次。

微博今年的跨年红包单价要低一些，但就是这样的单价低，元旦当晚依然有351万网友抽中红包，微信的红包价值高，投入大充分显示出了土豪本色，而微博属于花小钱办大事。对微博如今大力发展的三四线城市用户来说，"有钱拿"依然具备足够的杀伤力。另外，微博创新了红包玩法，相比微信只能去抢，微博则充分调动起社交平台上粉丝经济的效应，粉丝可以给明星发的红包充钱，企业可以给明星充红包，借明星影响力实现品牌传播，同时也可以选择所处行业的名人充红包，从兴趣入手更加精准的覆盖潜在用户。

试想一下，TFboys的麻麻们、王思聪的老婆们还会闲得住吗？于是我们看到跨年当晚22位明星名人发出价值380万元的微博现金红包，其中178万就是由超过2万名粉丝和企业用户来赞助的。

### （3）影响力需要持久，不要卷了红包就走

如今的互联网营销往往看起来轰轰烈烈，但结果却不尽如人意，原因多是只重视点上的热度而不注重后期的持续，造成多数营销都成了宣传而不能形成最终的销售成果。红包营销在这方面已经有了不少的经验教训，比如打车软件的红包，不可避免一些用户是因为红包而去叫车，没有了红包之后就远离软件，只是因为打车软件作为底层服务类工具这种影响并没有被放大出来，但很多司机早期的使用习惯却佐证了这一现象，成为了典型了用户消费习惯的培养错位。

我们已经看到，企业在微信发红包更多实现的是爆点传播，往往过后就销声匿迹，后续传播更是缺乏支撑，很多企业会成冤大头；相比之下，通过热点话题的聚合以及其他推广工具，企业在微博上可以实现更加持续的品牌传播与曝光。

以跨年演唱会微博话题为例，跨年当晚相关微博话题的阅读总量为28.5亿

次，而在话题和微博现金红包的推动下，网友对于跨年演唱会的热度贯穿了整个元旦假期，目前相关话题的总阅读量已经接近100亿次。

微信是个好平台，但是却在不同的战略之间游移，在商业化过程不断地自我否定却又卷土重来，经常是看到什么有了亮光就追上去，结果却拿到手一只刚刚烧尽的蜡烛。实际上，目前的所谓移动互联网营销也只是互联网营销的一个分支，并不存在替代效应，微信的所谓精准营销在中国移动的短信时代就已经证明此路不通。

### （4）社交效应不同，代言人机制效果难料

一般认为，微博上的社交关系是弱关系，微信是强关系。但实际上，就企业用户来讲，微博上的社交关系成了强关系，多重身份联系和频繁互动，而微信的企业用户对于其客户而言则相对成了弱关系，加上微信好友之间的封闭性，在一定程度上更使微信用户与企业间的关系强弱更加不明确。

在红包的发放上，微博利用了平台开放性的特点让企业给明星充红包，借明星影响力实现品牌传播，同时也选择所处行业的名人充红包，更加精准地覆盖潜在用户，这等于是建立了红包大覆盖传递的网络。在微信上，这种所谓的代言人机制却很难能走通，各个孤立的信息点之间难以无障碍地沟通链接，明星要向粉丝发红包，要么在朋友圈发，要么建群，都需要重新搭建平台和进行平台之间的跨界传递，这会大大削减传播能量。

微博与微信同是移动互联网时代的两个社交应用，也都爱上了发红包，想来也是传统的互联网红包已经玩腻了该换种新玩法了。微博借粉丝经济玩粉丝红包，微信发动企业来发红包，不管怎么玩，也不论哪家红包更强，能给企业、给用户带来更多好处的就是好红包。

## 支付宝多少人自投罗网，微信多少钱落袋为安

2016年春节红包战，是一次可以载入中国互联网发展史册的营销大战，腾讯与蚂蚁金服、微信与支付宝，以春节红包的名义，几乎将全体中国人都发动起来，胜负已经不重要，重要的是中国互联网的影响力得到了全社会的认可。

### （1）支付宝关注的是多少人因此而添加了朋友关系链

如果说支付宝不羡慕微信的装机量和活跃度，那一定是假话，但要说支付宝想取代微信而成为社交软件，那也是幻想。支付宝希望增加用户的社交关系链，但肯定不愿意成为家长里短的聊天工具，而是虽然低频但意义却重大的交易。

支付宝数据显示，猴年除夕夜，总参与达到3245亿次，在晚上21点09分峰值达到210亿次/分钟，并且有11亿对好友成为支付宝好友，有30%的用户选择将福卡送给了家人。最终，有791405人集齐五张福卡，平分了2.15亿大奖。

对于这个数据，前半部分是广告，属于展示阿里云的超能力，作用和"双11"类似，中间这个"11亿"和"30%"才是支付宝红包营销的目的。

借助这次的集福卡，很多人的支付宝上的好友数量大幅增加，而且，这些增加的"好友"很多都是真正的熟人，或者"家人"或者"亲戚"或者"同事"，这些人以后可能也不会在支付宝上聊家长里短，但转账汇款的时候却一定会想起交换福卡的经历，这才是支付宝的福气。

支付宝的"吱口令"对微信的朋友圈没有任何的伤害，也不会因此而让微信的活跃程度下降，所以，那种对比支付宝与微信朋友圈活跃度的概念毫无意义，闹得沸沸扬扬的红包大战只不过是微信害怕被支付宝"假道伐虢"而引发的一场闹剧而已。

一个猴年春节红包营销，支付宝多了大量的好友关系，未来可以借助这些关系做很多事情，最直接的便是以后的产品推出或者业务宣传，对微信渠道的依赖程度会大大降低，封杀将不再有效，支付宝的社交舞台已经搭建好，下一步是活跃与社群的问题了。

## （2）微信要关注的是沉淀资金有多少留了下来

微信的红包已经活跃了很多年，现在又拉上QQ这个同胞一起参战。从微信的视角来看，各个群里互相发多少红包，对微信的意义都不大，对外发布数据也是为了证明自己的社会影响力。

只是，猴年的春节红包战，腾讯被支付宝牵着鼻子走，竟然比拼起业务支撑能力这个阿里巴巴的优势。结果，阿里云完胜腾讯云，腾讯吃了个最大的哑巴亏。

当然，总体来看，由于支付宝有央视春晚的独家合作资源，逼得微信只能另辟蹊径，但微信真正的战略意图也十分清晰，而且是针对支付宝的核心开火。

据微信数据显示，全球共有4.2亿人次收发红包，除夕当天红包收发总量达到80.8亿个，峰值每秒40.9万个。除夕当天，共有2900万张红包照片，互动次数达1.92亿次。与此同时，用户摇出1.82亿个红包。QQ数据显示，猴年除夕夜，参与"刷一刷"QQ红包的总用户数为3.08亿，共刷1894亿次，其中90后占比达到75%；同时，QQ除夕当天的红包收发总量达到42亿，相比去年6.37亿增长迅猛。日消息发送总量200亿条，同时在线用户数达2.59亿人，各项数据均创历史新高。

实际上，以上数据都不是腾讯的收获，更不是微信的目的，因为这些数据所体现的也只是腾讯与微信的能力而已，不说大家也知道。之所以在春节之后马上放出来，也是给社会传媒一个说法而已。

微信真正的意图是在理财上，我们很多人都会注意到，财付通借助春节时机各种渠道做广告，微信上弹出的广告更多的是"零钱理财"，也就是想把大家红包中流动的那些零钱收集起来，变成另外一个"余额宝"。

互联网金融是所有互联网巨头最重要的关注点，而蚂蚁金服之所以发展成为如今的超级独角兽，也是得益于有淘宝天猫这个肥沃的土壤，用时髦的话说是"场景"，有了占据中国零售市场超10%的电商规模，金融的发展便自然而然。

包括腾讯在内，虽然这些互联网巨头不差钱，但缺少交易场景却是最难弥补的缺憾。腾讯历经多年探索，终于找到了这个"红包"突破口，红包大战根本不是什么开了多少卡，而是积累了多少与钱有关的交易，也是一种特殊的交易场景。

对于腾讯来说，微信用户收发多少红包不重要，重要的是红包里的那些钱要留下。所以，很多人都发现，拿到红包之后的零钱取出是很"麻烦"的，而微信也从来不公布老百姓的红包里到底有多少钱躺在微信里面睡大觉。与微信不同，支付宝相关的所有红包都可以设置成自动转账到支付宝，而微信却设计了多道复杂的程序之后才能转移出去。

现在，微信觉得大家红包转来转去流动的金钱已经够多了，所以推出了各种红包零钱理财活动，希望把钱留在微信，下一步就是拓展支付场景，让大家把钱用起来，这对支付宝确实是很大的威胁。

不过，就如支付宝拓展了关系链也不会活跃一样，微信零钱也很难像支付宝余额一样数量庞大且源源不断。支付是商业的核心，即便腾讯投资了京东等电商企业，这些电商企业也不会将支付全盘托出交给腾讯及微信，除非公司合并，这才是微信进军支付最大的障碍。

## 5. 信用

### 应用场景推动信用社会，互联网征信让人不得不信

中国是一个有信用的社会吗？显然不是，或者不太是。在中国，契约精神高度缺失，不守信已经成为中国社会商业发展的大敌。

不过，即便每个人都在骂中国是个缺乏商业信用的社会，但却很少有人去思考为何中国社会缺乏信用，甚至很多人只是简单地将其原罪归于几十年前的

那场十年浩劫。

从深层上来看，中国的信用问题大爆发与所谓的社会变革关系并不大，而是来自信用无处用。如果一个人只要失去了信用就无处可藏，那么这个人根本就不敢也不会去让自己的信用受损。

古人说，人而无信，不知其可也。但在现实中却是，人而无信，做什么都可以。甚至，一些不讲信用的人却获得了社会上的"好评"，成为了各方面的优秀杰出成功人士。

在这个社会上，我们到处看到的是，骗子发财致富，老赖生活富足，欠账的衣食无忧，应收账款让很多企业破产倒闭，三角债问题竟然多次成为中国经济最大的毒瘤。正是在这样的负能量的引导下，全民的信用水平开始下降，直到老太太自己摔倒却要赖上伸出援手的好心人。中国有自己的征信系统，但这样的征信系统却使用场景极少，甚至甚少有人关注。之所以大家都不重视信用，因为国家的征信系统也只有在银行贷款买房的时候才被人用上。因为个人信用的使用范围狭窄，几乎没有任何地方会考虑个人信用，在这样的社会中，我们谁还会把诚实守信当成天大的事情？

人类都是相似的，但我们却一致认为欧美国家的社会信用比我们好。从经济人的角度来看，都说美国欧洲的商业信用好，那是因为，在那样的国家，如果你做了违背诚信的事情，你将寸步难行，这样不守信用的代价是高昂的，人们就不敢也不值得为了蝇头小利而让自己的信用受损。如果一次逃票就可以让自己未来找工作无人敢要，你还愿意去逃票吗？

中国高高在上的国家征信系统非常严密，但却始终难以覆盖全体国民，更是在实践中的使用率极低，没有社会普及的征信系统就变成了银行发放贷款和信用卡的专属工具。在这样的情况下，整个社会的信用体系根本建立不起来。

随着互联网的快速发展，中国社会建立全民信用的机会到来了。到目前为之，蚂蚁金服的"芝麻信用分"、腾讯征信的信用评级、前海征信的"好信度"、中诚征信"万象分"、拉卡拉"考拉分"、华道征信的"猪猪分"开始运行，在我们每个人都离不开互联网生活的背景下，这些分数的高低已经可以得到准确的评估计算，并将深刻影响我们的以后生活。

目前，通过信用分，用户可以在贷款、租车、租房、婚恋、签证等多领域享受信用带来的好处，比如，750以上的芝麻分用户可以直接办去欧洲的申根签证，也可以在国内很多机场直接通过VIP通道过安检。一些人认为这些都是娱乐式的营销，并不符合传统的征信规范，但却忽略了最重要的一点，正是这些点点滴滴的看似娱乐的信用使用，将培养起中国人的信用意识，也将推动所谓正统的征信系统的建设和使用。

随着围绕互联网大数据建立起来的信用评价体系的成熟，各种应用场景越来越多，信用分的多少已经开始关系到个人的教育、生活和工作。先是为了利而珍惜自己的信用积累，然后一定是为了弊而不敢去冒信用分缩水的危险，整个国家的信用体系就在这个过程中得到了最底层的建构。

我们每个人都暴露在互联网大数据之下，我们每个人都生活在互联网应用无处不在的场景之下，只要信用会关系到每个人的一生，谁还愿意为了一点蝇头小利而让自己的信用受到伤害呢？

## 征信牌照价值几何？

中国是一个"牌照"社会，每个人都拥有无数个用来证明自己身份和能力的证件，而作为企业，也只有拥有了各种各样的准入牌照之后才有资格合法地开展运营。

最近几年，很多牌照都广受关注。首先是关系到第三方支付的支付牌照，获得了牌照的企业开始合法经营支付业务，由此也让支付宝、财付通们兴旺发达了起来。然后在通信圈又掀起了虚拟运营商牌照争夺热，截至2015年7月，已经有40余家企业获得了虚拟运营商牌照，拥有了开展通信业务的资质。前不久，一批民营企业也获得了民营宽带商的资格，宽带市场开始向社会开放。

当然，最受关注的依然是金融领域的牌照，这些牌照的含金量越来越大。与获得了虚拟运营商牌照的企业经营状况不同，在金融领域拿到牌照的企业多数都已经风生水起，甚至将银行等变成了弱势群体。民营银行的牌照也发了，腾讯的微众银行和阿里巴巴的网商银行等陆续开业，接下来争夺最激烈的就是征信牌照。

简单分析就不难发现，以上这些牌照，获得者都少不了阿里巴巴、腾讯、百度、京东、小米等互联网行业巨头，多数都是身兼数职，可见这些企业的布局之深。

当然，也有例外，腾讯在互联网金融方面寸土必争，可却对通信行业的牌照毫无兴趣，甚至发誓永不争取。这是因为，腾讯事实上就是中国第二大运营商，完全没有必要自己去抢一张牌照给自己加一道紧箍咒。可见，牌照对于不同的企业意义也有不同，企业会根据自己的需要进行选择。

不过，一个总的原则是，只要政府在发牌照，就要不顾一切地抢到手。因为，只要牌照在手，总是自己主动，而且很可能奇货可居，即便自己不用也可以卖个好价钱。虚拟运营商牌照已经发了一年多，可真正运营的企业寥寥无几，多数拿到牌照的企业在缓慢地做着准备，甚至还有很多家纹丝不动。征信牌照发了以后，也只有蚂蚁金服、拉卡拉等做出了产品，蚂蚁出品的芝麻信用分得到了社会认可，即便是腾讯，其信用评价系统也还处在所谓在内测之中。在中国，牌照一定是值钱的，但值钱的程度会有差异。对比起来，支付牌照的含金量很高，有或者没有是生死考验，拿到了牌照的很多企业都成了巨头，价值不可计数。虚拟运营商和宽带商的牌照就相对成色不足，有或没有都不影响大局，至少到目前看是如此。民营银行的牌照虽然重要，但并非很多普通企业可以觊觎，价值高低现在还看不出来，但后劲十足。由此看，征信牌照的价值会很大，甚至有可能超越支付牌照，有可能影响未来的整个商业格局。

普遍的看法，未来互联网的发展重点将集中于互联网金融，而这也符合社会发展的规律，互联网自然进化到了这个阶段。在互联网金融的发展中，支付只是一个底层业务，而征信会成为决定性力量，是整个互联网金融的支柱。可以说，谁控制了信用这个支点，谁就掌握了未来金融的命脉。

互联网金融发展中，需要放贷，就需要个人信用评价，很多未来的电子商务行为和网络消费都需要以信用作为交往的基础。个人征信将成为互联网下一步发展的最核心资源。

个人征信，简单来讲，就是机构将数据采集过来，在合理、合法、合规的条件下对其进行整理、加工、处理、产品化，然后对外提供信用报告、信用评估、信用信息咨询等服务。中国的电子商务之所以长期发展不起来，也主要是因为社会商业信用的缺失，直到后来支付宝创造性地设计了"满意才付款"的信用担保模式，中国的电子商务才有了飞跃性的发展。

传统上，征信数据主要源自信贷领域，而在互联网时代，数据源更广，种类更丰富，时效性更强。交易数据、社交数据等也能反映客户社会关系和经济行业的特征，间接反映个人信用状况。所以，蚂蚁金服的芝麻信用分借助阿里巴巴系的大数据率先发力，成为了迄今被社会接受的唯一互联网信用评价系统，商业场景开发方面也显露出越来越强大的力量。

当然，已经拥有了征信资质的并非只有芝麻信用，还包括腾讯征信有限公司、深圳前海征信中心股份有限公司、鹏元征信有限公司、中诚信征信有限公司、中智诚征信有限公司、拉卡拉信用管理有限公司、北京华道征信有限公司，这些公司也都在陆续推出自己的研发成果，或者已经在进行内测。

不久前，京东与美国大数据分析公司ZestFinance合作推出中国消费者信用数据系统，万达并购的第三方支付公司——快钱已经向央行提交了个人征信牌照的申请。据说还有百度、北京安融征信、拍拍贷等机构均有意申请第二批个人征信牌照，且部分机构已经向央行提交了申请。

商业催生金融，金融需要信用，信用反过来也会改变商业形态。比如，因为诚信的问题，商务租车企业需要拿到数额不菲的押金之后才会让司机把车开走，酒店预订房间也往往要求提前很久就支付房款以防客户爽约带来损失，餐饮的远程预订一定无法开展更是由于订而不到会造成巨大的浪费，而这些都可能随着信用评价体系的建设而得到根本性的解决。如果一家或几家公司接入信用系统而实现了不付押金提车、不付款订房、不交钱就炒菜，那么这些提供服务的公司将获得不对称的发展优势，不具备这些能力的同行将很难生存。更重要的是，信用的应用场景远远不是我们所列举的这些，甚至在相亲、招聘等社会领域都会因此而发生化学反应。

有证券分析师通过对比中美两国情况，测算出中国个人征信市场规模将达1030亿元。其实，这仅仅是直接的征信产业收益，并不是征信的价值全部，甚至只是征信价值的极其微小的部分。由于个人征信系统的完成，将来带来整个中国社会与互联网关系的转变，让人们使用网络的方式发生根本性的变革，也会再造网络的商业环境，由此带来的价值何止千亿万亿。

## 信用分到底有多重要？

商业社会的基础是信用，人而无信，不知其可也。2015年6月6日，可能会成为又一个被互联网公司创造出来的节日，而这个日子也会拥有一个新的名字——"信用日"。

在蚂蚁金服和腾讯都拿到了征信牌照之后，互联网公司开启了个人信用的新时代，借助无处不在的互联网和日渐被重视的信用价值，中国的商业信用将被彻底提高，一个崭新的中国商业社会可能到来。

实际上，在中国电子商务发展的初期，长时间无法得到健康成长，最大的阻力就来自于商业信用。不管是先付款还是先发货，总有一方不放心，这一瓶颈直到支付宝的出现才得以缓解，从而带来了整个电子商务行业的繁荣。

中国人从古到今都强调诚实守信，可一直缺乏可使用的信用机制，造成失信得不到惩而守信也得不到回报，从而劣币驱逐良币，造成了整个社会的信用缺失。

在首个信用日的测试过程中，据媒体的报道，在北京"无人超市"现场，有三位女性现场拿走了价值昂贵的货物，而没有付钱；还有人往返好几次，拿走数袋价值不菲的烟酒，并只支付了十元钱。这些人视信用为无物，贪恋小财，但也折射了中国信用建立的难度。

按照芝麻信用发布的首份社会信用调查报告，通过对1.5万名用户的调查，82%的中国消费者认为个人信用对自己非常重要，85%的消费者对个人征信体系的未来看好，能接受第三方公司提供的个人信用评估。知道个人信用记录的人当中，只有44%的人前去查询过个人信用记录。在对个人信用的使用上，91%的消费者都是集中在"银行贷款"上，89%的被调查者希望个人信用的应用可以扩大范围。可见，中国并不缺乏信用发展的社会基础，缺乏的只是社会监督与执行机制。

如今，仅仅依靠信用分，就可以享受到"信用签证"服务，芝麻分达到一定标准的用户，凭借芝麻分和芝麻信用报告，就可申请新加坡或者卢森堡签证，减少很多证明材料的准备和提交。此外，消费金融公司招联推出了贷款利率优惠活动，芝麻分达标的用户在信用日当天贷款可享受利率6.6折，并且还有10个免利息贷款名额，要知道这家公司正是招商银行与中国联通的合资公司。还有，依靠信用分还可以在出行、租车等方面享受到先用后付的优势。此外，作为已经纳入国家信用体系的互联网信用分，未来还会影响到银行贷款等大额的个人消费支出，甚至会影响到社会人际交往和各种商业合作。

按照蚂蚁金服的介绍，对于分数不够的同学，做到下面几点或许对提升你的芝麻分有些帮助：

① 信用卡要及时还，万一忘了，收到短信、电话提醒后，一定要在第一时间足额还上；

② 欠了钱及时还，坚决不能上法院的老赖名单；

③ 力所能及的时候多做一些社会公益，帮助他人也是帮助自己；

④ 不要频繁换电话号码；

⑤ 别一天到晚搬家；

⑥ 看到水电燃气催缴单后记得及时交；

⑦ 多做一些体现家庭责任感的事，比如关心父母、孩子、爱人，网购时别只顾自己；

⑧ 开信用卡、花呗等信用账户，越早用，越多用，对你芝麻信用的提升也是有好处的；

⑨ 很重要的一点，多交一些信用好的朋友。俗话说得好，物以类聚，人以群分，你的朋友普遍芝麻分低的话也会影响你。

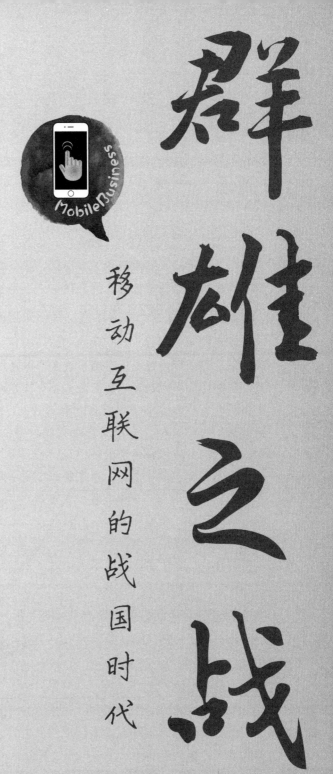

五、纵横捭阖

群雄之战

移动互联网的战国时代

MobileBusiness

## 1. 微信

# 微信，一无是处还是无所不能

很多人看到这个题目，就会说，你是个微信黑啊！如今，谁不知道，中国最炙手可热的移动互联网应用就是微信，到处都是分析微信是如何成功的，也到处都是借微信发财的，你怎么能说微信一无是处呢？

### （1）微信对电商引流作用甚微，京东有苦难言

看看前两天刘强东和马化腾的相谈甚欢，可以看出京东与腾讯的合作如沐春风，但也许只有内行可以看出来京腾合作之后京东的痛。

虽然微信用户数亿，每天我们都在朋友圈里泡着，可这些用户给京东带来了多少转化率呢？我们手里没有准确的数据，但微信在"发现"里面开的"购物"链接后门好像真的没有给京东带来想象中的高流量和高转化率。据业内人士爆料，微信的引流作用相当惨淡。

在京腾合作发布会上，京东集团CEO刘强东说，微信和手机QQ已经给京东带来了大量新用户，未来在移动端购物的用户将继续保持快速增长。要认真看，东哥说的可是"微信和手机QQ"，而且，如此高调的发布会，除了这一处，两位大佬基本没有提过"微信"。所以说，很多人把这次合作看成是对抗阿里"双11"的誓师会，但我更愿意看成是腾讯对京东的安慰恳谈会，所以，此次发布会处处将"京东"放到腾讯的前面，给足了东哥面子。

### （2）微信没有撑起任何一个商业生态

微信如此火爆，整个社会受益很大吗？显然没有。我们可以做一个对比，与中国移动当年的移动梦网相比，其社会生态价值远远低于移动梦网，更没有起到移动梦网当年的作用。

按照2005年《人民邮电报》的评论，中国移动的梦网模式是SP/CP增值业务发展的典型模式，开放价值链下的商务模式在全世界CT/IT运营商都有着广泛的影响力。移动梦网无疑是新世纪之初伟大的商业创新模式之一，它拯救中国互联网业功不可没，发展速度屡屡使最大胆的预测都显得保守。

很多人认为微信干掉了短信，虽然并不全对，可短信完蛋了，微信就好了吗？数据显示，2010年，只是中国移动的短信收入就有468.89亿元，微信又收入

几何？在腾讯的收入中，至今仍然还是以游戏为主，而微信的游戏引流作用根本无语，连当年风风火火的"打飞机"都不再。

对了，我们还记得，短信造就了超级女声和春哥。微信呢？很多人可能说，微信收入小，正是让利于民，是互联网公司良心的体现。但是你别忘了，运营商的那些短信收入也没自己吃了，如果没有那些，怎么会有互联网公司赚得盆满钵满的所谓"后向收费"的免费模式得以生存？

更需要问的是，那些曾经被拿来当案例的银行们、餐厅们、O2O们，你们发财了吗？有本事出来走两步，亮亮你的明亮的微信销售和客服数据。

### （3）靠微商发财的只有忽悠的"大师"们，普通人的发财梦早已过去

微商一度承载了腾讯电商梦想，包括腾讯高层在内可能都认为腾讯终于找到了电子商务的捷径，但是，微商实在是不争气，轰轰烈烈开场，但却只是让面膜成了主场，结果，如今归于平静，微商几乎成了网络假货的代名词，更惨的是跟风入市的充满了创业激情的年轻朋友圈商家们。

当然，也不是所谓的微商都不成功，最成功的是那些本来在线上教授成功学的大师们，还有各路销售高手、传销经理，纷纷在微商上找到了新的发财机会，微商销售语录横行，而那些语录几乎都是传销课程的翻版。

微商的创业门槛太低，甚至连淘宝那样的注册和证件都不需要，假货泛滥，杀熟流行，更多的不厌其烦的广告让朋友圈彻底变了味道。事实已经告诉我们，任何低门槛的竞争都是惨烈的，因为很容易模仿与进入。只有通过高门槛进入之后去赚钱才能赚得多而长久。

### （4）微信的朋友圈广告成了鸡肋，公众号的原创成了笑话

微信的朋友圈确实很牛，将我们牢牢地固定在里面，但这种朋友圈也在耗损我们的时间，碎片化的信息获取降低了整个社会的智商，却无法帮助我们创造出更多的价值。

自从微信的朋友圈推出流广告以来，宝马、可口可乐就成了大家调侃的话题，高调地宣布自己可以根据用户的大数据来精确地推荐广告，最后却成了一个玩笑。现在偶尔会来上一两个，也被淹没在信息海洋之中，至于所谓的精确化推荐，更是文不对题。

更严重的是，微信不仅在朋友圈里加广告，还要和京东一块将一些商家的广告硬生生地插入到每个朋友圈中来，依靠自己的强势地位走上了传统媒体的赢利道路，这几乎就是开历史的倒车，可见微信的赢利梦想都想疯了。

公众号成了新媒体，那些混论坛玩微博的都跑这里来，一个人一家公司就掌握数十数百甚至数千的公众号，根据社会热点进行发布，而内容更是"博采众长"的抄袭，真正原创的很少。这种发展模式就是将传统媒体和新媒体的阴暗面

整合到了一起，最终让互联网的一贯炒家又发了一次财而已。

**（5）微信被腾讯互联网金融抛弃，微信支付也已经连防守都不做**

最后，我们还是来看看被很多人神话了的微信支付和互联网金融。不可否认，红包确实太火了，中国人找到了一个新乐子，微信功不可没，很多人确实为了将抢来的红包里的钱取出来而绑了自己的银行卡，这也被人形容为微信一夜之间就干了支付宝10年的事。

事实却很残酷，微信开了那么多户，绑了那么多卡，但微信支付却迟迟起不来，虽然我们有时候会用微信扫一扫付款，但相比这个行业的成长，微信支付的成长率并不高。

最近一段时间，支付宝强势突击，而微信甚至连防守都不做了。支付宝在城市信息化方面突飞猛进摧城拔寨，菜市场、机场、旅游区、停车场、医院，步步为营，而曾经还轰轰烈烈的微信城市却已经寂静无声。

如果我们不看好微信支付，也就罢了，腾讯内部呢？腾讯的互联网金融战略非常清晰，也绝对是未来发展的重要方向，但不久前腾讯成立了金融事业线，却将微信万能论者寄予厚望的微信支付排除在外。

微信，是移动互联网时代的奇迹，不假，但微信还是要做好自己的事。至于那些与商业社会相关的，微信无所作为。不是不能，而是无能为力。

## 年入百亿是做梦，朋友圈广告赚钱不要命

该来的总会来。就在前两年，腾讯还在煽风点火地炒作微信收费，并将舆论讨伐的矛头引向运营商。结果，现在我们终于明白，所谓的微信收费与运营商毫无关系，只是微信要商业化的一种舆论试水。

踌躇了一年之后，微信还是按捺不住地推出了至今为之最大胆的商业计划，并且是盯上了朋友圈这个高活跃度的工具。微信推出了朋友圈广告，通过自己的专有账号肆无忌惮地插入到每个人微信的朋友圈中，内容是大企业的各式各样的硬广告。

讲道理地说，微信是腾讯自家的产品，每个用户都是享受者，既然是使用就应该付出代价，既然大家都没有付费，那微信"强奸"一下用户的眼球就没得可说，这实际上也是互联网上免费应用的一贯玩法。

不过，对于正值巅峰的微信来说，这个时候强行推广告却有点"把猪养肥了再杀"的嫌疑，而朋友圈的广告也不可能达到微信的设想，弄不好会赔了夫人又折兵。

## （1）朋友圈广告杀伤客户体验，背叛腾讯思维

朋友圈的广告采取的是一种叫做"feed"的形式，朋友圈中被植入了一个会感到陌生的头像和ID、一个"推广"的标识，还有一个可点击的"查看详情"链接。也就是说，从此之后，每个人的微信的朋友圈里将至少有一个朋友是强加给你的，而且你也没有能力不要这个朋友，他就是微信团队自己。

毫无疑问，腾讯是国内最会做产品的公司，一直以腾讯体验为行业标杆，腾讯旗下的QQ及各种游戏和微信之所以火爆也都是因为其体验设计独步江湖。可从去年开始，在阿里巴巴与百度的夹击下，急于在移动端收获的腾讯开始背弃原来的成功规则。

一年以来，微信多次瘫痪，而微信电话本悄悄推出次日便大面积崩溃，这些在以前上升期的腾讯是绝对不会发生的，而朋友圈本来应该是洁身自好的，因为朋友之交淡如水，可微信团队却在原来纵容人们在朋友圈做起电商和滥伐商业信息之后自己亲自上阵，完全背弃了原来腾讯的思维方式。从这一点上看，到底是腾讯变了，还是有钱就任性，或者说是腾讯被微信绑架了呢？

朋友圈受到了很多人的欢迎，也正是因为此便蕴含了巨大的商机，可垃圾信息泛滥的朋友圈也会被用户逐渐抛弃。事实上，最近一年来，朋友圈已经鱼龙混杂，越来越多的公关信息在其间流传，越来越多的微商叫卖充斥其中，很多人打开朋友圈的频率也在下降。如果朋友圈的广告成为惯例，越来越多的信息和诱导性的链接将让更多的人逐渐远离。

于是，随着朋友圈的广告兴起，也许不久之后微信就会推出会员计划。只要你掏了钱，就可以不向你的朋友圈里注入广告，腾讯擅长的增值服务收费模式将成功登陆。只是，这种QQ玩过的互联网把戏真的能在手机上成功吗？

## （2）只有土豪才能参与的游戏根本撑不起100亿元大盘

按照腾讯自己的说法，基于对微信的数据分析，腾讯内部对朋友圈广告的评估结果是每年100亿人民币收入左右。

事实上，这个100亿元才是最不靠谱的，根本也无法实现，也许仅仅是腾讯给资本市场讲的一个故事而已。如果一个朋友圈的广告都能收入100亿元，腾讯的市值应该是10万亿美元才对。我们先看看国内互联网广告的收入水平。据艾媒咨询的数据预计，2014年国内网络广告市场规模接近1500亿元，这其中占份额最大的当然是百度，百度在2014年的收入超过500亿元。

我们以2013年的数据为例，百度在2013年的总营收为人民币319.44亿元，另一国内广告巨头央视收入大概在280亿元左右，这两家都是中国广告收入的巨无霸。另据2013年年报统计分析的A股上市公司的广告费用情况，1195家上市公司共花费了603.85亿元广告费。

由此我们已经看到了国内广告收入市场的大体格局，而目前，腾讯的广告收入一年全部算下来也就20亿元的水平，如果朋友圈这个广告一下就能实现100亿元，那势必会改变目前的大格局。用脑子想想就可以知道，这绝对不是一个微信的朋友圈可以完成的伟大梦想。

同时，我们必须看到，因为微信朋友圈广告将聚焦最大的那批企业，而这些企业将主要是央视等大客户，所以，一旦微信朋友圈推出广告，受到冲击最大的自然就是央视。如果微信说朋友圈一年就可以收入100亿元的广告费，要首先问问央视答应不答应。我们可以预测，只要朋友圈不计后果地进军广告，央视与腾讯的蜜月期将随之结束，一场舆论战将打响。

据现在流传的消息，腾讯微信选择的广告主将全部是高大上的世界500强，这部分企业全部的广告费都投到微信朋友圈也不会达到100亿元，更不要说有央视及各个卫视及方方面面的媒体投放等着分食。要知道，企业的广告费投放都是有限度的，不可能无限制地增加，更不要说现在全世界也包括中国都在经历经济放缓的痛苦。

### （3）微信朋友圈赚钱之时便是开始被颠覆之日

按照媒体的报道，微信的商业化标杆是Facebook，Facebook最重要的收入来源就是广告，就是通过广告流量来将用户与各类服务连接在一起，广告在Facebook的营收中占比超过八成。而在最新腾讯的Q3财报中，广告收入为24.4亿元，但仍只占腾讯总收入的12%，对比Facebook大有潜力可挖。

不过，这些为微信广告收入做梦的人们可能忘记了，中国互联网的土壤与美国大相径庭，多年来，同样的应用采取同样的方法往往水土不服，而本土化做得最好的创新模式却成为了中国市场的成功者，腾讯的QQ与微信也不例外。

按照这样的规律，正是因为Facebook在广告上大获成功，微信朋友圈广告在中国市场获得成功的机会就微乎其微了。对比国内其他的社交平台，所有采取广告为赢利模式的至今都挣扎在生命线上，微博如此，微信也不会例外，而其他的社交应用更是惨不忍睹。

互联网广告之所以值钱，最大的好处还是来自于其直接简便的变现能力，到达率高的同时也会有很高的转化率，而朋友圈的广告集中在手机屏幕上，其链接的打开与操作受到巨大限制，广告的作用远远不如基于PC互联网端的类似广告更具备商业价值，所以，这种广告既不会受到微信用户的欢迎，也不会被广告主所青睐，微信强推朋友圈广告很有可能两头不讨好。当然，微信急不可耐地要赚钱，也情有可原，但却不能违背超级平台必须以社会价值为主的原则，正是微信的全民沟通平台的建设才让自己的商业化无法启动，而一旦微信摄于资本压力强行推行违背腾讯逻辑的产品，那也就给了虎视眈眈的颠覆者以最好的机会。可以预言，微信朋友圈广告赚钱之日，便是颠覆者崛起之时。

因此看，朋友圈的广告在中国最大可能是水土不服，更会因为客户体验受损遭受用户抨击，甚至都不会得到广告主的青睐，未来的前景十分不乐观。当然，最后更需要强调的是，即便朋友圈的广告有一些收入，或者再火一些，要想实现所谓的100亿元梦想也绝无可能，南柯一梦罢了！

## 微信做"应用号"，京东携程甘做"微商"吗？

在喧嚣了一晚上的盗号闹剧之后，微信终于亮剑，声称准备要做"应用号"，而且，一方面承认服务号不成功，另外一方面也遮遮掩掩的并不是推出而只是"要开发"。这是为什么呢？

微信现在已经成长到了高峰，每前进一步都很艰难，最近两年轰轰烈烈推出的业务，基本都没有成功。

### （1）微信每年一"重磅"创新，但屡屡受挫

可能很多人已经忘了，前段时间，微信高调推出朋友圈广告，还宣称要拿下价值100亿元的广告市场，可现在，微信已经只字不提朋友圈广告的事情，而夹杂在朋友圈之中的那些"精准"广告也不再被人关注。

微商更是沦落到了被人形容为"传销"的地步，大多数信心满满做微商的人已失去了希望，留给朋友圈里只有更多的各种代购和面膜垃圾。

其他，微信做过引流，全民打飞机之后迅速偃旗息鼓，微信还给京东等联盟企业做导流，效果也惨淡到不能对外人说起数据。

当然，这些并不是说微信太差，相反，正是因为微信太大了，看起来像是无所不能，就如同淘宝一样，已经成为社会平台的微信，社会价值已经超出了其商业价值，再通过其变现已经很难。恰恰，会有更多人在这个社会平台上找到自我的价值。淘宝养活了千万创业者，微信上的个别公众号就价值过亿。

微信管理团队现在对外的演讲充满了科技感，给人以高大上的感觉，但微信却是下里巴人的玩具，用词华丽的背后往往是空虚，这种代入感让人不得不对微信的战略有怀疑，正如微信负责人所说的，实际上微信自己也不知道自己会走向何方。

互联网产品是一个迭代的过程，确实没有人知道产品的未来，也不需要知道未来，只要按照时代的发展和技术的进步前进就可以了，但这只是针对产品本身，而产品的使命与价值却需要大战略的支撑，否则就会变成无头苍蝇。

微信是个好产品，但微信已经变得越来越重，很多人的手机被其上的各种信息、群等压得喘不过气来。微信的臃肿成为了现在智能手机卡顿最主要的原因之一。我们甚至使用微信自己的清理工具进行群清理的时候都会让手机死机，随便删除一下微信存储下来的东西都要用G来计算。微信正在被一堆又一堆垃圾所拖累。

### （2）"应用号"不契合腾讯发展战略，技术、人脉、环境都需要重启

应用号是微信的又一次尝试，也是微信每年一次的创新试验，但是，这次微信却是虚与委蛇，只是说要开发，并没有时间表，更没有样本提出来。如果说幕后的原因，一个可能是主要给对手一个信号，也给自己点压力；二是微信内部甚至是腾讯内部并没有一致意见，应用号如果推出，技术上可靠性如何和对合作伙伴联盟的影响都是未知数，先说出来探探风。

所谓的"应用号"，即便微信没有描绘出具体的样子，我们也可以猜出一二，大概会像百度"直达号"或者支付宝"服务窗"的样子，把商家捆绑在微信里面，连商业流程都包含其中，用户与商家在微信上将不再是沟通信息的关系，而是用户在微信里使用商业提供的服务完成交易，那些大企业服务号转身成了"微商"。

此外，此前腾讯和微信还在多个场合呼吁和促进产业合作发展，鼓励和支持开发者，现在却要用微信统一天下，社会口碑会怎么发展，也是微信需要探听的内容。同时，H5与APP之间的争论也不是一天两天，可H5至今没有成长到足够，微信对这个技术前景也并不吃得准。腾讯自从被前某杂志开骂之后，就逐渐改变了自己的发展策略，主要是扶持联盟企业发展构建以自己为核心的互联网商业圈子，通过兼并、投资、换股等方式，最近几年效果很好，既取得了商业价值也更具有社会价值。但是，微信如果开发了"应用号"，大企业们会心甘情愿地成为微信旗下的"微商"吗？不久前，航空公司刚刚集体向去哪儿发难，这也许正是微信管理团队不愿意直接推出来的原因之一。

微信应该创新，也必须创新。在移动互联网时代中，微信已经是员老将，江山代有才人出，各领风骚也就几年，微信为何就不能心甘情愿做个不挣钱的平台，把腾讯家的其他孩子照看好长大成人，不也是微信的功劳吗？窦燕山，有义方。教五子，名俱扬。

## 微信红包照片，一场未遂的微创新？

靠照片卖钱，以前只是明星的专享，现在却成了微信朋友圈里的普通功能，把自己的一张照片罩上"雾霾"，想看照片拿钱来。如果说，谁能在短短几分钟

之内就形成一股社会风潮，估计也只有微信才有这个能力。

在猴年春节，腾讯旗下的微信与蚂蚁金服的支付宝围绕红包上演了一场巅峰对决，两家公司各出奇招，成就了全民性的移动互联网狂欢。

## （1）红包照片成了虎头蛇尾的创新

2016年1月26日傍晚，微信突然上线公测"红包照片"，用户可以发出一张照片，朋友看到的只是一张仿佛被毛玻璃覆盖的模糊图片，此时如果向好友发出一个小额的现金红包，便能一窥真容并评论点赞。一时，微信朋友圈被"雾霾"占领，可仅仅几十分钟之后，微信便宣布将功能下线。

此后，微信方面表示，在除夕当晚，将有更多的趣味互动方式陆续上线，也请用户提前将微信更新至最新版本，以防"分分钟错过几个亿"。猴年除夕，红包照片再次上线，可和上次测试不同，红包照片并非每个用户都可以参与，而是随机发放资格，未获取资格的用户，可以通过"摇一摇"获取发表机会。

事实上，微信的红包照片在除夕并没有进行更多的"创新"，甚至有些过度"低调"。虽然腾讯公布统计，除夕当天共有2900万张红包照片发出，红包照片互动总次数超过1.92亿次，更有一河南姑娘为看照片发出了219个红包这样"壮举"，可红包照片功能实实在在被淹没在了除夕红包大战的硝烟之中。

## （2）微信推红包照片的目的是什么

很多人都在分析，微信推红包照片的目的是什么，甚至为此让微信不得不发一个公开谈话以正视听。

根据微信团队的说法，红包照片是专门为春节设计的一个活动功能，微信团队希望在除夕这个特殊的时间点，为用户提供一些创新的玩法。从构思到开发三个多月，中间经历过多个玩法的尝试和推翻，但目标一直都很清晰：大家在这一年中，肯定珍藏了一些很有意义的照片，希望借着除夕这个特殊时刻，和红包这个新玩法，和亲朋好友分享这些照片，乐一乐。

虽然微信自己给出了解释，可大家都不相信红包照片的目的仅仅如此，于是，各方高人纷纷开始臆测，认为微信此举应该是琢磨大招。

首先，微信在关键的时间节点上突然发出"红包照片"功能，肯定有为春节红包大战进行预热的想法。微信的一个小小的功能推出，就瞬间引爆网络，等于是宣告了微信的超级能力，弥补央视春晚不能合作的遗憾，有力地支持了对抗支付宝红包营销的整体战略。

其次，微信与QQ要在除夕与阿里巴巴系进行正面对抗，腾讯内部需要检验自身能力和改进细节，于是，借助红包照片和此前的公开课进行一场灰度测试也是情理之中。结果，这场为春节红包大战测试服务端的极限承压能力的结果好像并未达到理想状态，所以在除夕有意降低了红包照片的关注度，重新上线可以看作是为了不失约的应对之举。

另外，还有人认为，微信在利用全民娱乐促进新微信新版本的用户全量更新。微信的用户群太大，因为终端不同、系统不同、用户习惯不同，造成多种版本在同时运行。通过这场图片红包刷屏运动，也给了未升级用户一种必要的期待，成为了软件升级的拉力。

当然，也许微信还有更大的野心在后面。微信多年来都赚了吆喝却没有真正赚到钱，之前推出的朋友圈广告成为了微信赢利的救命稻草，可是，朋友圈广告也是高开低走，主要原因就是朋友圈的流广告很难准确地衡量其到达率与转化率，广告效果得不到保证，同时还让客户体验遭受损失。

如果红包照片成功了，完全可以从"让用户出钱看照片"变成"用户看照片可以赚钱"，出钱方自然是广告主，由此，用户看广告变成了一件幸福的事情，朋友圈的广告也实现了互联网广告行业多年的梦想。其实，细心的人们已经发现，红包照片一旦被点开，下面就已经被打上了广告，应该是测试行动。

当然，也有另外一种可能。通过红包照片的互动，朋友圈的"晒图"被赋予了更生动交互的能力，除了满足用户的攀比、嫉妒、偷窥等人性，也让用户觉得很爽，这样等于给一些有众多粉丝的明星、名人等有了新的挣钱的机会，甚至可以创造出一种新的IP赢利方式。

### （3）红包照片的未来存在怎样的风险

不管微信推出的红包照片未来有多少可能，都需要注意自身的运营风险，用户数量大是优势，也有可能成为很多业务推广的陷阱。

微信推出的红包照片测试仅仅上线几十分钟就下线，很多人认为是因为"涉黄"，因为很短的时间之内就有人将网络上"搜"来的各种图片蒙上作为吸引来"赚钱"，很有可能已经触犯相关法律法规。这个问题被微信团队轻描淡写地说成很容易解决，实际上却很难操作。隐私及合规问题解决之前，红包照片无法正常推出。

微信之所以厉害，主要是其控制了社交关系链，而且这个关系链还是"封闭"的，每个用户只能与自己的好友进行互动，不仅提高了活跃度，也等于是构建了人与人交往的闭环社会。为此，微信都不显示什么人看到了自己发送的内容，好友只能看到共同好友的互动内容。可是，红包照片却是反馈全部结果，一下洞穿了整个关系链，对微信的整体影响尚需要评估。朋友圈广告的泛滥，包括微信官方发布的，也包括微商们孜孜不倦发布的，还有各种各样的企业商家发布的，都在严重降低朋友圈的信息价值，这些广告还可以被可以忽略，但红包照片一旦变成广告模式，就让大家无处可逃，可以想象，蒙着面纱的广告图片大行其道之后，大量的用户会不厌其烦，微信朋友圈的黏性将遭受空前打击。

微信是中国移动互联网第一应用，这些年也在不断地进行功能和业务创新，不管成功还是失败，都在引领着互联网社交应用的行业前行。红包照片虽然是昙花一现，未来的路还没有确定怎么走，但红包照片所带来的产业震撼却已经实实在在地产生，以此为启发的微创新也注定会再来。

## 2. 微博

## 微博居然日活破亿，是什么让微博变得更好看？

事物的发展总是起起伏伏，互联网业务更是如此。用户的习惯不断变化，技术的发展也快速向前，各家的移动互联网应用都走在不同的道路上。

微博显然是移动互联网起步最早也是发展最快的业务之一，在经历了最初几年的高速增长和习惯了被热捧的核心之后，一度有些沉寂。但微博自从成功上市，发展就又走上了快车道，特别是4G网络的普及，让微博有了新的发展机遇，刚刚发布的2015年财报更是让微博管理方喜上眉梢。

在微博公布的2015年第三季度财报中，微博营收、广告收入和盈利均创年内新高，并连续四个季度实现盈利。最令市场眼前一亮的是，微博月活跃用户达到2.22亿，同比增长33%，日活跃用户达到1亿，让微博步入用户黏性最高的超级APP顶峰行列。借着这个东风，微博董事长曹国伟抛出下一个1亿的新目标，按30%这样快的发展速度计算，两三年之后就有可能实现。

微博本质上是移动互联网的应用，但很多人依然习惯在电商上使用它，这也成为了微博发展中的重要问题。在现在以移动端论英雄的时代，如果微博还是以PC作为主阵地，显然就落伍了。数字显示，上市以来，微博月活跃用户净增长7800多万，其中移动端占比85%，达到1.887亿，比年初增长了近5000万。可以这样讲，正是因为移动端用户的增长，才让微博有了日活跃用户超过1亿的基础。

用户数的发展至关重要，但要是没有足够吸引用户的内容，也不会有更高的打开率。4G网络在中国已经逐渐普及，大屏智能终端也成为流行，用户使用手机上网越来越频繁，大量的图片和视频分享成为了移动互联网应用的新亮点，微博也不例外。

使用微博的过程中，我们已经发现，不断丰富的多媒体形态以及内容层次正让微博变得更好看。数据显示，2015年9月，微博上的日视频浏览量较上年同期增长9.7倍，微博+秒拍客户端的视频日播放量突破4亿，环比增长140%。快的网速和大的终端让微博有了更好的呈现载体，也可以设计更精彩的内容，而视频内容更是让用户欲罢不能。

越来越多的人在手机上频繁地打开微博，微博中的多媒体内容也更加丰富多彩，但微博是典型的UGC应用，如果没有更广泛的用户的内容生产，也就不会有微博可持续发展的未来。在这个方面，微博通过垂直化战略的实施，进一步优化了内容生态。从2015年开始，微博就不断加大对垂直领域自媒体用户的扶持力度，鼓励其在微博发布优质内容并与粉丝互动，取得了良好的效果。2015年9月，微博自媒体发博量提升64%，月阅读量超过百万的自媒体数量上升了39%。与此同时，通过微任务、打赏等商业化体系，2015年前9个月微博给自媒体的分成达到1.7亿，大大刺激了更多优质内容的产生。

对于移动互联网应用来说，用户数和活跃度是最重要的评价指标。微博财报发布之后，第三方分析机构也发表了自己的看法。天灏资本最新报告指出，微博用户依然表现活跃，第三财季每条热门微博的评论数量为83.4万条，环比增长5.8%；每条热门微博的平均"点赞"数量为1599个，环比增长20%。

对于现在的微博来说，移动端用户数大幅增长，移动端广告营收占比也已经达到64%，用户活跃程度和参与度提高很快，多媒体内容越来越丰富，这就让微博拥有了可持续发展的动力。有了赢利，有了投入，有了网络条件，有了用户参与，这样的微博还能不更好看吗？

## 微博凭什么立足多媒体社交时代

互联网已经成为整个社会沟通与交流的重要手段，而互联网的发展更是将我们原来的沟通手段进行了根本性的革新。通过网络，我们可以通过文字、语音、图片以及视频进行交流，这种多媒体的方式几乎已经将远隔千里的我们拉到眼前，多媒体社交让整个世界不再有时间和空间的隔阂。

随着4G网络的快速普及和大屏智能手机的流行，人们已经不再满足于原来的文字和语音，而是越来越习惯于分享图片和视频，这种建立在图片与视频分享基础上的多媒体社交应用开始成长起来。

媒体报道，目前国外的图片社交应用Snapchat每日传播图片数量图片上传量已经从2013年2月的6000万张/天上升到超过10亿张/天，数量翻了超过16倍。市场调研公司comScore的数据显示，Pinterest美国独立用户访问量在2015年1月达到7580万的历史新高。与此同时，Instagram的增长也十分惊人。2014年12月，Instagram宣布用户数突破2亿，较9个月之前增长了50%，目前估值高达350亿美元。由此可见，图片和视频已经变成了社交网络上最热门的增长点。

社交软件巨头Facebook已经在过去的一年里调整了它们的信息流布局，以更好地展示视频内容，此外Twitter也在打造它们自己的短视频服务。在国内，很多传统社交媒体平台也在加快布局图片视频内容，各种新型的以图片和视频为主要卖点的社交应用也不断涌现。

当然，多媒体社交时代快速膨胀的信息量以及越来越快的信息传播速度，也给产品提出了更高的要求。信息获取越来越容易，模仿的速度也越来越快，任何的产品即便有独具一格的特点，也无法阻挡竞品模仿的速度，如此会导致产品的爆点随着用户兴趣的丧失而失去吸引力，很多产品在迅速走红之后又迅速衰落。在这个时代，即便是多媒体社交应用本身也无法逃脱这样的命运。

媒体报道，匿名社交Secret这款硅谷的宠儿已经在近期死掉，从创立到关闭，仅仅靠匿名爆点火爆一时的Secret只存在了不到16个月的时间。但与此同时，图片社交网站Pinterest则宣布完成G轮1.86亿美元融资，估值达110亿美金。两相对比，着实值得我们深思。

在国内，图片社交应用也在如火如荼地兴起，比如微博相机、魔漫相机、脸萌、how-old、美图秀秀等。在这股浪潮中，各家公司都在竭尽全力地创造产品爆点，甚至有的公司就以炒作为生存之本，时不时有突破底线的营销创意出现。这样的做法，国内的多媒体社交应用会健康发展吗？

如今，国内的多媒体社交应用呈现两种发展道路：一种是微博相机、美图秀秀等，通过精细化的运营稳扎稳打，希望建立长久性的多媒体社交平台；还有一种是拼命通过炒作制造爆点，希望异军突起地快速占领这块市场。

微博是已经运营多年的社交媒体平台，产品经过了精雕细琢，在运营上也更加注重精细化，在多媒体社交上执行的是深耕策略。实际上，微博在图片社交上有着丰富的经验，随手拍活动一直长盛不衰，并在很多领域发挥了独特的作用，甚至拥有了社会影响力。

随手拍活动是微博常年开展的全站性社交媒体活动，多年的经验使得活动的兴趣节点、品牌节点，以及社交覆盖更为精确，也更能激发类似旅游、美食、摄影等垂直领域原创用户的热情。今年，秒拍、微博相机等多媒体产品的加入，产品与运营可以更直接切入多媒体社交领域阵地，壮大微博在多媒体社交领域的阵营。

而且与往年不同，网友可以通过微博相机和秒拍两款APP参与随手拍活动并抽取现金红包，上线2周以来就已发出红包528万个。另外，随手拍活动还与客户进行结合，活动定位与客户的营销诉求点相契合，如某手机企业抓住活动契机进行了新品推广，取得了很好的效果。

对于微博而言，强调精细化运营以及大平台的支持是微博相机的优势，顺势而为可能在短时间内PK不过爆点营销的声量，但魔漫相机、脸萌、how-old这些产品无法持续制造爆点，所以火得快消失得也快，微博相机却在一步步夯实基础，与美图秀秀成为最具前景的图片类应用。

我们已经经历过太多快速成长快速衰落的互联网应用，事实也多次证明，在多媒体时代，只有扎扎实实地做好产品，将产品与大平台进行有效整合，能够结合产品的功能做出一些对整个社会有意义的长效价值，才会让火爆的应用在走过高峰之后还长期坚持下来，否则就会成为昙花一现的过客。

## 别让流量崇拜成为内容创业者的毒药

流量崇拜一直是互联网思维的重要内容，很多人认为，只要有流量，只要流量人，就是成功，就一定会有稳定的赢利的商业模式。但是，随着移动互联网业务的发展，这一规律遭受到了空前的考验，好像也不再放之四海而皆准。

在移动互联网时代，出现了很多小而美的应用，一些细小的垂直领域也获得了不错的发展，相反，那些大平台大应用甚至被称为是超级APP的生存环境并不好，声称拿到了第一张移动互联网门票的微信，至今的价值还只是体现在腾讯的股价上，微信至今都没找到适合自己的商业模式。

同样，在移动互联网的发展中，借助微信、微博等平台成长起来的自媒体们有些却已经可以富可敌"国"（比自己所依托的网络平台挣得还多），甚至一些粉丝数量不大、页面流量也不大的自媒体也获得了远远超出其流量所呈现出来的商业价值。

不过，很多自媒体至今还普遍存在"流量崇拜"，过分强调平台、粉丝数、阅读量，将这些指标看成是衡量其价值的核心要素。事实却是，据微博2015影响力大会提供的数据，一些粉丝并不多的作者，在微博上的收入、"微任务"价格都比粉丝数量更高的人要好。微博运营方举了一个微博上两个粉丝阅读量类似的账号例子，粉丝基本上都在8万、9万元左右，但是广告报价差4倍左右。一个接的报价大概2万多，另外一个报价大概几千万，2015年一个广告的分成收入是220万元，第二个26万元。

所以，我们可以这样理解，平台、粉丝数、阅读量确实很重要，但影响力和价值的高低并非由这些决定，这些简单直接的数据背后更需要"用户"数量的支撑。

在互联网上，一种流量是用户流量，一种流量是访客流量。按照行业的说法，一个愿意跟随你到天涯海角的人可以叫用户；一个路人，只是看你的内容，这种人叫访客。用户认可你的观点，认同你的理念，他跟你有情感的联系。用户通过你的品牌路径消费你的内容，而不是在一些内容路径上随便翻看你的内容。用户愿意跟随你的品牌迁移到新平台。

如果一个自媒体只是因为炒作或者个别内容的吸引导致了流量的暴增，或者引来了大量的关注，但这种流量却多数都是访客带来的，其实并不稳定，也不具有媒体的本质价值属性，因为你缺乏足够的影响力。

也就是说，内容的商业变现是基于流量的变现，但基于媒体的商业变现一定是基于你自己独特的品牌和自己独特的用户群体，而不只是基于流量的商业变现。所有的自媒体，不仅要经营好流量，更要经营好用户，尤其是经营好在用户心目中的长期的影响力。

有一个很形象的比喻，把用户阅读内容比作吃鸡蛋。传统媒体里面，也包括网络门户时代，人们多数时候只是在吃鸡蛋，很少有人关注是谁产生的内容，最多只是记住了那个媒体平台。用户每一天会源源不断地消费内容，吃很多很多的鸡蛋，但他很少关注下蛋的母鸡是谁。但是在社交媒体时代，人们不仅会吃鸡蛋，也会记住生鸡蛋的鸡。在微信，当用户进入微信公众号消费内容的时候，他是先找到那只他喜欢的母鸡，再吃那只母鸡下的蛋。在微博里面，吃鸡蛋的同时他知道是哪只母鸡下的蛋。这就是社交媒体时代的特征，也是自媒体真正需要关注的核心价值，平台给你带来的更多只是流量，个人的影响力和媒体价值需要自己去创造。流量崇拜是现在互联网社会的常态，也带来了很多很严重的问题。一些人单纯地追逐流量，频繁地炒作，不断地秀底线，甚至敢于挑战社会公序良俗，还有的靠技术手段刷流量、买粉丝造就虚假繁荣。从长期看，这些都是自媒体成长的大忌，也会伤害自媒体的未来。

做自媒体，没有流量是万万不能的，但流量也不是全能的。自媒体在关注流量的同时更需要关注是谁给带来的流量，用户是否认可你的价值，自媒体本身对整个用户群体有多大的影响力。

千言万语化成一句话，即便你仅仅能影响一万个人，只要他们是你的用户，是你的粉丝，你就是有价值的自媒体，如果你拥有数百万数千万流量，可这些流量都是过眼烟云，访客们对你根本无感，这些感觉很牛的账号连自媒体都算不上。

## 3. 落寞

## 支付宝挑战实名社交，成率几何？

支付宝和微信各自有自己的江湖地位，本来是井水不犯河水的，可微信迟迟找不到赢利模式，最终将自己的未来赌在支付上，还创造性地用"连接一切"来描述战略，这就让两大平台逐渐面临互相进入的决战。

在以前，面对微信的咄咄逼人，阿里巴巴大多数时候是采取战术上迎头痛击，在战略上却是用单项的新产品来对标，被当成靶子的支付宝一直按兵不动。我们都知道，对于产品也是一样，不在沉默中爆发就在沉默中灭亡。

支付宝在一个股市哀鸣的季节里，突然宣布换标换色且推出了社交功能，毫无保留地深入到微信的核心领域，或者说，支付宝将微信的几乎所有功能一下子都集成到了支付宝里，正印证了马云当年要在夏天里杀到企鹅老家的宣誓。

在中国，顶着社交网络光环的是腾讯，即便腾讯从来都不是一家彻底的社交网络公司，腾讯旗下的QQ与微信是即时通信社交工具里的巨无霸，任何其他中国互联网公司都没有能够对其有丝毫的撼动，阿里巴巴此前推出的来往也基本宣告失败。这次，支付宝带着"钱"气势汹汹而来，会对微信有所触动吗？

君子之交淡如水，钱与社交本来就离得很远，可是，微信却矢志不渝地在移动支付上发力，在与移动支付相关的任何场景上与支付宝展开了差不多两年的大战，后来还发展起来微商势力，希望借助社交进入屡战屡败的电商。不过，微信的社交进入支付的道路并不是坦途，微信支付大战势头遇阻，而微商更是盛极而衰，可见社交与金融之间的缝隙很难填平。

支付宝与微信的装机量都很大，在手机客户端里都属于超级APP，但是两者的使用情况却差异很大。支付宝属于功能性应用，经常用其转账或理财的用户打开的次数可能多一些，其他的很多人只是作为支付的时候才会想起来的工具，平时不会频繁地开启，由此造成了很多新功能客户都不知道，支付宝也成了低频应用的代表。反之，微信有朋友圈有群，还有大量的八卦新闻，很多人在有事没事的时候就会打开，微信成为了高频应用的代表。

支付宝虽然用户使用率比较低，但是价值大，里面是金钱，几乎所有的应用都涉及钱，属于重量级的价值应用，所以步步谨慎，用户对其安全性的要求极高。当然，支付宝为了保证其交易的安全性，也对用户提出了很高的要求，账户实名制，甚至还要求有理财需求的用户必须进行身份证的验证，加上支付宝连接着淘宝天猫及其他很多电商应用，用户的地址、电话和交易记录都能够最大限度地保证账户的真实有效。

与支付宝不同，与QQ有着千丝万缕联系的微信至今无法做到实名制，微信里的零钱包甚至都被人质疑缺乏合法牌照。实际上，这也是微信面临的两难，实名制是通往电商和金融的必须途径，而实名制也是中国式网络社交的滑铁卢。微信如果不强制性的实名制，不管是电商还是支付，都不可能实现突破，但如果强制实名制，微信的基础也就垮了，弄不好赔了夫人又折兵。

在社交金融这个领域，以往微信从来都是挑战者，通过社交来进入金融，而支付宝在被动地防守，因为脱胎于 PC 端的支付宝根本没有社交的必要，也没有社交的基础基因。但是，由于移动互联网的发展，O2O 越来越成为现实，支付的场景更多地将人与钱连接在一起，支付宝也有了做社交的本钱。

我们可以简单地打个比喻，我们每个人的支付宝是一个一个全副武装的士兵，在训练营里已经个个都学会了全能本领，但是缺乏人与人之间的团队集成，支付宝现在要做的正是将大家的支付宝编练起来形成集团战斗力，而微信的做法是先一群人一群人组合了起来，但这些人的素质和能力参差不齐，需要的是在构成社群团队之后再逐个让士兵去修炼提升，至于谁更有战斗力，那就取决于两家不同的发展速度。

实名制的社交发展必然难度极大，但可以从一些具有特色的业务开始，比如社群与理财投资的直接结合，商家优惠与支付的结合，朋友之间的借贷和信托，这些都具有实名的需求且与钱高度相关，依托支付宝、余额宝等各种理财应用和线上线下的支付能力，创新开发出一些具有高度吸引力的产品，就会像旺旺一样找到适合自己的生存空间，而一旦在社交方面有所进展，哪怕只是一小步，都会大大提升支付宝的使用频率，对于其新产品的推广和在移动互联网时代的地位大有裨益。

所以，支付宝社交的成败不在于普通用户的活跃程度，而在于商家和掌握钱的机构的用心程度和使用程度。火车跑得快，全靠车头带，挺进实名制社交，支付宝任重而道远。

# 飞信还能坚持下去吗？

谁还在用飞信？如果你问很多 00 后，也许他们根本不知道飞信为何物。据媒体的报道，手机飞信人均业务量从 2014 年 12 月的 42 条下降至 29 条，零消息量用户量从 55% 增长至 83%。用户活跃度较 2013 年的 9000 万户出现下滑，比例超过 20%。

实际上，飞信并非微信同时代的产品，就产品功能来讲，飞信的对手是 QQ，可当腾讯将 QQ 已经"转型"微信的时候，飞信固守传统，逐渐淡出了社会视野。

更可怕的是，如果我们现在去评价行业，很多人更愿意将中国电信出品的易信拿来和微信做对比，而非用户量更多的中国移动飞信。飞信长时间地消失在舆论场，这才是业务危险的最直接信号。

在 2014 年闹得沸沸扬扬的免费电话大战中，飞信再一次起个大早赶个晚集。在 2014 年年初，飞信就推出了免费通话的服务，但这种服务却存在各种附加条件与使用限制，并没有在社会上掀起什么波澜。相反，当微信电话本推出免费通话之后，整个社会被点燃，这就是互联网公司腾讯与运营商中国移动在舆论宣传上影响力的差距。

在那场免费通话噱头宣传中，中国电信紧紧跟随，推出了更为彻底的免费通话，而随后便是其他互联网公司的类似产品上线，反观中国移动的飞信，既没有趁机宣传，也没有超越性质的创新，变得事不关己高高挂起，直接导致了后续的用户关注度直线下降。

中国移动并非没有资源，但却在免费电话大战中静悄悄，也许是为了积蓄力量推出融合通信，但将还未上线的融合通信当成未来取胜的把握，恐怕也难度很大。融合通信需要手机客户端的支持，更需要另外两家运营商的支持，但从目前运营商们互相拆台的状态看，融合通信将很难成为通信行业的新标准。

飞信并非一无是处，至今也还有很多忠诚客户，更可贵的是里面长期积累和沉淀下来的客户群，这些客户对多媒体通信的需求很明显，未来确实可以作为直接转换到融合通信平台的第一批种子，如果这点种子也日渐稀少，将来靠什么发芽成长？

在目前的互联网生态中，无亮点的运营就是下线的开始。如果一个产品长期无人关注，或者产品的迭代都逐渐放缓，就意味着这个产品正在被放弃。在互联网时代，任何应用都逃脱不了一个铁律，当这个产品走上下坡路之后，客户逐渐离开以后，再想重新把客户拉回来，几乎是不可能的。至今，还没有一个企业能够将失落的产品重新打造成功的案例。

对于飞信，之前也曾传出有利的消息，那就是中国移动将和阿里巴巴合作组建合资公司来运营飞信。果真如此的话，飞信也许会借助阿里的大风给吹起来一下，可后来与阿里的合作传言并无下文，飞信从此消失在公众视野之外。

飞信虽然衰落，但我们也确实难以找出飞信在功能上衰落的原因，一个越来越像微信的产品，却与微信走上了截然相反的道路。如果我们非要总结出点飞信在功能上的问题，那可以说，飞信功能臃肿，重点不清，发展目标模糊，非要一味地模仿微信，也许正是其有如今境况的原因。

过多地苛责飞信也没有意义，飞信只是中国移动众多从红火走向冷清的互联网业务之一，与其他业务相比，飞信毕竟红过。即便是微信，现在也面临用户增长不利、使用率下降等压力，不要看微信的报表多么有力，每个人的亲身体验却不会造假，而微信在海外的发展也基本失败，中国的所谓社交软件在未来一两年都将面临生死抉择。

与飞信的命运不同，陌陌已经另辟蹊径地"成功"上市，阿里的来往虽一直在挣扎但背靠大树还可乘凉，旺旺更是依托独特的电商土壤而获得滋润，中国电信的易信难有出头之日却也未见低谷，这些类似产品的生存的空间和处境都比飞信要好。

实事求是地说，飞信确实正在逐渐淡出中国移动核心业务的视野，更可能随着融合通信和VoLTE的发展而彻底离开历史舞台，但那也难说是飞信的失败，因为，一个坚持了十几年的曾拥有数亿用户的社交工具有过辉煌，也许只是到了该彻底升级更新的时候了。

# QQ升级暗藏玄机，附近入口剑指LBS商业

当人们都在为微信与微博年底的红包大战津津乐道之时，支付宝与手机QQ却也耐不住寂寞加入战群助阵，更重要的是，双方的意图好像并不仅仅是简单的红包多少之争，背后的生态圈建设才是核心。

不为很多人关注的，最新版本的手机QQ除了QQ红包功能之外，还有更重要的发力点，有些明修栈道暗度陈仓的味道。

我们可以确认，QQ也来发红包肯定是要发力移动支付，与微信形成互相支撑的局面。此外，QQ同时推出了一个重要更新——"附近"入口统一。要知道，这是手机QQ在2015年更新的第一个版本，将"附近"作为仅次于支付的功能，其背后的寓意可以说意味深长。

在之前的手机QQ中，"附近"入口打开后会出现"发现"、"约会"、"热聊"三个链接，主要是针对交友的传统功能，而在手机QQ5.4中，"附近"与LBS完全整合到了一起。Tab栏中选择"动态"，点选"附近"入口，将看到附近的人列表、附近的群、活动、约会、热聊、运营位。也就是说，手机QQ的附近将不再仅仅指人与人的交往，而是人与商业的结合，这也标志着手机QQ开始向基于LBS的商业寻求更多的赢利点和机会。

几年来，人们已经习惯了微信的攻城掠地，不断地在探讨微信的商业化道路，QQ在人们的印象中已经变成了纯粹的线上沟通工具，并因为原有的商业模式的成熟而不再变化。实际上，手机QQ也一直没有停止发展的步伐，从功能到应用场景都在不断创新，此次的更新可以看成是手机QQ打通线上线下商业能力的重要一步，其意义比QQ发红包还要大。

在移动互联网时代，手机QQ变得越来越重要，而腾讯要想在电商道路上走出来，一定要仅仅抓住O2O的机会。与对手相比，腾讯在支付方面是弱势，但社交方面却是地道的强势，建设O2O场景时与对手形成了平分秋色的格局。

腾讯手里有两张牌，一张是微信，一张是手机QQ，两大应用都不会缺席O2O格局。微信本身就是个纯粹的移动互联网产品，天生基于LBS的模式而生存，因此在O2O方面有先天优势，此前的打车之战、红包大战都显出了强大的能力。

　　手机QQ与微信相比，虽然产生在PC时代，但却拥有更广泛稳定的用户群体和更丰富多样的成熟商业模式，还具有PC与移动设备之间的超链接能力。腾讯如果能将手机QQ与位置服务更有机地结合起来，有助于改变QQ单一的交友模式，也与微信形成商业上的配合，在移动互联网时代更具备全面的适应能力。

　　当然，基于LBS的商业服务还处在探索阶段，原来曾经火热的签到应用也成了昙花一现，要想将LBS商业应用发展起来就必须有足够吸引人的应用和便捷的支付体验，而手机QQ这次也是朝着这个方向在努力，至于结果如何还需要时间来检验。

群雄之战

移动互联网的战国时代

MobileBusiness

六、寸土不让

1. 传统

## 互联网时代，央视春晚败于迎合分享

央视春晚曾经被称为新年俗，当然这个"新"是相对的，当互联网进入普通人的家庭之后，央视春节晚会这个年俗就成了"旧"的。

### （1）央视春晚其实曾经如网络红包一样火爆

从内容角度看，央视的春节晚会诞生在文艺、娱乐非常匮乏的年代，也是电视机一统江湖的岁月，随着电视机的普及而深入千家万户。也正是因为央视在每年的除夕夜推出一台丰盛的文化大餐，让从此之后的二三十年里家家户户的年夜里有了"共享"的主题，真正让中国社会进入了四海一家的感觉。

不要说老年人，就是70后及80后们，都应该有过这样的记忆。在进入每年的12月及第二年的1月之时，就到处通过报纸、电视节目预报等了解当年春晚的节目单。除夕夜，一家人早早地就围坐在电视机前等待春节晚会的开场，而燃放鞭炮的时间也被推迟到了晚会结束之后，或者借着自己不喜欢的那个节目的那点时间来进行。可以说，那个时代的春晚的吸引力绝不亚于现在的红包。

很多人在分析互联网红包为何能够突然之间火爆起来，特别是在除夕夜达到了高潮。如果我们将除夕夜红包的爆棚简单地归纳为互联网大佬们集中在这个时刻发红包，就显得有点太过表面，其根本原因也是因为"共享"。当全中国里的各个家庭都在同样的一个时刻共同摇起手机，互联网再次实现了九州同，这可是中国人千百年来追逐的理想国。

### （2）共享曾经是春晚的主题，可央视却在网络冲击下将其丢弃

正如同现在互联网行业流行的智能家庭的建设一样，"共享"成为了家庭喜爱的主要原因，没有"共享"内涵的业务都很难在家庭中常驻。也正是因为春节晚会成于共享，反过来，当技术进步之后，春节晚会也在共享之中衰落。

当普天之下中国人在文艺欣赏上趋同化的时代，央视的春节晚会很容易就通过几个相声、几段小品、几位明星获得满堂彩，几代人在共享一样的节目内容。但是，这个时代随着90一代的成长，也就是互联网一代的成长而被彻底改变。越来越丰富的娱乐内容，越来越个性化的需求，让央视以几个小时的一台晚会就打遍天下的惯例结束了。

在这样的情况下，央视并没有能够与时俱进地从核心上跟上时代的需求，而是选择了内心分裂式的被动迎合，不同的节目面对不同的人群，试图最大可能地让完全不同需求的观众都满意，可得到的结果必然是都不满意。

于是，这几年我们看到的春节晚会越来越像杂剧，老人需要的、孩子需要的、城里人喜欢的、乡下人欢迎的、"70后"回忆的、"00后"追逐的……，每一段节目都很短，每一个人都感觉意犹未尽，在追求家庭共享的道路上，央视成为了失败者。

其实，如果我们深思一下，央视现在做的正是将自己原来所赖以成功的"共享"要素给丢弃了，反而是将不同的家庭、家庭里的不同的人推向不同的欣赏时段和欣赏点，如此发展路径的央视春晚只能越来越离我们远去。

### （3）互联网时代，社会共享依然是核心价值

实际上，在互联网时代，借助互联网技术进行的各种分享，实质却是共享经营，比如微信上晒年夜饭，看似分享自己的体验，实际却是让整个社会都在共享以前无法同在时空，至于红包，也是让不同的人在同样的时刻共享网络带来的年味。

央视春晚已经成功了很多年，在互联网时代也依然有成功的可能，只是需要仅仅抓住"共享"这个核心要素，通过越来越集中化的仪式化的情节将千家万户在除夕夜凝聚在一起，哪怕仅仅是大家同唱一首歌、同喝一口水，都可以穿越互联网与各种媒体的分隔而重新焕发活力。由此推之，现在有志于进入家庭，将互联网产品在家庭中拓展开来的企业，都需要着眼于将家庭人群凝聚起来，而不是通过技术手段让家人更加分离、分隔甚至只有信息相通。谁抓住了家庭的核心需求，谁能够找到家庭人群共享最为集中的那个点，谁就会成为下一个家庭互联网时代的赢家。

## 百视通增资，风行网成为视频产业链重要一环

前段时间，百视通发布公告称将进一步增持风行网股权，与增持同步进行的是，风行网的互联网电视部门并入百视通的互联网电视事业群。国内的视频行业繁荣与监管并存。优酷土豆、腾讯视频、爱奇艺等烧钱圈地，投入大量资金在版权、自制剧方面，表面上看繁荣，但事实投入产出唯有企业甘苦自知。所以这并不意味着，不走大版权、大自制的路子就是错的。

我倒认为，随着光纤宽带入户和4G移动宽带的普及，中国的互联网视频行业的成长才刚刚迎来爆发期，每一家公司都有机会在发展的过程中，不同的公司有不同的基因，不同的公司有不同的核心竞争力，未来谁成为最终的胜利者还很难说。虽然我们现在不能说，风行网、芒果TV一类广电系视频网站会最终胜出，

但依托大的内容生产者的后台支撑，它们的未来还是很有前途的。

风行网成立以来，熟悉互联网运作规律，了解互联网用户，拥有体量庞大的用户群体，并入百视通后，这种互联网思维和运营优势与后者广电基因相结合，成为其视频全产业链的重武器，想必这也是百视通持续增股的首要理由。百视通（BesTV）依托上海文广新闻传媒集团（SMG），拥有强大的视听内容创意与生产、交互产品研发与应用、新媒体管理与运营的综合优势，拥有互联网电视牌照，其拥有的大量版权内容和拥有的强大的DVB+OTT渠道和数量众多的家庭用户，都是风行网发展的未来能量来源。按照公告，此次增持增强百视通对风行控股权和主导权，未来上市公司将更大力支持风行网提高产品和服务竞争力，助力百视通继续夯实网络视频和移动视频渠道资源。

从目前百视通1+6体系来看，风行网创始人罗江春将同时出任"互联网电视事业群"和"网络视频事业群"的CEO，而根据百视通增股公告，风行网近期将互联网电视部门全员并入百视通互联网电视事业群，这也意味着百视通将依靠风行网所拥有的互联网思维和运营理念，帮助百视通成为互联网智能电视第一入口。

有分析认为，国内的视频网站的赢利现状都不尽如人意，没有达到资本市场的期许。但是，这并不是说所有视频企业都没有赢利希望。数据显示，2012年前，风行的广告业务集中在流量广告，后来，风行网逐步品牌广告市场，目前品牌广告超过流量广告成为广告收入的主要来源。风行网2014年移动收入由1月的192.84万元增长到12月的1066.92万元，增长率为453%。在2014年Q4，风行网单季度实现盈利，12月单月收入4851万元，盈利1420万元。其中，移动业务单月收入破千万。

风行网是中国排名前十的视频网站之一，其未来的发展与整个行业的发展前景密不可分，不管其选择的是投靠资本方、用投资者的钱买剧集，还是成为广电系视频产业链的重要一环，都是其对自身模式的勇敢探索，并且，照目前的发展来看，广电系视频网站将大有可为。我们总是新生事物有质疑，这不难理解，但我们对于网络视频这一基础应用应该充满信心。百视通增股风行，让风行无论从内容、版块、渠道、用户、服务等各方面都有了更充足的资源，前途不会差。

## 2.挑战

## 断奶之后，谁来成就咪咕文化的梦想？

中国移动旗下的咪咕文化科技公司正式挂牌，有人评论说是一艘新媒体航母宣誓起航，也有人认为这家拥有国企基因的公司走不远，不管怎样，中国移动向着转型之路迈出了重要的一步是不争的事实。而在次之前，中国联通已经以应用商店为基础成立了小沃科技。

## （1）内容建设上不缺乏实力，只是缺乏魄力

咪咕原来是中国移动的音乐基地的一个品牌，此次独立的公司是将此前建设的几个与互联网内容有关的基地业务进行整合而形成的，继承了中国移动的音乐、阅读、游戏及动漫等资源。从这个公司名称的选择上，我们已经看到了中国移动的改变，更新潮更具有网络化的语言也展示了这家公司的起点与中国移动此前的企业风格将完全不同。

在内容的建设上，中国移动并不是后来者，早在2G时代，中国移动就依托短信等开发了大量的业务，由此带来的信息费收入成为移动运营商的收入重要构成，并且，中国移动的音乐基地更是风生水起，对产业链的增值作用明显。

不过，随着3G时代的到来，中国移动苦心打造的移动梦网土崩瓦解，移动互联网应用兴起，而中国移动显然准备不足且变革太慢，导致大量的原有业务萎缩，内容资源退化。

我们也应该看到，中国移动多年来在内容建设方面有人才、有经验、有分发路径，仍是整个信息行业不可小觑的力量，只是因为缺乏变革的魄力与决心，才导致如今的被动。

## （2）生存基础尚在，创新发展不足

与现在信誓旦旦进军互联网内容的公司如小米、360等不同，中国移动的咪咕文化科技公司并不存在生存问题，也不需要太多的外部补给就能自我造血，由此，咪咕在一些业务上的探索应该游刃有余。

虽然移动互联网应用已经是流行，可中国仍然存在大量的功能机用户，也有很多对传统增值业务习惯的老用户，这些用户对中国移动的内容服务拥有很强的依赖。即便在年轻人中，也有大量的人仍然习惯看新闻早晚报，订阅天气预报，或者通过中国移动的彩信等进行手机阅读。

当然，这些传统的使用习惯也会改变，老客户也会流失，而新客户的增长将非常不乐观，如果咪咕不能根据时代的发展进行超前的业务创新，未来的道路不会宽广。

所以，中国移动的用户基础和既有的收入能力既可以成为咪咕面向未来的能量储备，也有可能成为懒惰的温床，就看公司将如何运作和战略选择。

## （3）断奶之后的生存虽然艰难但才会实现梦想

咪咕文化所拥有的这些内容，都是中国移动增值业务的主要基础，不管是音乐还是阅读，寄托在中国移动这棵大树上，不缺乏阳光雨露，而成立独立公司之后，将会与原来有很大的不同。

167

在以前，哪个基地的内容都可以通过公司KPI的形式加以支持，各省各市公司为了完成自身的任务而竭尽全力，甚至不惜拆东墙补西墙自买自用，各内容基地生存无忧收入不愁，但随着公司的独立和中国移动集团KPI管理制度的改变，一切都会成为历史。

可以预见，咪咕文化独立之后的日子会生活艰难一段，但也只有这样，甚至要破釜沉舟，才能让新公司有独立生存的能力，断奶之后的咪咕才会拥有充满想象的未来。

### （4）五年不赚钱的咪咕才有希望成材

中国移动成立独立的文化科技公司，应该将其定位为创业公司，而中国移动除了履行出资人责任，应该放手让这家公司在市场中拼搏壮大，而任何急功近利的思维都将导致其夭折。

一家公司是肯定希望挣钱的，长期不挣钱的公司不会坚持下来，但互联网的经验也告诉我们，很快就赚钱的互联网公司不会成为长久的成功的公司，更不会成为在互联网上具有呼风唤雨能力的大平台。

正常来讲，咪咕应该抛弃短期赢利的企图，甚至主动放弃盈利，至少要放任其三年不挣钱，而且凭借中国移动不差钱的干爹，咪咕文化公司完全可以树立五年不赚钱的宏伟目标。

### （5）能否成功社会化决定未来命运

中国移动毫无疑问会是咪咕公司的控股股东，但如果中国移动仍然要坚持干涉管理和运营，那咪咕公司显然会太多掣肘而无法自由行动，在与同行的竞争中只能再次充当中国移动互联网转型中的笑料。

咪咕的成功关键并非创新了什么业务应用，而是要看其能否成功化身社会企业，成功在资本市场融资，能否按照一般的创业公司的模式去运作。

以中国移动的品牌背书，只要放手去做，按照互联网创业公司的模式去运营，一定会吸引大量的社会资本甚至BAT们的积极参与，而中国移动如能将在股权结构上突破控股权的障碍，使自己只是成为投资方和最大股东，一家有着中国移动背景社会化的文化科技公司的吸引力可想而知。

## 爱奇艺瞄准热门IP网剧开发，网剧撕开会员模式新风口

在视频领域，之前人们谈论最多的除了自制内容、强IP外，现在又多了一个

新的词"会员剧"。这一场由《盗墓笔记》引发的关于会员付费的讨论远没有结束。今天爱奇艺的第三部会员全集抢先看网剧《校花的贴身高手》上线，不过画风明显和《盗墓笔记》不同，傻白甜、玛丽苏、7毛5特效都不足以概括这部剧的槽点。

《盗墓笔记》2015年7月3日开放会员全集服务后服务器被挤爆的事，不仅震惊了用户，也让其他视频网站吓了一跳，原来网剧付费还能这么玩儿？紧接着腾讯视频也在《华胥引》上尝试了会员模式，据了解优酷等视频网站也有意试水这种模式，但还没有实质动作。《校花的贴身高手》是继《盗墓笔记》《心理罪》之后，爱奇艺推出的第三部会员剧。在极短时间连读上线3部提供会员服务的剧集，爱奇艺显然是想在剧集会员服务领域第一个跑起来，校花能像小哥和方木那么抓眼球，让用户心甘情愿掏腰包吗？

### （1）《校花的贴身高手》是个什么鬼？

提到《校花的贴身高手》，让人不免联想起爱奇艺出品的另一部网剧《白衣校花与大长腿》，但在90后、00后中，《校花的贴身高手》显然有着更高的人气。数据显示，《校花的贴身高手》小说2011年至今连载4年多，点击2315万次，四次登上起点首页热点推荐，百度贴吧这部网络小说高居都市言情类第一位，超过排名第二的《小时代》两倍，在网上有大量粉丝。

就是这样一部话题热度超过《小时代》，名字和大热雷剧如此相似的网剧，上线5个小时，播放量超过730万，其百度指数超过《少年四大名捕》《虎妈猫爸》《何以笙箫默》等破10亿热播大剧。

### （2）热门IP被开发，网剧撕开新风口

互联网正成为80后、90后、00后最主要的影视剧获取途径。与电视剧观众相比，网络剧观众的特点更加明显：年龄偏低，但要求更高，因此网络剧对IP的依赖远远高于电视剧。从《盗墓笔记》到《心理罪》再到《校花的贴身高手》都印证了强IP有着极大的网剧开发价值。当年《甄嬛传》大热后，孙俪挑的接档戏是类型、画风都和甄嬛完全不同的《辣妈正传》，事实证明孙俪是个聪明的演员，以不同角色证明自己的实力。选择《校花》接档《盗墓笔记》《心理罪》，也能看出爱奇艺在揣摩用户心理，既能满足用户的差异化需求，又能巧妙避开和《盗墓笔记》对比，一举两得。

对于视频网站而言，网剧在制作、播放时间上更可控，所以能够在会员全集抢先看等排播模式上进行创新。这使得网剧的观看模式比传统电视剧更主动，更符合网生代的观看习惯。还记得红遍大江南北的电视剧《还珠格格》吗？首播时万人空巷，几乎每年暑假都在不停重播，但近两年重播这部剧的电视台也在减少。网络时代，用户的影视内容观看习惯发生着巨大改变，观众习惯了随时随地

收看自己喜欢的内容。

用户在变，能不能及时理解用户需求、跟上他们变化的步伐，成为摆在内容生产者和视频行业面前又一个选择。

## 视频业务将成运营商4G时代翻身的本钱

媒体报道，中国联通宽带在线有限公司推出了"WO+自媒体平台"，只需要一个视频，就能够快速实现内容上线、页面制作、产品运营和营销。如果这个平台能够正常运营，应该算是中国电信运营商在视频业务上的新探索。

我们也要看到，与互联网公司相比，运营商这样的探索显得还太保守，很多互联网公司已经进入到了移动互联网社交视频直播领域，而运营商还在摸索着前行。

与中国联通发布自媒体视频的同时，优酷土豆改名并推出视频自媒体战略，而此前，很多互联网公司已经在视频直播等领域发力。

4G时代注定是视频流行的时代，不管是远程管理的视频应用还是社会内容的分享传播，没有力量可以阻挡这股潮流。电信运营商在3G时代失去了互联网业务的主阵地，但在4G时代，如果能够紧紧地抓住视频业务的机遇，显然有很大的可能弯道超车。

与互联网公司相比，运营商做视频业务有很多优势，只要把这些优势发挥出来，完全有能力与互联网公司一起分享4G时代的互联网权益。

首先，运营商有网络资源，可以优先或优化专用的视频应用的网络性能，给用户提供更好的网络体验。此前，已经有报道，某地的运营商与设备商合作就在视频领域做出了特色，使宽带业务的客户体验大增，用户的使用量也快速增长。

其次，运营商可以直接实现网络、终端与应用的融合，在计费等方面更是拥有得天独厚的优势，可以给开专享，也可以使用定向的优惠，都足以对客户构成强大的吸引力。据说，联通的平台就实现了开放全部定价权限，每个视频的定价由合作伙伴全权决定，还有单点、包月、包站、替好友买单、替所有用户买单等多种购买模式，可与任意计费点自由组合。中国联通可以这样做，中国移动和中国电信也一定可以做到。

此外，因为运营商的特殊身份，开发运营的视频内容可以在各个不同的互联网公司阵地上自由分享，比如腾讯的微信、新浪的微博或者蚂蚁的支付宝，而这个曾经是互联网公司在3G时代战胜运营商的重要武器。在互联网时代，运营商是各自为战的封闭花园，互联网公司是开放共享的倡导者，而在4G移动互联网时代，互联网公司与运营商的角色对调，如此就让运营商拥有了突围的机会。

当然，运营商此前的互联网业务往往是雷声大雨点小，最后都不了了之，希望这次中国联通的起步会是三家电信运营商进军视频业务的新起点，而不是浅尝辄止。

在此，有三个忠告，给中国联通的所谓视频自媒体平台，也是给整个有志于视频业务的电信运营商群体。

① 视频业务的建设要尊重互联网的规律，不要给其太多的运营商业务发展责任，最重要的是不要看做是自己一家运营商的业务，而是要做成自己运营的业务，所有的用户都与运营商的客户群没有必然的联系，开放给全体互联网用户才是业务成功的根本。忘记自己是运营商，更要忘记用户是否是自己的电信业务用户。

② 不要太想着挣钱，即便要挣钱，也不是现在，有人都已经为了视频业务开始送硬件，运营商即便不去送，也不要想着从用户口袋里掏钱。更重要的是，要想着为自己的用户挣钱，只要你的用户在你的平台上赚到了钱，就是一个一个宣传者，也是积极参与的粉丝，等到你的用户挣到了足够的钱，运营商自己一定会找到挣更多的钱的机会。

③ 不要吹牛自己有多强，要知道在互联网业务的争夺中，自己已经是失败者，要把自己当成挑战者和跟随者，好好像互联网公司学习，按照互联网业务发展的规律去运营，比如去挖能工巧匠，比如去积极地参与烧钱大战，绝不要重蹈覆辙。

4G时代，不做视频死路一条，但视频业务的政策风险也十分巨大，需要谨慎前行。但是，如果只是由于惧怕风险而逡巡不前，那一定会错失良机，运营商需要做的是紧紧跟随创造特色，抓住通信运营转型的最后一根稻草。

# 群雄之战

七、软硬兼施

移动互联网的战国时代

（Mobile）Business

## 1. 智能硬件

### 智能硬件只是智能家居梦开始的地方

　　早上起来，自动给我们叫醒；我们出门而去，安防系统就会启动监控室内外的情况；等我们下班回来的时候，家里的空调已经自动打开并配置到适宜的温度，冰箱会提醒超市把欠缺的食材准备好并送过来，也许机器人还可以估算好我们到家的时间提前就把晚餐做好……家庭生活的智能化被称为"智能家居"，一直是很多人对未来生活的梦想。

　　不过，这样的梦想实现起来并不容易。新和创智能家居总裁沈澈在搜狐焦点家居的专访中认为，智能硬件和智能家居是两码事，点出了问题的本质。因为智能家居涉及生活的方方面面，既有设备能力的问题，还有系统集成的问题，甚至还包括电子商务及O2O服务发展的制约。总之，智能家居是一个复杂的有机大系统，中间任何一个短板都会严重限制智能化的水平发挥，绝不仅仅只是目前市面上的那些智能硬件。

#### （1）独木不成林，智能硬件的堆砌做不成智能家居

　　也正因为如此，很多企业虽然看好智能家居的发展，但因为做起来很吃力，于是就将其简单化和商品化。因为智能家居离不开物联网，所以很多做物联网的企业将智能家居描述成纯粹的物联网应用场景。还有，智能家居也离不开智能化的设备，所以，很多企业将现有的家电添加了WiFi功能由此实现了远程控制，就把智能家居简单为智能硬件的堆积。

　　从本质上看，智能家居是个复杂的大系统，里面不仅有单个的具有"生命"的智能硬件，还必须让其有机地组合起来，发挥整体的作用，而智能也绝非只是换个工具实现控制那样清晰明了。就比如，一片庄稼地，你种再多的农作物，进行再好的施肥浇水养护，也不可能就成为原始森林，因为森林是个有机生态系统，并不是树木与杂草的简单拼凑。

　　也许有人会想，既然智能家居的最终实现和普及很难，那我们就从最容易的下手，把一个一个的智能硬件做好，让老百姓的家里先有了所谓的智能电风扇、智能冰箱、智能炒菜锅、智能豆浆机、智能扫地机、智能门锁、智能垃圾桶……当这些智能硬件达到一定数量的时候，也许就会迎来量变到质变的过程，智能家居就会水到渠成。

其实，这种想法也不可能实现，就如同把人的肌体拼装到一起并不能创造一个人一样。不同的智能硬件实现的是不同的功能，具有不同的能力，更不要说因为生产厂家的不一致而具有不同的接口、不同的协议，根本无法实现互联互通。我们也不要忘记，智能硬件一直在不断的升级中，陆续更换和不同时代的智能硬件如果缺乏统一的系统规范，更会成为彻底的家庭玩具。即便真的最终能把这些智能硬件连接起来，之后就会有一些功能是重叠的无用的，一些功能是缺乏的无法弥补的，单个有用的智能硬件放到一起却成为无用的垃圾。

纵观现在的智能家居市场，无论是小米这样的互联网公司，还是像格力、海尔、美的这样的大型传统家电企业，虽然都在说要做智能家居，但是目前推出的一系列产品都只能算是智能单品，至少就现在来看还完全说不上是智能家居。相较而言，类似新和创这样的一些专业智能家居公司，已经推出了一整套的智能家居系统和解决方案，看起来更符合真正的智能家居定义。

### （2）独木难支，单个厂商也撑不起智能家居

如今的中国社会，特别是发展到移动互联网阶段之后，产业链的合作出现了很大的障碍，每家公司都在做着自成一体的梦想，一个品牌一个厂商就想要将所有的相关环节整合起来，全部由自己来提供。

但是，智能家居涉及千家万户，任何的互联网公司或者家电企业都无法真正地实现大面积的用户覆盖，更无法由此达成事实上的行业标准，加上智能家居用户的网络周边效应非常强，只有达到一定的使用规模才会发挥出真正的效益，也才能真正地让用户感受到智能家居的优势。因此，任何一个企业或品牌想独揽智能家居这个市场，目前来看都是很难实现的。不过，也并非所有的企业都想着要以自己为核心，从而独揽智能家居市场。像新和创最近推出的Me罐，就让我们看到了一种不一样的思路。

Me罐是一个完全的第三方产品，为了便于用户对不同品牌的智能家居产品实现集中控制，Me罐综合了有线和无线，采用开放性的系统方式，可广泛连接各大厂商的智能家居产品，并对这些产品实现统一的控制与操作，一个产品一个APP就能解决所有智能家居的控制问题。除此之外，Me罐也加入了语音控制、私有云存储服务器等特色功能，担起了家庭智慧生活场景的控制中心，家庭智能服务器的角色。

相较一些企业以自己为核心，希望通过一个模块将自己的标准硬性植入到其他厂商，让所有厂商向它靠拢并建立符合自己布局的产业链条的做法，新和创的做法无疑更为开放，也更加符合消费者的需要。

智能硬件并不是智能家居，充其量只是智能家居的起步工具，单纯地发展智能硬件并不能必然地带来智能家居市场的启动，甚至会将智能家居带入歧途。智

能家居的发展没有捷径，需要更多的厂商共同努力，整个产业链开放合作，协同发展，智能家居才能迎来真正的春天。

# 追求不同凡响，咚咚智能音响靠什么发烧？

智能家居已经喊了很多年，特别是WiFi热之后更加有了可实现的技术方式，但是，太多智能产品都还处在初级阶段，既没有得到大面积的推广，也没有深入到用户的深度生活之中。

最初，人们纷纷看好网络播放器，特别是与家庭电视机相连接之后播放网络视频、直播电视内容，可这种发展道路遇到了来自广电系的强烈抵制，直至几乎被全面封杀。于是，另外一个与老百姓的生活息息相关的新产品获得了广泛的注意。

人们的生活离不开音乐，从收音机、录音机、卡拉OK等开始，每一代音响产品都成为那个时代的标志性产品，智能家居的发展也不会例外，于是，智能音响成为了现在火热的家居产品。也正是在这种背景下，一款发烧级的智能音响硬件成为了市场中的新宠。来自国内互联网巨头360和上海融帜技术有限公司的"咚咚"智能音响一上市就获得了不错的口碑，引发了新一轮智能音响的升级浪潮。

我们评价一款智能音响产品的好坏，可以使用以下四个指标：音质、做工、操控、智能化，四个指标应该实现均衡发展，任何一个的偏废都会让智能音响产品名不副实。

## （1）音质是根本，没有好音质就不是好音响

作为音响，首要的指标便是音质，没有好的音质，一定是失败的产品。从咚咚的播放效果来看，绝对达到了千元书架音响的水准，而它的价位可只有399元。不仅音响小白们丝毫感觉不到与高档音响的差别，即便是发烧友也很难有更多的挑剔，确实是一款定位为发烧级的音响。

根据专家们的解释，咚咚音响使用了量身定制的两个功率达到15瓦的3英寸金属铝盆扬声器单元，50瓦的双路数字D类功放单元，双路专利后置导音孔的平滑设计，这些均保证了声音的高保真还原。理论上讲，由于咚咚采用的是全频段的扬声器单元，不存在中高频衔接时常出现的频响凹陷问题，在音响越来越袖珍化的今天越来越实用，更随着扬声器振膜材料和磁性材料的不断提升，基本实现了与分段式扬声器在音质上的相差无几。在实际使用过程中，声音高、中、低频

表现均衡，能带给用户完美的立体感享受。

当然，咚咚之所以有这样的好音质，要归功于号称中国"胆机之父"的曾德均先生的加盟。作为国内"发烧"概念电子管功放音响的第一人，曾德均亲自"操刀"手工调音上千次，历经长达10个月的时间，最终才形成360咚咚音响的完美音质。

### （2）做工要考究，缺少时尚元素的音响不会受欢迎

很多人在拿到咚咚音响的那一刻就有些震撼，包装不落俗套，重量相当有料，未睹真面目的时候就能感觉到音响的不同凡响。打开包装之后，就会发现咚咚音响具有独特的形状、时尚的设计和精致的做工，非常贴合现在年轻一代的需求。

### （3）操控便捷，设计必须以人为本

考察市面上的很多音响产品，很多智能音响为了外观的漂亮和设计的需要都会尽可能地减少外部按键，甚至会将很多按键变成凹陷设计，更多的操控只能依靠手机的联网遥控。这样做，虽然保证了外观，却失去了便利，让智能音响彻底变成了手机的附属零配件。

咚咚在这方面独树一帜，顶面设计有多颗隐藏式触控按键和3颗社交按键，功能繁多但布局却很合理，极大地提升了操控体验。音响背面有电源接口，RESET按钮，USB插口和3.5音频转接口，方便用户直接连接U盘、iPod等播放器设备，几乎兼容所有的有线连接和无线连接模式。因为咚咚相对比较大的体积，可以让各种按键有足够的位置，即便是老人或者小孩都可以轻松地按压和选择，至于RESET按钮更是不用去用针捅，方便更改配置和网络，这些都与智能家庭应用的特点非常契合。

### （4）智能应用，绝不仅仅是网络播放

一般的智能音响都只是将智能体现在网络播放之上，通过手机的控制播放歌曲或电台节目，除此以外基本没有什么智能可言。不过，咚咚开始颠覆原有的概

念，智能化有了更新的理解。与其他智能音响类似，咚咚支持iOS和Android连接，基于这种智能化特性，在内容平台上聚集了虾米、蜻蜓FM、多听FM等网络电台平台，包括各种风格的音乐歌曲、全国及各地的主要广播、网络电台、小品相声、英语学习资源、故事小说，确保了海量的正版声音数据。

与此同时，咚咚还支持完整的自定义歌单歌曲分享功能，以及QQ音乐、网易云音乐等多种应用。也可以自制歌单并分享给其他网友，融入了更多的移动社交理念，非常符合现在移动互联网业务发展的大趋势，必然会极大地提升咚咚智能音响的乐趣。

此外，咚咚智能音响还提供了智能提醒功能，具备一定距离之内的主动感知能力。比如用户可以自动设置时间段，在该时段内用户可以自行设置想要的任何声音，比如：个性化天气预报，背景音乐，出门时的生活提醒，家人或朋友的即时录音提醒，天气好洗衣服提醒和一些日常生活习惯的提醒等。当在时间段内有人经过的时候，咚咚就会自动唤醒发出声音提示。借助强大的语音功能，咚咚也能实现场景对话和人机互动，还支持用户远程点歌、爱心推送。咚咚所开启的社交化、互动性，已经成为未来智能音响发展的重要趋势。

智能音响已经开始走入千家万户，正在成为年轻一代家庭智能化应用的首选。随着智能化水平的提高和新材料的集中使用，书架小音响在音质上媲美家庭大型组合音响的时代即将到来，具有更多网络智能应用的智能音响将拥有更广阔的市场未来。

# 智能手表：从玩物到宠物还需多久？

从2013年起，智能可穿戴设备就异常红火，包括谷歌、苹果等世界科技企业巨头，也包括百度、联想、华为等中国的科技企业都纷纷在智能可穿戴设备上投入，智能眼镜、智能手环、智能手表等不断推陈出新。应该可以肯定地说，随着智能终端的不断延伸和深化，可穿戴设备的浪潮已经到来。

最开始的时候，以谷歌、微软为代表的公司都看重智能眼镜，但这眼镜自从问世之后就命运多舛，历经几年时间也未能正常上市销售，更不要说成为具有社会影响力的流行产品。后来，一些公司都盯上了手环，这种产品研发的投资额度不高，市场空间很大，但智能手环产品很多却一直不温不火。现在，摩托罗拉、苹果和华为等又看上了智能手表。

## （1）智能手表的颠覆对象是手机而不是手表

说起手表，每个人都很熟悉，但现在的年轻人戴表的并不多。手表自从诞生以来，很少只是用来对时的工具。先前火热上映的《平凡的世界》里，顾养民每次讲话之前都要抬手看表，因为那是一种身份和地位的象征。

从随身设备的发展历史看，手表与手机曾有过很多次纠葛。当手机没有出现之前，手表是人们最为贴心的随身必需物品已经数十年了，可当手机开始被有钱人别在腰带上揣在衣兜里，遇到熟人就掏出来"显摆"之后，手表就开始被越来越多的人打入冷宫。

当手机经历了一段时间的高潮，变成了寻常用品之后，手表再次开始进入"有钱人"的视野，再次成为了身份的象征，手表特别是高端手表在最近几年重新风靡世界。

既然手表已经被手机颠覆过一次，那么未来，智能手表也很可能对手机进行一次彻底的颠覆，毕竟，人类第一款堪称智能的设备其实就是手表。当手表哪一天具备了智能手机的一切能力，人们当然不想麻烦地再带着个大疙瘩放进鼓鼓囊囊的衣袋里。

现在的智能手表基本都是与智能手机相联系，其功能还处于刚刚起步阶段。可是，智能手表如果仅是智能手机的附属品，注定没有前途，因为智能手表虽然看似是一种手表，实际上，就如同智能手机已经不是原来的手机一样，智能手表只是依托手表这样一件物品对智能手机的变革。

## （2）手环只是过渡，智能手表才是未来

在现在智能眼镜、智能手环和智能手表三者的竞争中，智能眼镜一度领先，更因为谷歌的影响力而被树立为可穿戴设备的典范。可是，眼镜本来就不是人类必需的一种设备，甚至往往是一些人的人体功能受损之后不得不采取的补救措施。所以，有没有毛病的人都戴着个号称无所不能的智能眼镜，有时候会给人添乱。

智能手环作为智能手机的附属品，可以帮助人时刻了解人体的健康情况，还可以当蓝牙耳机或手机的显示屏来用，价格又不贵，很适合普通的用户来使用。可是，智能手环始终是一个额外被加进来的设备，对于很多人来说是有它不多无它不少。而且，现在的智能手环的技术还远远不能达到其理想的状态，很多人在佩戴智能手环之后几个月之内就将其放弃了。

可以这样讲，智能手环只是智能手表的一个过渡产品，未来的智能手表肯定能全部包容智能手环的全部功能，那时候的所谓智能手环肯定将完全被智能手表来替代。

## （3）智能手表还只是雏形，厂商为防守而跟随

虽然智能手表未来肯定很风光，但现在还只是刚刚崭露头角，不管从技术角度还是老百姓的接受程度上都存在差距。未来的智能手表首先应该是一块手表，一个让佩戴者敢于经常拿出来示人的"高档"必需品，然后才是智能的硬件，能

一呼百应的互联网与物联网产品。

从现在智能手表的功能来看，大多只是显示时间、标识温度，或者可以借助蓝牙技术显示配对手机的一些信息，或者还能充当话筒使用，但这些功能实在是比较初级，并不能成为习用用户长期佩戴的理由。

以上这些分析实际上是所有智能硬件公司都知道的公共知识，但为何在技术不成熟的时候还偏偏都来趟浑水呢？应该说，硬件厂商跟风做智能手表并非是为了进攻，而是为了防守，因为，谁也摸不准未来智能硬件的发展趋势，谁也无法预测出什么产品会火起来。在这样的情况下，只要有足够的资源能力，对于每个方向都紧紧跟随，至少可保证当机会出现的时候不会只能望洋兴叹。

### （4）电量是智能手表从玩具到实用的第一指标

从实用角度看，包括智能手表在内的可穿戴设备都必须要跨过几个重要关口，一个是芯关，一个是电池关，还有一个就是应用关。

芯关指的是智能手表的智能到底来自何方，其芯片配置、各种传感器和通信能力都关系智能手表的用途，要想真正地把智能手表做起来，至少应该在 1 ～ 2 寸的方寸之间就能实现如今 6 寸屏幕手机的能力才可以。

电池关是智能手表的生命线，所有需要每天充电的智能手表都不可能得到用户的长期持续使用，3 天应该是最低限度，如果能够达到 5 ～ 7 天待机才可能真正成为"手表"。所有的可穿戴设备都要让用户在日常生活中感受不到它的存在，就如同我们长期佩戴手表或眼镜的人一样，这就必须要求不能手动上发条的智能手表能够有好的电池支持。

应用关就是智能手表要探寻属于智能手表的独家应用，或者说是一个关键的使用亮点，也许一个应用点的发现就可以带活整个产业，但至少在现在推出的这些功能还不能打动消费者的心。

智能手表毫无疑问会是智能可穿戴设备的未来重要发展方向，百年来的手表佩戴历史和近些年手表与手机的恩怨都说明了腕上装备的可行性，但智能手表的成熟期还远未到来。希望尝鲜的人们倒不妨试试，毕竟，如今的各家智能手表都很拉风，但普通老百姓的消费热潮可能还需要等待一两年。

## 儿童手表何以成为智能穿戴设备新热点？

说起智能可穿戴设备，大概都要从眼镜和手表开始，因为，对于我们每个人来说，最常用的穿戴用品就是眼镜与手表。谷歌率先做智能眼镜，苹果则选择了智能手表，但是，即便贵为谷歌、苹果，也在可穿戴设备商业上遭遇了挫折，销量不足，前景不好。

我们都认为，随着移动互联网的深入发展，智能可穿戴设备毫无疑问会是新热点，也会成为新时代的时尚，只是现在时机未到而已。

在这一轮的智能可穿戴研发浪潮中，只有一个产品越来越火，那就是儿童手表。最近，国内外的各种硬件生产厂家纷纷推出自己的儿童智能手表，而且销量都不错。在中国，不同的厂商也都很看重儿童智能手表，连华为这样的大厂商也不例外。

如今的儿童智能手表已经不仅仅是手表，更是一部手机，可以远程与特定的绑定手机进行通话，还可以实现父母远程录音、监听，卡通的形象更是让小朋友们很是喜爱。

## （1）传统的儿童手机在智能可穿戴时代迎来发展契机

在很多年之前，电信运营商就看到儿童市场的潜力，纷纷推出儿童手机，还设计了优惠的儿童套餐，主要功能就是监控孩子的位置，起到安全作用。但是，运营商们的儿童手机因为设备的问题，始终不温不火，并没有受到市场的欢迎。

智能手机非常方便使用，但大量的游戏或社交应用确实会影响孩子们的学习，家长与老师都不欢迎，于是，运营商们推出的儿童手机大多具有卡通形象，功能简单，只能打电话和发短信，这样确实解决了使用手机与学习的矛盾，可大孩子们并不买账，还是会更喜欢随心所欲使用的普通智能手机。

至于幼儿园的小朋友们，还处在玩耍阶段，不可能手里拿着或者口袋里装着一部手机，而且，即便装着也不方便使用，儿童手机的推广受到了很大制约。

随着智能可穿戴设备的兴起，将手机的定位、通话功能集中在手表之上，更容易携带，也更方便使用，使得儿童手机以手表的形式获得了新生。与此同时，与安全这个主要功能弥补可分的定位能力也获得了长足进步，定位更加精确，成本也更低，儿童智能手表有了用武之地。与成年人的智能手表相比，儿童智能手表的功能更少，成本也就更低，就更容易被市场接受，而且，成年人的智能手表与智能手机之间存在竞争关系，或者成为智能手机的附属物，也就变成了可有可无，缺乏刚性需求一直是智能手表的发展最大障碍。可是，儿童智能手表却是使用者身上独立的智能设备，用途显然更多，使用的重要性大大提升。

## （2）人口趋势变化，儿童消费出现新特点

随着10后的逐渐成长，新生代的儿童对智能设备的使用能力大幅度提升，从平板电脑到智能手机，然后是可穿戴设备，孩子们对智能设备没有恐惧感，接受能力更强。可穿戴设备的市场将率先从低龄儿童市场开启。

在中国，人口趋势也发生了巨大变化，人口老龄化加速，人口中的儿童比例在减少，但每个儿童的单位消费水平在快速提高，"80后""90后"的父母们更愿意为孩子在智能设备方面进行投入，儿童智能设备市场前景广阔。

现在的儿童就是未来的消费主力，而且现在孩子们对品牌的认同感非常高。如果让孩子们很早就接受了产品的品牌，未来更可以随着孩子的成长而提供全成长阶段的各种服务，因此，抢占儿童市场就是抢占未来品牌发展高地。

对于手机厂商、虚拟运营商、安全和位置服务商登来说，虽然各有不同的目的，但通过儿童智能手机达到品牌先入为主的目标却是一致的。实际上，我们已经看到，虽然中国人口老龄化趋势很清晰，可至今几乎没有一家大品牌的制造商生产老年手机或其他老年智能设备，却集中在儿童市场上。当然，未来一老一少的智能市场都会被高度重视，只是现在更重视儿童而已。

### （3）安全和通话成为儿童手表的重要亮点，但还不够

不管是哪家的儿童智能手表，几乎都是主打安全监控，这也是儿童成长中最重要的、家长最关心的方面。安全，现在的智能手表也主要是位置定位，防止小孩丢失，在其他方面都未开发。安全很重要，但如果未来的儿童手表可以加入周边环境监测及提醒功能，这样的位置服务可能更具有价值。

小孩子总是容易生病的，儿童智能手表对于孩子的身体状况的监控能力还不足，体温、血压、运动状态等，如果可以随时监控，家长就可以通过孩子的行动状况做出判断，甚至远程提醒。俗话说，孩子藏不住病，甚至可以通过孩子挥动手臂的力度和次数来判断孩子的身体状况。当然，这些功能的实现需要传感器技术与软硬件能力的提高。

儿童智能手表的功能不需要太多，但一定要非常有用，如果仅仅是可有可无的能力，就难以摆脱其他可穿戴设备的困境。还有一点，儿童智能手表还需要更轻薄更小巧更长电量，才会更符合小朋友的喜欢，不会被小朋友们很快丢弃掉。

## 为何摄像头会成为硬件免费的先锋？

一石激起千层浪，老周突然宣布将旗下的智能摄像头完全彻底的免费，开启了硬件免费的先河，对于整个智能硬件产业将产生巨大而深远的冲击作用。不仅是360，可以预见，不甘人后的小米、百度等智能摄像头厂商会毫不犹豫地选择跟随，甚至也将引来腾讯和阿里巴巴的战斗加入。

在智能硬件领域中，最早被大家关注的是智能眼镜，可这东西高冷，一直不

能进入普通老百姓的视野，后来人们开始高度关注智能手环，直到摩托、苹果、华为推出了智能手表，人们开始一窝蜂地认为手表将火。事与愿违，苹果的智能手表却成为了近七八年以来苹果最为失败的产品。

经过这一段时间的喧嚣，大家已经逐渐开始认识到，大多数的所谓智能硬件都还是处在初级阶段，甚至只能成为智能手机的附属零配件，因为电池、传感器和应用上的限制，我们现在所谈的智能硬件多数只能是极客们的玩具。

于是，人们又开始逐渐将眼光回转到我们身边那些传统时代就存在的"不智能"产品，希望借助互联网＋来让其具备网络智能，哪怕仅仅是能远程管理或联网应用。在这时候，一大批物美价廉的小智能硬件被推上前台，比如所谓的智能插线板、智能遥控器还有传说中的智能豆浆机，实际也都仅仅是有了WiFi联网功能而已。

网络是好工具，只要与网络结合，很多原来平庸的用品也都会具有神奇的效果，但并非所有的产品都能被网络点石成金。可以说，像插线板等，联网的远程操作意义并不大，智能的遥控器也是非常低频的应用，这种与网络的结合所产生的依然是物理反应，甚至是水遇到油，根本不能融合。

在这种情况下，一种已经存在多年，社会上各种企业甚至电信运营商都运营多年的小小摄像头开始被低调地发展起来，而一旦这种视频生产单元接入了社交网络，神奇的化学反应便开始产生，在催化剂的作用下甚至有可能生产出有机物蛋白质从而产生更具生命力的网络生物体，这个催化剂就是免费。

首先我们需要弄明白摄像头是干什么的，未来还能做什么。在传统状态下，摄像头主要用来做监控，主要用途是安全，部署在需要特殊保卫的区位，再后来摄像头可以联网，人们可以实现远程监视。但总体上看，摄像头是孤立的个体，并不具有网络时代的生命。

当互联网公司开始做摄像头之后，互联网的神经元就被植入进去，单个的摄像头不再是仅仅属于安装者，他们将摄像头变成了视频内容的UGC生产单元，这些内容可以通过高速的互联网网络分享给自己希望的任何人，每个人又可以借助云管理看到自己希望看到的其他摄像头摄录到的内容。

从这个角度上讲，所谓的智能摄像头也许仅仅是社交视频分享时代的过渡产品，在摄像头的背后，那个云端的管理机制与APP才是目的所在。如果你真的这样认为，那么将这样一个采集器给彻底免费，从而培育起来未来社交视频分享时代的大平台，完全是一笔着眼长远非常划算的大生意。

随着4G/5G高速移动宽带网络和光宽带带来的随处可见的高速WiFi的发展，网络带宽盈余和流量剩余将迸发出很多新一代的互联网应用。未来这个智能摄像头的平台将会对其他所有视频设备开放，包括每个人手中的智能手机，如此完全是在培育一个"Facebook+YouTube+Twitter"的未来互联网应用新世界。

当然，之所以选择智能摄像头这样的产品来首先免费，与这款产品本身的成本不高也有关系，即便是免费数以百万千万，对于现在动辄烧钱数十亿的互联网巨头们都不算是什么大数目。滴滴快的烧钱成就了打车平台的独霸，而如果智能摄像头免费，未来成就的业务的市场价值将是打车软件所无法比拟的。

假设，现在已经有公司在摄像头上实现了完全免费，大笔送出只是要求获得者必须每个月使用30个小时以上，那么，千万级的用户将在半年之内彻底形成，这些围绕着亲朋好友、同事故旧以及社会的各个细分群体的视频将通过社交网络活跃分享起来，当今社会多样化、细分化、族群化的信息就升华到了视频层面，而所在的这家公司也就会成为新时代的王者。我们可以预见，这样的事情肯定不容易发生，那些虎视眈眈的互联网巨头们绝对不会坐以待毙，不久我们就会看到此起彼伏的送智能硬件大战，一场轰轰烈烈的智能硬件免费大潮已经到来。

## 2. 软体

# 华为凭什么成为最受外媒尊敬的中国IT公司？

就在大家争论中美互联网对话中的互联网企业座次的时候，《财富》杂志正式发布了2015年"最受赞赏的中国公司"排行榜，阿里巴巴、百度、华为在全明星榜上高居前三。在一群成长迅速的互联网企业之间，华为以IT企业之身排名前三，再次令人惊叹。

神功绝非一日可以练成，华为的进步也是多年努力的结果，我们在这里简单地总结"六个一"，看看华为是怎么被打造成为最受赞赏的企业的。

### （1）品牌提升幅度第一，创新体育营销，企业品牌影响力提升显著

最近几年，华为的品牌知名度和美誉度大幅提升。资料显示，根据相关的调查，华为是全球市场上知名度增长幅度最大的品牌，2014年一年里华为的知名度持续上升，已被接近三分之二的消费者所认知。

根据益普索全球调研，2014年华为品牌知名度从52%提升至65%，同比增长25%。其中，在亚太、拉美已成为领导品牌，品牌知名度分别为缅甸（100%）、中国（90%）、危地马拉（88%）、哥斯达黎加（88%）、南非（84%）。

这种品牌知名度的提升主要得益于华为日渐成熟的营销和品牌建设体系，体育营销更是功不可没。华为2015年持续增加对体育营销的品牌投入，上半年共计新增赞助了15家体育运动或体育项目，包括赞助希腊奥林匹亚科斯足球队、

葡萄牙本菲卡足球俱乐部、捷克冰球国家队，成为FISE世界极限运动巡回赛首席赞助和南非五大橄榄球队官方赞助商等。目前华为已经赞助了52项体育赛事和体育俱乐部。华为的体育营销独具特色，成为国内企业的成功范例。

### （2）一体化通信创新，网络设备、智能终端和解决方案全面推进

在当今的世界上，同时在运营商市场、企业市场和个人市场发展业务的企业非常少，而能够在网络设备、智能终端和解决方案各方面开展软硬结合运营的更少之又少，能在几个方面都跻身世界领先行列的也只有华为。

在传统的通信设备领域，华为已经在2014年就超越爱立信成为世界第一，领先优势还在增加。在个人智能终端领域，华为手机不仅在数量上紧追苹果和三星，在定位上也向高端靠拢，价位逐渐和三星拉齐，甚至直追苹果，令人欣慰的是这种价格定位获得了市场的认可和消费者的接受。在企业市场上，云服务、企业信息化的解决方案都进入了行业领先位置，成为了异军突起的行业领导者。

在应用领域，华为提出了"天际通"，创造了通信设备商利用自身优势弥补通信运营商业务盲点的新业务。华为针对Android手机长时间使用即出现卡、慢、续航能力减弱等用户痛点，在Android系统中首次引入了冷冻后台技术，大幅提升性能体验并延长续航能力20%，针对Android用户截屏不便、熄屏后启动相机慢等痛点，推出了敲击截屏、熄屏快拍等多项实用功能。华为也在业内率先使用了"按压触控"(force touch)技术，领先苹果和三星。

### （3）加一元钱，创新价格模式，不打价格战和国内良心价

国产手机企业最为人诟病的就是频繁的价格战，不仅让消费者无所适从，也大大降低了产品档次和口碑，更严重的是，低廉的价格和附加值让手机企业的研发投入能力不足，创新成为了中国手机企业的痛。

2015年的京东618大促，手机价格不降反加1元，警醒行业不打价格战，要坚守品质，以此给消费者更多保障。这一行动开创和引领了国内手机企业的先河，也确实带动了下半年以来手机企业竞争方式的变革。

当然，最为社会称道的是，华为手机在国内市场的销售价格比国外市场要低，这种一反常态的定价方式赢得了中国消费者的心，被称为良心定价法。不与国内同行打价格战，却与境外打价格战，是华为信心的体现，也是中国制造应该有的市场成熟的表现。

正是因为华为手机不打价格战，保证了正常的公司经营和科研投入，创新能力不断提升，能够不断地在功能和系统上创造出令人欣喜的成果。

### （4）借一把火，实现品质管理创新，高追求获得社会认可

不管多么会营销宣传，最终还是要靠过硬的产品品质来赢得消费者的心。在

这方面，华为手机因为一场意外的运输车辆的火灾，主动销毁了价值2000万人民币的手机，宁愿企业损失千万，也不给消费者留下一点隐患。很多人将这次的行动与当年张瑞敏砸冰箱开创中国产品质量管理时代相提并论。

事实上，华为手机的品质并不是用锤子砸出来的也不是用火烧出来的，而是实实在在地靠研发制造出来的。华为巨额的研发投入和遍布全球的科研力量都成为华为产品质量保证的强大基础。华为手机的SIM智能识别技术、4G网络下的融合通信技术、双网双通等都体现了设备商与终端商结合的优势，这也是其他手机厂商难以模仿的独特能力。

### （5）满意度第一，手机现场服务方式创新，客户满意度提升

客户服务能力一直是华为企业的竞争力之一，以前主要体现在运营商业务中，现在这种能力不断拓展，已经在终端领域发挥了巨大的作用。

据IPSOS调研报告，目前华为手机现场服务满意度在中国市场位居第一。华为现已构建了"现场服务、寄修服务、热线服务、互联网服务、微信服务、APP自助服务"等多元化服务平台，做到与消费者零距离接触。华为目前在中国拥有400家服务中心，其中184家服务专营店；在全球拥有650多个合作伙伴，3000多个服务网点。在全球建有五大客户联络中心，热线和在线客服服务覆盖91个国家，支持47种语言。这样的遍布全球的服务能力，在中国手机企业中绝无仅有。

### （6）一个地球，创新营销操作模式，全球化快速布局

华为的国际化战略始终突出，在手机领域也不例外。依托华为的专利积累和海外市场多年打拼的基础，华为手机成为国产手机率先国际化的典范。

资料显示，华为手机在2014的6个月内进入马来西亚、印度、俄罗斯、韩国、英国、德国、法国等57个全球市场，足迹遍布东北欧、西欧、俄罗斯、南太、中东、东南亚、中亚、北非、西非等9个海外地区，还进军欧美、韩国、澳大利亚、新加坡、港澳台地区等高端市场，荣耀已成为全球互联网手机领导品牌。

华为的成功告诉我们，在当前的社会下，不仅仅要接受互联网思维，更要将自身的优势发挥出来，利用互联网能力为自己提升产品品质和服务水平，矢志不渝地提升产品质量，矢志不渝地关注品牌美誉度，扎扎实实地做好创新，中国制造变身中国创造和中国"智造"的梦想就会变成现实。

# YunOS的倔强生存，依赖开放的生态系统

马云说，不能死在黎明前的黑暗。昨天很残酷，今天更残酷，明天很美好，

但绝大多数人死在今天晚上。在互联网发展的历史上，"坚持"成为了很多公司成功的唯一秘诀，当然，要坚持走在正确的方向和道路上。

## （1）操作系统是互联网公司生态系统的核心

操作系统一直是计算机和所有智能设备的核心，与芯片组成了一软一硬的两大天王山，谁占据了两者之一就会拥有傲视群雄的地位。

目前，世界互联网领域的两巨头，谷歌拥有Android系统，成为了应用最广、设备数量最多的操作系统；苹果拥有自己的iOS系统，支撑起智能手机、平板电脑及智能手表等各种设备，构造了世界第一科技公司大帝国。微软的Windows系统已经统治电脑和网络数十年，即便现在移动设备时代屡屡碰壁，却依然屹立不倒，主要还是得益于在操作系统上的独特地位。

在中国，虽然制造能力世界第一，可偏偏在这核心的芯片和操作系统领域是绝对的短板，成为中国IT界的最大遗憾。当然，通过这些年的努力，一批中国企业也开始有所作为，比如华为的海思芯片和阿里的YunOS。

互联网的发展越来越深入到社会生活的方方面面，电子商务、社交、移动支付等都关系到普通人的切身利益，更不要说涉及国家的核心利益，网络安全问题越来越突出，而解决安全隐患的最基础任务就是要有独立自主的操作系统。同时，个性化的定制和应用开发都要依托底层操作系统，使用自由度的问题也只有靠自主建设操作系统才能根本性解决。这也应该是YunOS从开发到坚持至今的动力。

## （2）没有自主操作系统是这个行业很多巨头永远的痛

世界各国和各主要科技公司都对操作系统非常重视，也有各种各样的资本力量参与其中，特别具有代表性的就是三星BADA和中国移动的OPHONE。

三星是世界上重要的智能终端及设备企业，在很多核心领域具有很强的竞争力，但却在操作系统上无能为力，即便有韩国政府的支持，其寄予厚望的BADA系统依然没有获得市场的认可而逐渐沉寂。

中国移动作为世界上最大的移动通信运营商，号称一天可以赚到三个亿，当年也曾经信誓旦旦地推出自己的OPHONE系统手机，可在演进了两三代之后就退出了市场，从此基本宣告了运营商版的操作系统的整体夭折。

众所周知，名噪一时的国家版中文操作系统建设也未成功。在这个世界上，只有美国版的操作系统可以存活，已经成为了"国际惯例"。

当然，也有例外发生，国内外独立操作系统纷纷折戟沉沙之后，人们逐渐看到，只有阿里旗下的YunOS顽强地生存发展了下来，并在逐渐长大。如今，在这个大家庭中，已经派生出YunOS for Wear、YunOS开放平台、YunOS以及与上汽合作呼之欲出的YunOS for Car，整个操作系统的生态日渐成熟，不得不让人刮目相看。

### （3）YunOS系统成长发展给行业的启发

有人捧。生态系统建设不利是很多操作系统功亏一篑的重要根源。如果一个操作系统开发出来，却没有上下游和周边厂商的支持与合作，独木难以成林，最终一定会变成孤家寡人而不得不消失。在实践中，主导操作市场的厂商也无不是如此来压制后来者，而大多数的后来者也正是因此而倒下。阿里的YunOS在发展初期也遭遇到一样的困境，但在阿里巴巴强大的生态链的支持下，融合了阿里巴巴在云数据存储、云计算服务以及智能设备操作系统等多领域的技术成果。2013年4月，YunOS宣布将用平台、开放的方式、围绕手机操作系统，建立一个终端手机厂商、运营商、硬件厂商、设计公司、开发者等的新生态体系。发展至今，已经与数十家国内外智能手机制造商、TV领域企业、应用开发商合作，成功突围。

有人用。坚持投入和用户群的长期维系培养是操作系统生存的根本和能量来源。操作系统毕竟是大工程，既需要激情的投入，更需要长期的坚持，需要不断地改进和迭代，这就要求必须依托大资本的背景，也需要有足够量的用户群坚持使用和体验，两者缺一个都不可能长久。阿里巴巴资本雄厚，在长远技术领域的投入源源不断，确保了资本和资源供给，而阿里巴巴通过合作伙伴联盟、投资入股以及电子商务、移动支付等领域的用户黏性确保了YunOS有足够大的用户群体，也就让其拥有了改进的源泉和能量，才能坚持到成熟的这一天。

有人做。坚持独立自主的长期演进是操作系统的生命线。很多操作系统在发展初期都想另辟蹊径，可在现实中，兼容性和独立性问题一直是一对矛盾需要平衡。当遇到市场接受难题的时候，一些操作系统企业就会知难而退，这样的操作系统也就寿终正寝了。YunOS是运行在数据中心和移动终端上的操作系统，含有地图、邮箱和搜索等在内的互联网基础服务，其移动终端部分基于Linux内核以及WebKit、OpenGL和SQLite等开源库，采用HTML5构建了基于云计算的运行环境和移动云应用框架，同时提供了本地应用的运行环境。YunOS架构中所有的数据服务、云服务引擎、基础框架以及内置的虚拟机部分都是独立开发，经过长期坚持之后，YunOS终于拥有了自己的独立发展空间。

钻空子。找到强势操作系统的弱势领域的创新者困境弯道超车。阿里YunOS的研发理念是建立在"云"服务基础之上，手机中APP，不是基于本地服务，而是寄宿在"云端"。云端服务是YunOS自推出以来一贯延续的根本优势，云应用有着和本地应用一致的用户体验，又具备Web服务的便利性，用户无需下载安装软件，即可实时享受互联网服务。从云入手，到云的普及，YunOS正是抓住了这一历史机遇。

十年磨一剑。阿里YunOS通过开放的生态系统建设和坚持不懈的开发追求，在云时代掌握了操作系统的主动权，不仅成为了阿里巴巴系强有力的竞争力核心，也对其他企业类似的业务发展提供了宝贵的经验可借鉴，甚至将影响整个中国互联网的历史进程。

## 小米"由盛转衰"，参与感为什么不灵了？

根据TrendForce的数据，2015全球前十大手机品牌分别是三星、苹果、华为、小米，联想、LG、TCL、OPPO、BBK/ViVO、中兴。

2015年，三星智能手机出货达到3.2亿部，苹果出货量达到2.27亿部。在十强中，华为智能手机出货总量同比增长44%，较2014年增加7500万部，收入同比增长70%，由2014年的120亿美元激增至2015年的200亿美元。小米在2015年初曾制定了出货量突破1亿部的目标，但最终甚至未能达到8000万部的最低出货量目标，出货量只有7200万部。

对于小米来说，成长也很快，但仍然被挤出了三强行列，一年之内，小米与华为的地位易位，三星和苹果却依然坚挺。看着这样的数据，看着这样的排序，很多人都在感慨中国智能手机品牌占据七席的崛起，也都在唏嘘小米被华为轻松超过的残酷现实。

很多人都在分析，小米为何会"由盛转衰"？实际上，小米并没有衰，只是以前成长得太快，现在变慢了而已。我们不妨从小米最引以为豪的成功经验入手，看看小米到底怎么了？

在中国，以前国产智能手机市场的核心厂商是"中华酷联"，而到了2015年，市场中最活跃的变成了"华为、小米、OPPO、vivo"。此外，还有一种说法，中国智能手机市场四只小虎是"华奇小魅"。总之，中国智能手机市场几年来格局变化很大，从来没有平稳过，新生力量也在不断涌现。小米的兴起与沉默都值得整个行业深思。

据说，小米得以在几年之内快速崛起的原因就是所谓的"参与感三三法则"，这也是黎万强回归小米引发业内震撼的原因。在黎总的《参与感》中，描述了"参与感三三法则"，互联网思维核心是口碑为王，口碑的本质是用户思维，就是让用户有参与感，即三个战略：做爆品，做粉丝，做自媒体；三个战术：开放参与节点，设计互动方式，扩散口碑事件。

### （1）做爆品，不等于是做好产品

自从电商起来后，因为互联网传播的特殊性，一款产品就可以天下，而且会产生严重的跟风行为，从众心理的趋势让爆品战略成为了所有电商企业的首选。

爆品确实通过一些方式炒作起来，可爆品终归也就是爆品，很难满足不同人的需求，跟风的事情会有，但不会一直有。爆品可以带动公司的销售，甚至可以迅速让公司成长起来，但抱着爆品不放就会失去更多。所以，即便是苹果，后来也开始不仅仅生产一款产品，而是开始向多产品的系列化转型，产品的种类也开始更多样化。

小米这些年应该也早认识到了这一点，但因为市场和用户的牵引，小米没有精力去完善自己的底层能力，而偏偏公司的研发、设计甚至是制造能力才会成为高手过招的最后绝招。

三星能够生产硬件，苹果拥有独一无二的iOS软件，商业模式和营销炒作都是可以轻松模仿的，只有自己的核心研发与生产能力可以让自己站得更久。华为在吸收了小米等的营销操作经验之后，通过自身的芯片制造、通信技术等方面的基础能力得以实现了对小米的大超越，而小米这个时候才想起来自造芯片的问题。

### （2）做粉丝，但粉丝却不是用来榨油的

通过一款或者几款能够打动特定消费者的产品和具有号召力的领袖人物，吸引一批对品牌具有很强忠诚度的粉丝，然后针对这些粉丝逐渐地开发针对性的产品，将粉丝的贡献挖掘到最大程度。苹果和小米都是这样的，但也都因此遇到了困难。

应该说，粉丝是一个事物的追随者和热衷者，甚至是痴迷者。对于粉丝来说，自己崇拜的人物、产品、品牌等都具有至高无上的地位，在其心目中是完美的化身。但是，如果商家利用消费者信任做出一些过度消费的行为，就会逐渐让粉丝由崇拜转为失望，而这种失望比本来没有期望更可怕。

所以，粉丝经营要非常小心，也确实非常危险，只要一招出错，或者不小心做出了伤害粉丝的行为，甚至是一款产品没有做到人们想象中的那样完美，很可能就会大批量地损失掉粉丝。

2015年5月华为荣耀因为运输车轮胎着火而主动销毁了价值2000万人民币的手机，这种宁愿企业损失千万，也不给消费者留下一点隐患是一种发自内心的对消费者真正的尊重。对小米来说，某一部手机的质量问题只是个案，只是报表上的良品率问题，但这对消费者来说就是百分之百的质量问题，再忠诚的粉丝也会离开。作为号称"为发烧而生"的科技标杆企业，却屡曝产品质量问题，从小米手机掉漆到屏幕货不对板，再到空气净化器被质监局点名"问题严重"，足以让粉丝营销大打折扣。

粉丝营销是必需的，但普通消费者也许更为重要，一般消费者可能没有那么忠诚，但也绝对没有那样的高期待，大量的广泛的具有普遍意义的消费者是沃

土，粉丝只不过是肥沃黑土地里的五常稻花香，失落了大众，粉丝也会离开。

### （3）做自媒体，可自媒体并不能覆盖全体

互联网时代，传播的方式丰富多彩，个性化的新媒体走红。现在，官网官微官博、微社区、朋友圈，包括线下的发布会、沟通会等，还可以借助事件营销、口碑营销等多种形式增强内容娱乐性，鼓励用户分享传播。

对于自媒体的运用，小米是非常成功的，不管是企业的微博微信，还是雷军的个人影响力，都成为了这个时代学习的模范，也促成了小米产品与公司品牌的崛起。

可是，自媒体的影响还刚刚开始，可现实社会却是多元化的时代，小米在靠自媒体成长起来之后，并没有及时快速地转入传统渠道，特别是线下，在自营实体店与合作渠道商方面失去了最好的机会。

从市场营销角度来看，小米选择了互联网营销，利用的是品牌影响力，但这种品牌往往在大城市年轻用户中影响力比较强，广大的基层市场虽仍然具有强大的市场潜力，但暂时顾及不到。也正是因为此，OPPO、vivo等将线下渠道作为突破口，成为国产手机中的黑马。当小米认识到线上渠道的局限性的时候，线下市场却已经成为别人的盘中餐。

另外，国内市场上，小米的品牌和雷军的形象都起了巨大的推动作用，也有粉丝有自媒体，可是在国外市场，这些都发挥不了作用，这个时候的小米在渠道上的劣势就显露无遗。

从全局来看，参与感是好的，可参与感如果被过分宣扬，就成为了产品空心化的罪魁祸首，也不能一直成为公司持续向上发展的动力。任何的经验，只要等到被总结出来的时候，就几乎已经要成为教科书里的案例，不能再继续成为引导事业前进的动力。小米确实到了自我否定自我改进，走出围城的时候了。

群雄之战

移动互联网的战国时代

MobileBusiness

八、面向未来

## 1. 格局

# 阿里并购路线图曝光，移动互联网帝国崛起

　　阿里巴巴宣布将用数十亿美元全资收购优酷土豆，不仅在视频行业，也在全社会引起了轩然大波，新一轮对互联网公司兼并重组的大讨论不得不重新展开，而这次将更加深刻。

## （1）阿里巴巴兼并路线图日益清晰

　　当然，如果不去具体看背景与行业，阿里巴巴这两年是一个四处扩张的态势，在上市之前就展开了一轮又一轮的收购，大如UC、高德这样的公司都纳入到了阿里巴巴麾下，优酷土豆本身就有阿里巴巴的投资，而且还是最大的股东。可以说，阿里巴巴全资收购优酷土豆是意料之中。

　　但要是放在目前中国互联网发展的大背景下来看，事情就没这样简单。很多人认为，作为中国视频领域的领先者，优酷土豆并不缺钱，也不缺乏未来的前景。虽然遭受了百度旗下的爱奇艺和腾讯视频的两面夹击，优酷土豆依然具有很强的竞争力。即便如此，优酷土豆仍不得不投靠到BAT的旗帜下。

　　这种合并不仅不会扼杀竞争，相反，会给后来者以更好的市场机会。优酷土豆的合并让爱奇艺术、腾讯视频都有了长足发展，即便是背靠大树不多的乐视、搜狐视频也屹立不倒，充分说明了这一点。

　　此前，滴滴快的的合并也给了UBER、神州专车等发展机会，也再次说明，因为互联网空间感的缺乏，强者巨头的合并不会带来1+1=2的结果，更不会有垄断之虞。在这种情况下，互联网公司的合并方式与策略就应该有别于传统企业，这也可能是阿里巴巴式兼并的策略形成的原因。

　　认真看一下这些年阿里巴巴的并购方式，从合作到入股，从小股东到大股东，从控制到全资，已经形成了非常明显的阿里巴巴并购路线图。

　　合作是试探也是占位，如果发展得符合理想就会进行适当的投资，这种投资可以增强对象公司的实力，有助于在细分领域站稳脚跟。接下来，一旦这个领域的市场成形，阿里巴巴会增加投资直到成为最大股东或者控股股东，时机成熟之后便全资买下，拿下千军的同时也收获一员互联网圈里的良将。

## （2）阿里巴巴全资兼并并非只是为了入口，更多是为了数据

　　如果你还在纠缠阿里巴巴的收购是为了所谓的入口，那应该差不多OUT了，

因为无论是阿里巴巴还是百度或者腾讯，都已经不差入口。而且，如果只是要入口，战略投资或者控股也就足够了，根本没有必要去全资。事实上，很多互联网公司的并购仍然是通过投资部分股权的方式来获取自己需要的入口。

阿里巴巴早已经把自己定位为数据公司，而数据的生产和使用都是极其敏感的地带，即便是生产和使用数据本身对机构的要求也并不相同。马云曾经在一次会议上轻描淡写地说，以后的阿里巴巴大数据将逐渐封闭，只会提供给自身和具有密切关系的合作伙伴。这样的重要表态当时并没有引起社会舆论的足够重视，但却对阿里系的未来影响深远。

大数据的安全问题特别敏感，大数据的收集、整理和分析都是一点失误也不能有的，必须政治正确、逻辑正确甚至道德正确，这就要求参与到大数据生产的所有"车间"必须绝对可控且忠诚，这也是阿里巴巴对于像高德地图、优酷土豆这样的公司要全资控制的原因，因为这些公司是大数据生产的重要出品方，容不得有半点闪失。

从整个阿里巴巴的现状和走势看，阿里巴巴集团已经将重点放在了数据生产上，未来的各种业务，不管多么分散或积聚，都是为了大数据的全面和深入，都是为了生产出更好更有价值的数据产品。而独立发展的蚂蚁金服却是核心的数据应用方，数据应用需要开放性的平台和更多的使用伙伴，对于数据安全的要求也相对生产为低，所以蚂蚁金服目前的业务拓展、对外投资和公司引资都具有最大的开放性，基本不会寻求绝对控制甚至是有效控制。

从中国互联网的现状看，京东也已经在逐步融入到腾讯之家，双方也确定要加深在数据使用上的合作，但还都是停留在数据使用的程度上，所以现在只是浅层的资本合作。如果未来腾讯和京东要在大数据生产上不得不共享或者共产，那么可以预见，京东被腾讯收购也将是必然。

中国互联网在发展了20年之后进入到了崭新的阶段，BAT（百度、阿里、腾讯）坚不可摧，各细分领域也在不断地涌现出新的创业军团，但深受先行者的资本影响和能力控制，各路诸侯为了自己的核心竞争力会合纵连横，资本控制也是必不可少。但是，我们没有理由担心强大的垄断。一些基础设施性的互联网应用领域的一定程度上的垄断对整体的互联网发展利大于弊，而在社会各个方面，创新的活力不会缺乏，整个社会的价值也在不断做大，随着新的强大的竞争者的加入，中国的互联网产业将带动中国弯道超车西方。

## 阿里巴巴五大平台已让"连接"论成为过去式

最近两年，因为腾讯的力挺，"连接"这个词汇成为了互联网上的最热门战略用语，无处不在谈连接，很多专业机构都陷入到了"连接"门里，由此也形成了一边倒的网络舆论。但是，在一片连接喧闹之中，马云还是保持了自己的冷静。

随着时间的推移，阿里巴巴五大平台的战略线条越来越清晰，围绕着网购、配送、系统、金融和娱乐，阿里巴巴没有走入虚幻的人与人、人与物、人与服务等的连接之中，而是将实实在在的平台摆在了世人面前，也正在构建一个强大的BABA帝国。

我们看待阿里巴巴，必须坚持一个基本的判断。按照阿里巴巴多年来的一贯做法，任何的产品或者营销都是为了平台服务的，平台化是阿里巴巴所有业务的未来。比如"双11"，也不过是平台化战略中的关键秀场。不管是阿里云还是叫金融云，阿里巴巴通过一年又一年的"双11"考验，已经越来越成熟稳定，能力越来越强，价值也被整个社会所知晓。阿里巴巴做的任何事情，都是为自己并不生产任何产品的大平台服务。

## （1）网购平台，已经完成

随着腾讯转手给京东的拍拍网宣告关闭，淘宝已经在C2C市场一统江湖，这个电商大平台虽然自诞生以来就遭遇观众指责，但淘宝对于整个电子商务生态的意义却是毋庸置疑。

现在的淘宝已经不只是局限于城市，而是将更大的精力放在农村。2015年，全国8000多个村点的农民首次通过阿里巴巴农村淘宝服务站的平台参加"双11"全球狂欢节。从平台角度来看，阿里巴巴的速卖通也借助"双11"打通了世界舞台之路。截至美国太平洋时间11月11日24点，即北京时间11月12日16点，速卖通"双11"跨境出口共产生2124万笔订单，创历史最高纪录，覆盖到214个国家和地区，无线成交占比达到40%。

从B2B到C2C到B2C，从一线城市到二三线城市到农村，从中国到东南亚到全世界，号称不卖一件商品的阿里巴巴已经完成了大网购平台的搭建。

## （2）配送平台，正在成型

2015年的"双11"，很多人应该感受到了快递行业从未有过的从容，经历几年的发展，中国的物流水平随着"双11"的进展而快速壮大。

数据显示，截至2015年11日晚24点，天猫"双11"诞生一项新纪录，产生的物流订单数达4.67亿，较去年"双11"增长168%。全天发货量达1.83亿件，发货率接近40%。

双11当天共计220多个国家产生物流订单，最遥远的物流订单来自智利、北极格陵兰岛等地区，所有包裹里程加起来将可绕地球1100万圈，地球到太阳接近1500个来回，突破人类目前探索到达的最远距离。

菜鸟网络自2014年7月份开始普及推广电子面单，该大数据产品的市场使用率从最初不足5%达到目前的80%左右，已经成为快递行业的基础设施。在电子面单支撑下，包裹的一切信息将被记录，而菜鸟推出的大数据分单、鹰眼项目等多个大数据产品，已经成为了大数据配送平台的重要特征。

### （3）系统平台，接近完成

据阿里巴巴集团CTO王坚透露，YunOS系统已经拥有了3000万的激活量。YunOS融合了阿里云数据存储、云计算服务以及智能设备操作系统等多领域的技术成果，并且可搭载于智能手机、智能机顶盒、互联网电视等多种智能终端设备。

在操作系统这个领域，阿里巴巴借助自己的生态圈经过多年的积累和扶持，将YunOS顽强地坚持到了现在，有了进一步发展的能力。随着签约高通、MTK、展讯、Marvell、联芯等芯片商，未来将为中小企业的智能化发展提供软硬结合的全面服务，其"一云多端"的业务布局进一步深化。

### （4）金融平台，即将完成

在阿里巴巴系中，蚂蚁金服是个另类，因为这家公司与阿里巴巴是平行的相互独立的公司，也是现在公认的超级独角兽。日前，蚂蚁金服宣布将入股德邦证券，一旦入主，将继囊括基金、保险、金融IT、银行等稀缺牌照之后，一举摘得券商和期货两大类多项业务牌照，成为名副其实的最全牌照金融机构。

当然，蚂蚁金服也一定是要做平台的，不管是收购天虹基因，还是德邦证券，或者组建网商银行，最终都是要在金融平台服务上做文章，而不是要自己生产和销售产品。

蚂蚁金融服务集团的数据显示，其旗下品牌支付宝在2015年"双11"期间，共完成7.1亿笔支付。支付峰值出现在凌晨0点05分01秒，达到8.59万笔/秒，这一数值远远超出全球其他支付机构的处理能力。200余家银行与蚂蚁金服共同打造了世界上交易处理能力最强的支付平台。同时，10余家保险公司，与蚂蚁金服及天猫平台，共同参与并设计了与"双11"相关的创新性保险。

蚂蚁金服始终将目标定位于"场景化金融"的平台，经过2015年的"双11"考验，会有更多的12306们会趋之若鹜，平台搭建基本完成。

### （5）娱乐平台，还待完成

从入股广州恒大足球队开始，阿里巴巴的娱乐平台就处在快速搭建之中，在宣布收购优酷土豆以后达到了高峰，阿里巴巴生态中的阿里影业、阿里音乐乃至阿里体育都已经具备大平台的雏形。

在娱乐平台的打造上，阿里巴巴秉承的是软硬两条路兼顾的方式，在内容和硬件两个方面齐头并进。作为阿里巴巴娱乐里面最重要的部分，阿里影业定位不仅是传统的影视制作公司，而是希望发展成为基于互联网平台的全产业链娱乐公司，其三大发展目标之一便是以媒体渠道资源为基础的娱乐电商业务平台。

与此同时，阿里巴巴在家庭智能硬件方面投入极大。目前，有媒体报道，天猫魔盒和搭载阿里巴巴家庭娱乐服务平台的阿里云盒联盟已占据一线城市62%的市场份额。终端硬件的给力表现，奠定了整个家庭娱乐平台的基础。

阿里巴巴的平台战略越来越清晰成型，而在平台的打造上更是拥有自己的心得。只有做成头牌的平台才能生存，只有做成平台的头牌才能长久。平台只有成功培养出头牌才有可能做成平台里的头牌，头牌只有毁容去做平台才有可能吸引到足够头牌成就平台。

## 如果中国互联网是B-AT-M，M会是谁？

BAT已经在中国互联网江湖中占据了绝对的强势地位，而关于第四名之争却始终没有定论，而也有很多人在期待出现一家可以挑战甚至与BAT平起平坐的新公司，这家公司会谁？

按照现在的互联网火热程度看，最有资格角逐第四名的自然是小米、360和京东，而这三家公司也都有各自不同的理由证明自己是第四名。比如，用户群、市值或者收入、利润。由此，TABLES这样的说法也比较流行。

按照现在互联网公司的市值来看，阿里巴巴和腾讯已经遥遥领先，即便是与之足够抗衡的百度，在市值上也已经落后很多。当然，百度的营收水平和利润对比阿里巴巴和腾讯仍处在同一水平之上，市值被低估。但从最近一两年的发展态势看，百度确实稳重有余而激情不足，还好在2015年百度已经恢复了侵略性。

逐渐地，更多人开始接受一种新的中国互联网新布局，这个结构是BATM，也可以更清晰地写成B-AT-M，也就是BAT和ATM的合体。那这个M会是谁呢？

如果仅仅从M的字面理解，有可能是小米"MI"，也有可能是美团"MEIT-UAN"，还有可能是蚂蚁金服"MAYI"，到底谁才最有可能占据这个M的地位呢？

就目前的社会影响力来看，小米是当仁不让的候选者。小米风头很盛，雷军是响当当的央视评出的年度经济人物，小米手机一度雄踞中国国产智能手机头把交椅，雷系更是在社交软件、电商、互联网金融、智能家居、视频新媒体等方面全面布局，能达到这个程度的，国内只有BAT可以做到，即便是京东，硬件、视频等领域也还都是空白。以市值来看，虽然小米没有上市，可据说2014年的估值就达到了400多亿美元，完全有资格号称中国互联网公司的四强。但是，小米也有短板。就声势来看，如今的小米似乎已经度过了自己的巅峰，作为支柱的小米手机业务被后来者华为手机超越，智能家具硬件产品不少但这个领域至今都还在赔本赚吆喝，其他的如米聊早已经不是热点、互联网金融与视频新媒体等与对手相比也毫无优势可言。

可以这样说，小米2014年的估值就是顶峰，2015年的小米已难再现当年之勇，从成长性来说，小米很难坐稳中国互联网第四名的位置。

排在第二位的是美团，据说创始人是"九败一胜"的互联网职业创业者，经验丰富，还成功地挺过了团购的寒冬期，从2014年起借助O2O的春风迎来了业务发展的第二春。据行业人士预测，这家公司的估值也要数百亿，完全有能力成为互联网的第四极。

美团最大的隐患是自身立足不稳，刚刚与鏖战了多年的对手大众点评实现了资本意志下的合并，整个行业还处在发展变局之中。如果O2O行业迅速崛起，作为行业老大，成长性极强，可O2O越来越像一个大泡沫，无数听起来风花雪月的故事却不能变成实实在在的生意，几乎所有的O2O企业都只是在烧投资人的钱，这些O2O企业对融资的兴趣远远超过了让企业赢利。更为严重的是，如今的O2O领域逐渐被互联网豪强掌控，百度拥有了糯米还号称不差钱地投入，阿里巴巴重组了口碑还第一次将集团具有传奇色彩的二号人物推向前台，美团大众点评的合并未来前景还未可知，前有BAT大山拦路，后有饿了么等追兵，这个时候谈美团的未来地位还太早。

能够占据这个第四名位置的，还有一个备选名单，那就是蚂蚁金服。这家公司可能并不被大众所熟悉，但其手中最重要的产品却几乎无人不晓，那就是支付宝。不仅有支付宝，蚂蚁金服已经是中国牌照最全的金融机构，其业务几乎覆盖了所有的金融证券领域，余额宝掀起了互联网金融热潮，招财宝诞生了一种前所未有的理财平台，最近的蚂蚁金服又在强力进军保险、股票等领域。要说蚂蚁雄兵有多强，看看"双11"的网购高峰中支付宝每秒超过8亿次的交易处理能力就知道了。用户数和交易量甚至不到支付宝十分之一的国外支付工具上市都价值500亿美元，这家中国目前最大的互联网独角兽公司的市值令人浮想联翩。很多人预测，在未来蚂蚁金服上市的时候，其市值有可能直接突破2000亿美元大关。

当然，蚂蚁金服也有劣势。很多人甚至分不清蚂蚁金服和阿里巴巴的区别，认为蚂蚁不过是阿里巴巴的一个子公司或者分支，实际上，蚂蚁金服与阿里巴巴是两家平行的公司，特别是在经过多次股份稀释和未来平台化发展之后，蚂蚁金服很可能会逐渐成为一家完全独立的金融平台企业，与阿里巴巴的关系只是血缘与企业文化。当然，蚂蚁金服与阿里巴巴肯定是结盟关系，大数据生产与消费都将是互为补充和互为市场，共同构成中国互联网江湖的两极。

综合起来看，如果中国的互联网形成B-AT-M格局，最有可能占据M之位的将是蚂蚁金服，也就是所谓的互联网老江湖BAT（百度、阿里巴巴、腾讯）和新江湖ATM（阿里巴巴、腾讯、蚂蚁金服）的合体。还有，M会是中国移动旗下的"咪咕"吗？

## 2. 走向

# 互联网金融是唐僧肉，可大圣已归来

如果要问中国互联网的下一步热点将在哪里，业内都可能只有一个答案，那就是互联网金融。前不久，社保基金刚刚入股了互联网金融的领军企业蚂蚁金服，而不甘寂寞的万达、小米、360等也已经加入到互联网金融大军中来。

媒体报道，王健林在万达集团2015年上半年工作会议上阐述了万达金融计划，2015年下半年将成立万达金融集团，试点互联网＋金融。王健林认为，目前中国号称搞互联网金融的公司做的都不是真正的互联网金融，只是把线下业务平移到线上。万达金融将采用创新发展模式，利用万达优势，跟万达商管、万达电商结合，搞真正的互联网＋金融。万达的"互联网＋金融"有三个方面重点：一是掌握商家现金流入口(收款机)，推出云POS机；二是利用掌握现金流的优势创新对商户的信贷考核、发放和回收机制；三是利用电商、快钱的大数据分析信贷模式，尽可能搞线上金融，少开或不开线下门店。

另据消息，2015年7月11日，和邦股份发表公告称，公司与小米科技有限责任公司、新希望、红旗连锁等企业共同发起设立民营银行（筹），首期注册资本30亿元人民币。这就意味着小米也将涉足民营银行，而此前，小米已有小米理财、小米钱包、小米征信等相关金融产品。

此前，京东已经在互联网金融上全面布局。2012年京东电商收购持有支付牌照的支付机构网银在线，搭建成属于京东的自有支付体系。2014年2月13日，京东金融正式公测互联网消费金融业务"京东白条"。2014年10月30日，在"第十届北京国际金融博览会"上，京东金融推出商家贷款产品"京小贷"，京东金融也上线了京东众筹。2014年3月28日，京东互联网理财产京东小金库上线。2013年1月，京东就开始布局保险业务，有包括太平洋、平安、中国人寿等多家保险公司与京东签署战略合作协议。目前京东实际上线险种包括意外险、健康险、母婴险、财产险、车险等，产品SKU超过了30个。2015年4月20日，京东宣布开启行业首例众筹保险项目，为京东众筹平台保驾护航。5月18日，京东推出金融股票平台"财迷"，开始进军证券领域。

当然，在互联网金融的布局上最早也最为有实力的自然还是BAT三家互联网巨头。据资料显示，百度金融要做的是"大、开、创"，发挥大数据优势、做连接者、从产品公司向平台公司转型。百度凭借互联网入口优势，与基金、银行等行业的合作模式，除了工行，百度还与中国银行、中信银行、广发银行等多家银行业机构开展合作，方向涉及联名信用卡、电子商务平台、大数据、金融支付等多个领域。最近，百度面向互联网金融市场，推出了一款互联网消费信贷产品"百度有钱"。

腾讯在互联网金融上也不甘落后，最早组建完成了微众银行，借助理财通和微信支付在第三方支付领域积极进行场景拓展。2014年3月27日，腾讯自选股APP平台与中山证券合作，开展"零佣通"业务，客户实际交易佣金仅为交易所规费；2014年6月25日，腾讯企业QQ证券理财服务平台上线。

毫无疑问，互联网金融的发展应该来自商业繁荣，而拥有中国最大电子商务平台的阿里巴巴具有先天优势，由此而来的蚂蚁金服占据了天时地利人和。数据显示，截止到2014年10月，支付宝钱包活跃用户量达1.9亿，而截止到2014年底余额宝的用户数已有1.85亿人，余额宝之后又推出了招财宝、娱乐宝、蚂蚁花呗、蚂蚁借呗、芝麻信用以及淘宝众筹等。如今的蚂蚁金服已经成为未上市的独角兽，估值超过500亿美元。

从中国互联网巨头们在互联网金融上的广泛布局可以看出，目前的互联网金融呈现三大特点。

① 业务追求全面，但多数都还处于布局阶段。在短短的一两年之内，各大公司基本上都已经把互联网金融现在可以看到的业务种类布局齐全，可多数公司仍然停留在搭建平台进行观望的阶段，拳头业务缺乏，一些公司只是将传统的银行业务搬到了网络上，充分利用互联网和金融的特点进行的独特创新很少。

② 互联网金融方面的合纵连横增多，在很多其他业务领域展开殊死搏斗的巨头们在互联网金融方面都遭遇传统金融势力的阻击，因此合作远远超过竞争。比如马云、马化腾、马明哲等合作的众安保险，就开创了合作的先河。当然，互联网金融企业与传统金融企业的合作更多，且形成了错综复杂的合作局面。

③ 互联网金融前途无量，成为了人人羡慕的唐僧肉，可是，在大圣归来的大保护下，互联网金融的发展也会遭遇挫折，即便是背景深厚的"妖怪"也没有可能独自吃掉唐僧肉。互联网金融不应该成为希望自己能长生不老的工具，而是要护送其顺利地求取真经修成正果，以便为民服务。

## 科技公司回归A股是大势所趋

中国已经是世界上第二成功的互联网国家，几乎在互联网公司力量上与美国实现分庭抗礼，可是，这些成功的互联网企业却多数都是在美国资本市场上市，国内的A股市场只能是很多垃圾股横行，让国内投资人非常遗憾。

这些在中国境内鼎鼎大名的互联网公司，也并不是非要到远隔万里的异国他乡去融资，只是因为资本市场状态如此，不得不出此下策。

选择在境外上市的主要原因是中国内地的股市并不成熟，各种上市资格审核与门槛设置措施都不符合创业型科技公司的特点，即便现在已经成为世界级互联网巨头的百度、阿里巴巴、腾讯等，当年也很难在国内资本市场上市。或者，这些公司在国内上市，也不会获得当时的投资人认可。甚至，像香港这样的国际金融中心，都无法接受阿里巴巴的股权设置方案而遗憾地与互联网第一股失之交臂，直至现在香港后悔莫及。

实际上，在遥远的海外市场上市，既让这些企业背负复杂的VIE结构而被牢牢束缚，也不得不忍受国外投资者对其业务并不熟悉的低估值苦恼，还会被一些做空公司盯上成为随时被诉讼的唐僧肉。现实来看，国内多家知名互联网公司在美国资本市场被严重低估，以至于几家游戏公司纷纷选择私有化，而最近更是有像360这样的公司都已经开始着手准备离开伤心的美国市场。

近年以来，中国的创业板飙升，其成长幅度大大领先世界各国，随着中国政府推出互联网+战略，科技公司获得了社会各方面的一致认可，新的互联网创业公司甚至已经成为整个A股市场的龙头，也创造了暴风、乐视等市值神话。这些网络公司的股市表现也对在国外资本市场备受冷遇的同行构成了很强的吸引。

郎有情，妾有意，不仅仅这些互联网公司都希望回国上市，国内的投资者也急盼有巨大国内影响力的互联网企业能够给国内资本市场带来新一轮的动力，有关部门和监管层也从国家战略高度开始认识到这些互联网企业在国内上市的重要性，开始从原来的冷眼旁观到现在的积极推动。

早些时候，中国证监会已经发布关于支持深圳资本市场改革创新的15条意见，明确提出将积极研究制订方案，推动在创业板设立专门的层次，允许符合一定条件尚未盈利的互联网和科技创新企业在全国中小企业股份转让系统挂牌满12个月后到创业板发行上市。新三板已经在向互联网公司招手，未来可能推行的注册制更是让互联网公司上市门槛大为降低。

据统计，中国股市上所有和互联网概念相关的公司加起来不超过50家，其中还包括IDC等周边产业。所以，当中国股市开始刮起互联网旋风的时候，这些仅存的一些硕果就成为了被爆炒的对象，甚至垃圾股也变成了神话股。但这样的市场不会长远，只有像TABLE这些公司回归才能创造真正的繁荣。

不过，这些科技公司回归A股的过程可能并不会十分顺利，仅仅一个VIE就足够折腾大半年，私有化之后的重新整合也需要时间，还需要有足够的新故事来推升估值，也要有好的业绩作为铺垫。更重要的是，A股一直是个疯狂的市场，涨跌周期转换非常快，当这些公司准备好的时候，难说不会遇到股市的下一个严冬。到时候，想不想上市，能不能上市都是个问号。

与此同时，如果一些较强的互联网巨头在国内市场上市，将会对现有的一些炒作起来的神话股构成严重的打压，这也可能不是某些能力极强的"庄家"愿意看到的，一些无形的阻力也会很大。

不管怎么说，国内的资本市场正在逐渐成熟，互联网创业已经被广泛认同，随着制度建设的完善和各方面的推动，一些大型互联网公司在国内市场的条件正在具备。包括未上市的小米、蚂蚁金服，也包括要私有化的360，甚至包括BAT，都可能通过一定的方式回归A股，这是大势所趋。

## 掌握这些基础设施，才是逐鹿中原的根基

移动互联网的发展方兴未艾，随着国家互联网+的推进，中国互联网产业将迎来大爆发，而对于未来的移动互联网行业竞争来说，有几个核心资源必不可少。

也就是说，移动互联网公司的争夺将主要集中在以下几个方面，拥有这些能力的公司会更加强大，而失去这些能力的公司很可能会落败。

### （1）移动支付和场景

中国的互联网已经步入成熟期，重要的标志就是互联网与中国实体经济的结合日渐完成，以前以"玩"为主的互联网应用逐渐演化成以"用"为主的新应用，这也是互联网+提出的时代背景。

互联网与实体社会的结合，最为紧密的便是支付，在移动互联网下便是移动支付。人与人、物与物、人与物都需要完成信息交换之后的商品交换，支付必不可少。

支付是金融的初级形式，而金融的发展更是以电子商务的发展为基础，但反过来也会大大促进商务的进步。任何的支付都是需要场景的，区别只是在线上虚拟空间还是在线下实体空间，创造场景和争夺场景成为移动支付公司的第一要务。

### （2）通信能力和资质

互联网并非独立生存，而是以通信管道为依托，网络的好坏、人群的使用普及程度以及资费水平都会大大影响人们对于互联网应用的使用。我们很难想象，在以2G网络为基础的社会中，视频应用会被人们所使用。

互联网公司已经通过OTT等让基础运营商逐渐变成了管道，而运营商们也大力发展互联网业务进入应用市场，未来，双方的合作与竞争都不会减弱，成为一对长期存在的矛盾。

很多互联网公司为了提高话语权，也是为了提高自身在同行之中的竞争力，逐渐进入网络建设领域，从云端的存储到国际通信光缆的铺设，还有的互联网公

司进入SDN以及接入网市场，更有包括谷歌这样的公司都在开始虚拟运营业务。

通信与互联网的结合是大势所趋，强大的互联网公司最终都会成为类通信运营商，失去这样的能力和资质的企业都会沦为二流。

### （3）智能终端和出口

互联网公司最初都是以"软"为主，企业的运作偏向轻公司方向，这也成为很多互联网公司迅速成长的秘诀，在传统企业上百年的积累都不足以抗衡互联网公司十年的努力之时，整个互联网行业其实也隐藏危机。

从2013年开始，大量的互联网公司开始进入硬件领域，逐渐走上了软硬结合的道路，缺乏硬件的互联网公司在丧失原有的阵地，这也迫使更多的公司加入到智能硬件的竞争中来。

围绕着核心应用，强大的互联网公司逐渐形成了独立封闭的闭环运营体系，用户只要选择一家公司几乎就可以满足大多数的互联网需求。如果一家公司被排除在圈子之外，就会逐渐远离最终消费者，至少也会造成客户的大量分流。

### （4）影视游戏和内容

内容有多重要，这个在以前的互联网公司看来，也许只是渠道控制力强不强的问题，只要渠道能力足够强，就会吸引来足够的内容，至少还有UGC为网站创造价值。

可是，随着4G和高速宽带的发展，以私人娱乐为目的的内容越来越不能满足网络公司的需要，大量的精致的复杂内容只能更多地依靠大制造商或者至少也是有专业能力的团队，于是，视频、游戏等内容越来越重要的宽带互联网时代里，大型互联网公司都开始向内容伸手，从构建更紧密的合作到亲自动手操刀制作。

### （5）线下资源和云

互联网公司已经不仅仅是网络应用公司，随着移动互联网O2O的发展，越来越多的互联网公司重视线下资源的控制，很多公司越来越与传统企业相结合，互联网不再是浮在空中的虚拟企业，没有实体资源的空壳互联网公司的空间逐渐被压缩。

此外，云中的资源也很重要，这是互联网的房地产，也是互联网发展的生产要素，云计算的能力成为了互联网公司的标配。

互联网公司从原来的争夺客户向争夺基础设施发展，云中资源和生产资源都会决定未来互联网公司的前途与命运。

我们总结，移动支付和场景、通信能力和资质、智能终端和出口、影视游戏和内容、线下资源和云这五大能力已经成为互联网企业未来竞争的核心，所有的互联网公司都必须倾其所有占据适当的位置，这是生存之所在。失去这些核心能力的企业，未来会举步维艰。